环保公益性行业科研专项经费项目系列丛书

我国环境经济政策总体设计与创新研究

An Overall Design and Innovation Research of Environmental Economic Policies in China

原庆丹　沈晓悦　杨姝影　安　祺　等 著

杨小明　贾　蕾　许　文　王　遥

中国环境出版集团·北京

图书在版编目（CIP）数据

我国环境经济政策总体设计与创新研究/原庆丹，沈晓悦，杨姝影等著. —北京：中国环境出版集团，2017.10

ISBN 978-7-5111-3317-5

Ⅰ．①我… Ⅱ．①原…②沈…③杨… Ⅲ．①环境经济—环境政策—研究—中国 Ⅳ．①X-012

中国版本图书馆 CIP 数据核字（2017）第 218233 号

出 版 人　武德凯
责任编辑　陈金华　郑中海
责任校对　任　丽
封面设计　宋　瑞

出版发行　**中国环境出版集团**
　　　　　（100062　北京市东城区广渠门内大街 16 号）
　　　　　网　　址：http://www.cesp.com.cn
　　　　　电子邮箱：bjgl@cesp.com.cn
　　　　　联系电话：010-67112765（编辑管理部）
　　　　　　　　　　010-67113412（第二分社）
　　　　　发行热线：010-67125803，010-67113405（传真）
印　　刷　北京中科印刷有限公司
经　　销　各地新华书店
版　　次　2018 年 8 月第 1 版
印　　次　2018 年 8 月第 1 次印刷
开　　本　787×1092　1/16
印　　张　18.5
字　　数　345 千字
定　　价　65.00 元

《环保公益性行业科研专项经费项目系列丛书》

编著委员会

序 言

目前，全球性和区域性环境问题不断加剧，已经成为限制各国经济社会发展的主要因素，解决环境问题的需求十分迫切。环境问题也是我国经济社会发展面临的困难之一，特别是在我国快速工业化、城镇化进程中，这个问题变得更加突出。党中央、国务院高度重视环境保护工作，积极推动我国生态文明建设进程。党的十八大以来，按照"五位一体"总体布局、"四个全面"战略布局以及"五大发展"理念，党中央、国务院把生态文明建设和环境保护摆在更加重要的战略地位，新修订了《环境保护法》，又先后出台了《关于加快推进生态文明建设的意见》《生态文明体制改革总体方案》《大气污染防治行动计划》《水污染防治行动计划》《土壤污染防治行动计划》等一批法律法规和政策性文件，我国环境治理力度前所未有，环境保护工作和生态文明的进程明显加快，环境质量有所改善。

在党中央、国务院的坚强领导下，环境问题全社会共治的局面正在逐步形成，环境管理正在走向系统化、科学化、法制化、精细化和信息化。科技是解决环境问题的利器，科技创新和科技进步是提升环境管理系统化、科学化、法制化、精细化和信息化的基础，必须加快建立和持续改善环境质量的科技支撑体系，加快建立科学有效防控人群健康和环境风险的科技基础体系，建立开拓进取、充满活力的环保科技创新体系。

"十一五"以来，中央财政加大对环保科技的投入，先后启动实施水体污染控制与治理科技重大专项、清洁空气研究计划、蓝天科技工程专项，同时设立了环保公益性行业科研专项。根据财政部、科学技术部的总体部署，环保公益性行业科研专项紧密围绕《国家中长期科学和技术发展规划纲要（2006—2020年）》《国家创新驱动发展战略纲要》《国家科技创新规划》和《国家环境保护科技发展规划》，立足环境管理中的科技需求，积极开展应急性、培育性、基础性科学研究。"十一五"以来，环境保护部组织实施了公益性行业科研专项项目479项，涉及大气、水、生态、土壤、固体废物、化学品、核与辐射等领域，共有包括中央级科研院所、高等院校、地方环保科研单位和企业等几百家参与，逐步形成了优势互补、团结协作、良性竞争、共同发展的环保科技"统一战线"。目前，专项取得了重要研究成果，已验收的项目中，共提交各类标准、技术规范997项，各类政策建议与咨询报告535项，授权专利519项，出版专著300余部，专项研究成果在各级环保部门中得到了较好的应用，为解决我国环境问题和提升环境管理水平提供了重要的科技支撑。

为广泛共享环保公益性行业科研专项项目研究成果，及时总结项目组织管理经验，环境保护部科技标准司组织出版《环保公益性行业科研专项经费项目系列丛书》。该丛书汇集了一批专项研究的代表性成果，具有较强的学术性和实用性，是环境领域不可多得的资料文献。丛书的组织出版，在科技管理上也是一次很好的尝试，我们希望通过这一尝试，能够进一步活跃环保科技的学术氛围，促进科技成果的转化与应用，不断提高环境治理能力的现代化水平，为持续改善我国环境质量提供强有力的科技支撑。

中华人民共和国环境保护部副部长

黄润秋

前　言

我国环境经济政策经过 30 多年的发展取得了丰硕成果，为我国环境保护工作提供了广阔的发展平台，成为推动我国环境管理的重要工具。当前，我国经济社会发展正处在战略转型的关键时期，经济快速发展，资源环境压力日益突出，市场失灵造成的环境成本无法内部化这一制约依然十分明显，环境保护与经济发展矛盾凸显。党的十八届三中全会明确指出要全面深化经济体制改革，核心是处理好政府和市场的关系，使市场在资源配置中发挥决定性作用和更好发挥政府作用。市场决定资源配置是市场经济的一般规律，健全社会主义市场经济体制必须遵循这条规律，着力解决市场体系不完善、政府干预过多和监管不到位等问题。当前，我国环境经济政策在体系完善性、手段科学性以及实施有效性等方面还存在诸多问题，使环境经济政策力度有限、政策潜力未能充分释放。同时，环境经济政策之间及与其他政策之间协调不够，总体设计和评估缺少系统性等问题较为突出。因此，我国环境经济政策成为急需开展系统性研究并使之不断创新和完善的重点领域。

本书是"十一五"环保公益性行业科研专项经费项目"环境经济政策总体设计与示范研究"成果，该项目以我国 30 多年来环境经济政策总体发展为基础，对我国未来环境经济政策完善与创新目标、方向和任务等进行比较系统的构建，旨在为政府相关部门提供决策支持，为企业和研究机构提供参考。

本书共分为 7 章，第 1 章为项目背景及任务要求，主要执笔人为沈晓悦、原庆丹、贾蕾；第 2 章为环境经济政策的理论基础及实践，主要执笔人为杨姝影、贾蕾、黄炳昭；第 3 章为我国环境经济政策总体评估，主要执笔人为沈晓悦、杨姝影、赵雪菜、肖翠翠；第4章为我国重点环境经济政策实施效果评估，主要执笔人为许文、杨姝影、王遥、杨小明、文秋霞、李丽平、毛显强；第5章为我国环境经济政策总体设计定位、框架及政策建议，主要执笔人为沈晓悦、许文、王遥、贾蕾、杨小明、刘文佳；第6章为环境政策的经济学分析方法研究，主要执笔人为安祺；第7章为环境政策的经济学分析方法应用示范，主要执笔人为安祺、张海鹏、李波。

在项目实施及本书编写过程中，得到了环境保护部政策法规司、科技标准司及相关部门的积极指导和大力支持，在此表示衷心感谢。

由于时间仓促，书中不足之处在所难免，恳请读者批评指正。

目　录

第 1 章　项目背景及任务要求

1.1　项目背景及研究意义

党的十八届三中全会做出了全面深化体制改革的重大战略部署，提出要紧紧围绕使市场在资源配置中起决定性作用深化经济体制改革，坚持和完善基本经济制度，加快完善现代市场体系、宏观调控体系、开放型经济体系，加快转变经济发展方式，加快建设创新型国家，推动经济更加有效率、更加公平、更可持续发展。同时，全会把加快生态文明制度建设作为当前亟待解决的重大问题和全面深化改革的主要任务，强调要紧紧围绕建设美丽中国深化生态文明体制改革，加快建立生态文明制度，健全国土空间开发、资源节约利用、生态环境保护的体制机制，推动形成人与自然和谐发展的现代化建设新格局。

当前，中国改革已进入改革攻坚期和深水区，各领域改革相互作用、相互影响、相互制约，必须合理布局深化改革的优先顺序、主攻方向、推进方式、时间表和路线图，在重点领域不断取得突破。环境保护对经济社会持续健康发展具有重大作用，应该成为全面深化改革的重点领域和突破口。

随着我国经济快速发展以及城镇化进程不断加快，当前及未来一段时期，环境保护形势依然严峻，人民群众对雾霾等突出环境问题反映强烈，需要加快治理大气、水、土壤等污染，确保人民群众健康和安全，向人民群众有所交代。因此，不断创新环境管理思路，创新环境管理手段，探索用法律、经济、技术等综合手段从根本上解决环境问题，积极推进环境管理转型是当前环境保护工作面临的重要课题，是生态文明制度建设的重要内容。

长期以来，命令控制手段在中国的环境管理中发挥着十分重要的作用。但是，过度依赖命令控制手段也给环境管理带来了若干问题。尤其是随着中国市场经济的不断发展和完善，命令控制手段的弊端日益显现，突出表现为成本高以及阶段性和随意性强，不能持久保证环保工作的成效，并出现了未依法行政造成的对群众利益的侵犯，导致行政诉讼、群体性事件等情况的发生。而与之相对应的是，环境经济政策在降低环境保护成本、提高行政效率、减少政府补贴、扩大财政收入以及提高公众环境意识等诸多方面，具有行政命令手段所不具备的显著优点。从经济学理论和发达国家的实践来看，环境经济政策是解决环境问题的长效机制。

自 20 世纪 80 年代以来，我国积极借鉴和吸收国际经验，在发挥市场机制作用解决环境问题方面进行了有益探索和实践，以排污收费为标志，在利用财政、税费、价格、交易、金融、贸易等手段解决环境问题方面进行了大胆探索和实践，制定了多项环境经济政策，我国的环境管理方式，已经从过去单纯的行政管理逐步向行政与经济手段相结合的综合环境管理模式转变，逐步将环境经济政策体系的构建和积极创新作为解决环境问题最有效、最能形成长效机制的办法。这都对贯彻科学发展观、推动节能减排具有重要现实意义，为未来深化经济体制改革、发挥市场配置资源的决定性作用提供了重要基础。

当前，我国环境经济政策在体系的完善性、手段的科学性以及实施的有效性等方面还存在诸多问题，使环境经济政策力度有限、覆盖面小、绩效不佳。目前实施的一些经济政策缺乏经济分析的基础，尤其是在地方层面，配合污染防治目标的价格改革和收费政策的科学设计与合理运用仍非常欠缺，各项环境经济政策间协调不够，总体设计和评估缺少系统性。因此，环境经济政策成为亟须研究的重点领域，本项目的开展有助于深化现有环境经济政策体系，并为环境经济政策的有效建立提供直接的技术支持。同时，由于环境经济政策的研究被明确列入我国《国家中长期科学和技术发展规划纲要（2006—2020 年）》中"环境综合管理关键科学技术支撑"领域的"环境政策与法规"优先主题，此项目研究将直接服务于环境保护部、财政部等相关政府部门的决策和政策制定，为促进以环境优化经济发展、实现经济社会全面可持续发展提供支撑。

本项目研究的主要意义在于：

（1）顺应国家经济体制改革的宏大背景和发展趋势，为我国未来环境经济政策完善和创新提供方向和依据。完善和创新环境经济政策是建立和完善社会主义市场经济经济体系的重要组成部分。我国高度重视发挥市场机制在配置资源、宏观调控以及解决资源环境等问题中的积极作用。"十二五"时期我国经济社会发展面临着新的国际国内环境和形势，主要表现在：经济结构调整和转变发展方式需要破解深层次体制障碍；城镇化发展进入新阶段后需要克服日益凸显的体制矛盾；社会消费需求结构升级对改革提出新要求；社会转型加速和利益格局分化使改革动力机制发生深刻变化；国际经济格局深刻调整凸显解决深层次体制问题迫切性，继续深化经济体制改革具有重要性和迫切性。

十一届全国人大四次会议批准的《国民经济和社会发展第十二个五年规划纲要》中明确指出，"深化资源性产品价格和环保收费改革"，要"建立健全能够灵活反映市场供求关系、资源稀缺程度和环境损害成本的资源性产品价格形成机制，促进结构调整、资源节约和环境保护"。

2005年《国务院关于落实科学发展观 加强环境保护的决定》中明确指出"推行有利于环境保护的经济政策。建立健全有利于环境保护的价格、税收、信贷、贸易、土地和政府采购等政策体系。政府定价要充分考虑资源的稀缺性和环境成本，对市场调节的价格也要进行有利于环保的指导和监管。"国务院节能减排综合性工作方案中要求，加快出台一批有利于环境保护的经济政策。

《国务院批转发展改革委关于2009年深化经济体制改革工作意见的通知》中明确指出，要探索建立绿色信贷、公众参与等环境保护长效机制，加快推进污水处理、垃圾处理等收费制度改革，扩大排污权交易试点范围，推进矿山资源补偿费制度改革，建立与资源利用水平和环境治理挂钩的浮动费率机制，研究制定并择机出台资源税改革方案，加快理顺环境税费制度。这明确了近期环境经济政策的重点。

2011年全国环境保护工作会议部署强调，加快完善环境经济政策，深化"绿色信贷""绿色证券"，"推进环境污染责任保险，开展健全污染者付费制度、开征环境税的研究"；继续修订"高污染、高环境风险"产品名录；要积极完善有利于减排的政策机制；研究出台火电行业脱硫、脱硝电价优惠政策；建立企业和地区减排财政补贴激励机制。加快环境经济政策研究成为探索环保新路重要内容，也是"十二五"环保开局之年的一项重大而紧迫的任务。

党的十八届三中全会全面系统地提出了深化经济体制改革的路线图，指出要发挥市场配置资源的决定性作用和更好发挥政府作用，着力解决市场体系不完善、政府干预过多和监管不到位问题，要大幅减少政府对资源的直接配置，推动资源配置依据市场规则、市场价格、市场竞争实现效益最大化和效率最优化。本项目重点是就环境经济政策的任务和方向进行研究，提出未来改进的思路与建议，以符合国家深化经济体制改革的总体要求，恰逢其时，具有很强的实用性和引导性。

（2）寻找问题症结，为解决环境问题提供有效政策支持。当前，我国环境形势十分严峻。未来我国经济仍将处于重化工阶段，城市化快速推进，环境污染的压力将继续增大，节能减排任务繁重，需要多种手段并用才能奏效，从调节经济利益的角度出台政策并调节污染排放行为具有极强的现实意义。当前困扰我国环境管理的突出问题是环境执法成本高，违法成本低，致使排污企业宁愿违法排污、交纳罚款，也不愿意进行污染治理。其背后的主要原因，就是长期以来，我国环境成本没有外部化，"资源低价，环境廉价"。因此，环境经济政策创新要探索环境成本内部化的途径，弥补传统的市场经济及经济法制的缺陷，推动在生产、分配、消费、交换的全过程中实行对环境资源有偿使用，使外部不经济性内在化，体现"环境有价"。本项目将通过系统评估我国环境经济政策发展现状，认识政策存在的主要问题，分析政策执行不利的原因，为健全和完善环境经济政策并利用市场手段解决环境问题提供支持。

（3）从战略层面出发，提高环境经济政策制定和实施的针对性和有效性。我国的环境经济政策虽然种类较多，但真正在全国范围内有效实施且效果突出的并不多。有些环境经济政策虽然有政策性规定，但是由于没有配套的措施，并没有起到应有的作用。

在体系的完整性方面，目前，我国环境管理主要还以行政方式为主，真正有效的环境经济政策的工具很少，没有形成一个完整互相配合的政策体系。环境财税政策、绿色信贷、环境污染责任保险制度、绿色金融、绿色贸易等具有宏观调控作用的环境经济政策仍处在探索和启动阶段，由于缺乏总体规划和设计，我国现行环境经济政策制定总体上缺乏全面性、系统性，远未形成完备的政策体系。环境政策制定过程也缺少相应的可行性和影响的评估分析手段，降低了政策效果，甚至背离了初衷。

在环境经济政策执行效果方面，由于环境政策缺乏配套的措施，地方目标和中央政策相背离等原因，我国环境经济政策远未形成体系，而且现有的政策也呈现执行乏力、效果不佳的状态。

在环境经济政策的绩效性方面，缺少强有力的执行，缺少科学的执行效果评估手段。我国环境经济政策在制定的程序、方式等方面存在不足，制定和实施政策缺乏成本—收益分析等方法，导致制定出来的环境政策不尽合理，从而使政策效果达不到预期目标。

本项目致力于从环境经济政策总体和战略层面上考虑，从全局层面识别和分析问题并提出我国"十二五"及"十三五"环境经济政策的总体设计思路，旨在明确当前及未来我国环境经济政策完善和创新的重点领域和主要政策方向，提高环境经济政策完善和创新的针对性，为管理部门提供决策参考和依据。

1.2　项目目标

本项目以科学发展观和生态文明建设为指导，以环境科学、环境经济学理论为基础，借鉴国际经验和环境经济政策发展趋势，结合我国国情，针对环境管理中的突出问题，全面、系统地构建我国环境经济政策总体框架，探索建立环境政策的经济评价分析方法，以财税、信贷、保险、证券和贸易领域为重点领域，研究政策绿色化方向以及具体环境经济政策制订方案和建议，为环保、财税、金融、贸易等相关部门制定政策和决策提供依据。

1.3 技术路线

本项目研究的技术路线如图 1-1 所示。

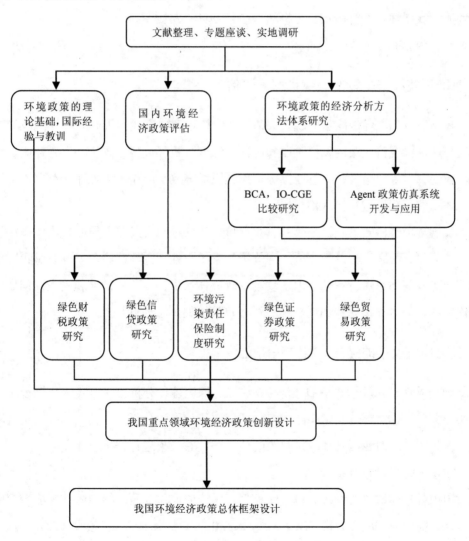

图 1-1　项目技术路线

1.4　项目主要研究内容

本项目包括 5 个专题的研究内容，分别为：

专题一　我国环境经济政策发展现状总体评估；

专题二　我国环境政策的经济分析方法研究；

专题三　我国重点领域环境经济政策创新研究；

专题四　我国环境经济政策仿真系统研究；

专题五　我国环境经济政策总体框架、政策制订"路线图"。

主要研究内容有以下 5 个方面。

1.4.1　我国环境经济政策发展现状总体评估

（1）我国重点环境经济政策的现状评估。系统梳理和研究我国现有环境经济政策的构成，总结我国环境经济政策的发展阶段和历程，深入分析环境税、碳税、生态补偿、二氧化硫排污权交易、绿色信贷、绿色证券等重点环境经济政策的作用机理，并对重点环境经济政策的作用和局限性进行深入剖析。

（2）我国环境经济政策及框架体系总体评价。从理论和实践两个层面，从环境经济政策总体实施效果、配套措施以及环境经济政策体系统一性、完整性等多个方面对我国现行环境经济政策及其体系进行评估，识别政策及政策体系中存在的关键性和根本性问题，分析深层次原因，为进一步完善和创新环境经济政策框架体系提供基础。

1.4.2　我国环境政策的经济分析方法研究

总结国内外现有对环境政策的经济分析方法，探讨各种分析方法对我国环境政策的适用性和必要条件，建立适合我国实际情况的环境政策的经济分析方法体系。应用主要环境政策经济分析方法，对我国具体减排政策的效率和分布效果进行评价，并在这一过程中对各种分析方法的适用性进行检验。

（1）国内外环境政策的经济分析方法梳理。系统梳理和全面总结国内外环境政策的经济分析方法，如效益—成本分析（BCA）、投入产出（IO）和一般均衡模型（CGE）分析、边际分析、AGENT–Based 仿真系统（ABMS）等，比较研究各种方法的特点以及在环境政策评估方面的适用范围、评价目标的不同，优势和不足。

（2）主要方法的比较研究。从实际出发，重点对 BCA、IO 技术和 CGE、边际分析等经济分析方法进行研究，分析各种方法的理论依据、评价目标、适用范围、适用条件、实施步骤及可获得的结果。

（3）适合我国实际情况的环境政策的经济分析方法体系及其应用。从我国实际出发，研究国际主流评价分析方法对我国环境经济政策的适用性，从而确定适合我国国情的环境政策经济分析方法体系。

1.4.3 我国重点领域环境经济政策创新研究

对我国财税、信贷、保险、证券及贸易等重点领域的政策进行分析诊断，明确上述领域政策绿色化方向，提出重点环境经济政策创新方案。具体研究任务包括：

1.4.3.1 绿色财税政策创新研究

（1）财税政策的绿色评估研究。现行国内环境财税政策的具体情况。系统收集和整理我国"十一五"时期实施的与环境保护相关的财税政策情况，包括促进环境保护和不利于环境保护的相关财税政策。对包括环境财政投资、生态补偿政策、环境税费政策、绿色政府采购等在内的财税政策进行整体上的"绿色度"评价，以及单独对各类具体环境财税政策的"绿色度"进行评价，分析现行财税政策在环境保护方面的不足。在"绿色度"评价的基础上，进一步分析未来绿化财税政策的可能方向和空间，以及分阶段确定财税政策绿化的具体内容和实施步骤。

（2）环境财税政策框架设计。环境财税手段的构成及其功能定位。分析和研究环境财税政策的手段构成环境保护的作用机理，对各类环境财税政策进行比较，以及确定各类环境财税政策在环境保护上的适用范围。

未来财税政策绿化的总体思路。根据我国未来环境保护的要求和发展趋势，重点结合《国民经济和社会发展第十二个五年规划纲要》中环境保护和和财税体制改革的内容，提出提高财税政策绿色度的总体思路、方向和原则，构建环境财税政策框架。

1.4.3.2 绿色信贷政策创新研究

（1）我国绿色信贷政策的现状及其评价。我国绿色信贷政策的具体情况。系统收集和整理我国绿色信贷政策发展历程和实施情况，总结前期研究和实践取得的成果，分析现阶段我国绿色信贷政策实施中存在的问题和面临的挑战，研究当前国家和地方、环保部门与银行业开展绿色信贷政策的需求。对国内绿色信贷政策的执行效果进行评价，为绿色信贷的发展提出相关政策建议。

（2）绿色信贷政策的框架设计。针对当前国家和地方对开展绿色信贷的政策需求，研究建立我国绿色信贷的政策框架，包括绿色信贷的基本原则；界定绿色信贷实施范围及主要内容，并确定政策实施的优先领域；建立政策推动（如法律法规、财税激励政策等）和以市场为工具共同作用的政策体系及配套政策和措施（包括信息沟通机制、信息披露机制和相关利益方磋商机制等）。

1.4.3.3 环境污染责任保险制度创新研究

（1）国内外环境污染责任保险制度的发展现状及评价。研究美国、日本、德国等国家环境污染责任保险制度的现状、特点、经验及对我国的启示；系统收集和整理我国环境污染责任保险制度的有关试点情况，分析地方环境污染责任保险制度实施的经验与教训；识别我国环境污染责任保险制度面临的主要问题。

（2）环境污染责任保险制度创新及政策建议。根据我国未来环境保护的要求以及市场需要，参考国外环境污染责任保险制度的立法与实践经验，结合《国家"十二五"环境保护规划》，分 3 个方面提出我国环境污染责任保险制度建议。在总体思路方面，提出我国环境污染责任保险制度的总体框架；在制度创新方面，提出环境污染责任保险配套技术规范要求、环境救济基金制度等。起草推动环境污染责任保险制度的相关政策性文件。

1.4.3.4 绿色证券政策创新研究

（1）我国绿色证券政策的评价及国际经验。我国绿色证券市场的政策演进和积极作用。分析我国绿色证券政策演进，深入分析绿色证券在证券市场融资领域、投资领域的贯彻执行效果，分析我国绿色证券市场的政策效应。分析影响我国绿色证券政策实施的因素。总结美国、欧洲、日本等发达国家和巴西、印度等发展中国家的绿色证券市场政策体系。

（2）绿色证券市场制度体系设计及主要政策实施建议。我国绿色证券市场制度的体系设计。包括完善资本市场环境管理法规政策体系的建设，建立完整的资本市场环境监管及监督体系，建立有效激励绿色环保行业证券发行的机制体系。

1.4.3.5 绿色贸易政策创新研究

（1）贸易政策评估方法研究。分析贸易各主要环节的环境代价；综述并比较分析主要评价方法，结合我国原材料贸易政策案例研究，开发提出评价我国贸易政策环境影响的思路与导则。

（2）我国绿色贸易政策评估及国际绿色贸易经验研究。对我国现行绿色贸易政策相关内容的梳理，开展其实施效果的综合评估，辨析我国现行绿色贸易政策的制度障碍与问题，分析问题的原因与后果。

（3）绿色贸易政策体系创新及重点政策设计。以优化贸易结构、绿色贸易手段为出发点，从货物和服务贸易两个层面，以调控贸易产品和服务的准入和准出关为重点，研究提出绿色贸易政策体系框架，从关税及非关税贸易措施等重点环节找准突破口，研究提出重点绿色贸易政策设计方案。

1.4.4 环境经济政策仿真系统研究

通过以渭河流域作为试点，在流域层面对专题各项环境经济政策进行模拟研究，分析环境经济政策对企业、环境及经济的影响。具体开展以下几个方面的工作。

（1）环境经济政策对企业影响及基于 Agent 技术的政策模拟方法研究。重点研究环境经济政策手段运用对企业和环境的影响和效果，建立政策与企业和环境的作用关系。探究各种手段的使用效用和效益模式。针对渭河流域的重点污染产业，研究其在环境经济政策调整下的演化规律。研究基于 Agent 技术的政策模拟方法，研究政策的执行效果具体表现，确定政策对应的经济影响和环境影响的量化描述。

（2）渭河流域环境和经济相关信息收集、数据整编和预处理。识别渭河流域的主要环境问题和环境影响因素，重点调研重污染行业与企业的情况，收集"十五""十一五"渭河流域的企业、宏观经济、环境保护相关信息资料。对数据进行整编和预处理，完成数据的清理，采用统计与数据挖掘的方法研究数据的规律，建立多主题数据库。

（3）渭河流域环境系统组成及环境经济系统模型设计研究。在基于 Agent 技术的经济模型的基础之上，结合渭河流域环境系统的组成，设计渭河流域环境经济系统模型：确定 Agent 种类与数量、每种 Agent 的属性和行为；定义 Agent 之间的关系和 Agent 之间交互的规律。

（4）研制高效能基于 Agent 的仿真平台，构建渭河流域环境经济政策仿真系统。设计和定义渭河流域环境经济政策仿真系统的功能。主要包括系统配置、统计分析、因子（政策调控变量）定义、仿真模拟、决策分析、可视化、基于 Geo Web Service 的数据进行整合、发布、共享。在高效能基于 Agent 的仿真平台的基础上结合地理信息系统（GIS）、数据库系统和 Web 开发技术构建渭河流域的政策仿真系统。

（5）环境经济政策效果的模拟研究。以渭河流域为政策模拟示范区域，利用 Agent 环境经济政策仿真系统，对绿色财税、绿色贸易等政策进行模拟分析，定量评估政策制定和实施的效果。

1.4.5 我国环境经济政策总体框架、技术路线图及重点政策设计方案

以环境经济学、制度经济学、公共管理学等相关理论为基础，结合我国"十二五"及未来一段时期国家经济社会和环境保护发展目标，综合项目各专题研究成果，研究提出我国环境经济政策总体框架。

结合各专题研究成果，充分考虑我国经济社会和环境保护发展目标，研究提出我国未来环境经济政策制定的总体思路、优先领域，以及在财税、信贷、保险、证券、贸易、价格、交易、补偿等重点领域的环境经济政策设计方案。

第2章 环境经济政策的理论基础及实践

2.1 环境经济政策基本理论

回顾环境经济政策理论的发展过程可以发现,"环境资源价值的认定和合理分配"是环境经济政策理论的核心问题。围绕这一问题,诞生了环境资源稀缺性理论、环境资源价值理论、环境资源配置理论、外部性理论、庇古理论和科斯定理等,共同构筑了环境经济政策理论体系。这一理论体系处于不断的发展和完善过程中,对于各国政府为解决"环境有价"问题而出台的环境经济政策,具有很高的参考价值。

环境经济政策理论体系包括环境价值认定的相关理论,这部分理论是环境经济政策的基石,用于判断环境资源是否具有价值;环境资源价值的分配理论,指导政府出台环境经济政策,在各利益主体之间合理分配环境资源。

2.1.1 环境资源价值认定的相关理论

在出台环境经济政策对资源进行分配和定价之前,首先应该对环境资源的价值属性进行一个清晰的判断。作为环境经济政策的基础,环境资源价值认定的相关理论具有很高的理论指导意义。

(1)环境资源稀缺性理论。环境资源稀缺性理论的核心是"资源稀缺"。"资源稀缺"是经济学的出发点,也是环境经济学、环境经济政策存在的基石。从这一理论出发,环境资源是有稀缺性的,这表现在:环境在一定时期内所具有的对经济活动的承载能力是有限的。

由于稀缺性,环境资源对经济发展的影响越来越大,成为经济增长中的一个重要约束条件。环境资源也从原先的廉价和自由取用的状态被赋予一定的价值,从而具备了利用市场和经济手段进行调控的可能性。

（2）环境资源价值理论。随着人们对环境资源价值认识的不断深入，发现环境资源除直接使用价值外，还具有间接使用价值、选择价值和代表了物品内在属性的存在价值。在环境资源价值理论中，环境资源除直接使用价值，其他几项非直接使用价值很难通过市场手段进行定价。因此环境资源也就难以完全通过市场实现最合意的分配，寻找其他途径解决环境资源配置就成为人们首要解决的问题。

2.1.2 环境资源分配的相关理论

环境资源分配的相关理论是环境经济政策理论体系的重点。由于存在立场和视角的不同、目标和手段的差异、实际条件限制等问题，环境资源分配的相关理论千差万别，甚至存在矛盾和冲突。总体来说，环境资源分配的相关理论还是给政府出台环境经济政策提供了思路和依据，具有很高的实际应用价值。

（1）帕累托最优理论。在分配环境资源时考虑的主要因素有效率、效益、可持续性、公平、正义等。当政府作为环境资源的分配者时，通常所追求的目标是实现社会福利最大化。基于此，意大利经济学家帕累托提出了帕累托最优的资源分配理论，认为社会应该达到这样一种经济状态，在该状态中没有一个人能在不损害他人利益的前提下，使自身利益得到改进，也就是指社会不存在进一步增加总体福利水平的机会的状态。

（2）外部性理论。社会福利最大化这一目标非常理想，但现有市场制度失灵，环境资源无法通过市场来实现最优配置。这导致现实中生产者片面追求私人净收益最大化，让全社会共同承担环境污染成本，也就是外部性问题。外部性是指一个经济主体（生产者或消费者）在自己的活动中对第三者的福利产生了一种有利影响或不利影响，却不享受这种有利影响带来的收益或不承担不利影响带来的损失，即一个经济体的经济行为附带的对另一个经济体的"非市场性"影响。从本质上来说，外部性的本质是环境资源配置问题，是环境资源稀缺性价值无法在市场上得到充分反映的问题。

（3）庇古理论和科斯定理。为了应对环境经济和外部性问题，出现了庇古理论和科斯定理。作为环境经济政策的直接理论依据之一，庇古根据边际效用分析方法提出了庇古理论。"庇古理论"是从福利经济学角度出发，侧重于通过"看得见的手"，即政府的干预解决环境问题。对引起外部性的生产要素加以征税，对减轻外部性的行为给予补贴，或者通过交付保证金的形式使外部不经济性内部化，从而起到纠正市场机制、降低社会费用的作用。"科斯定理"是基于新制度经济学观点，侧重于通过"看不见的手"，即通过市场机制本身解决问题。通过界定产权或人为创建交易市场的形式，在污染当事人之间进行充分协商或讨价还价，最终达到削减污染的目的。

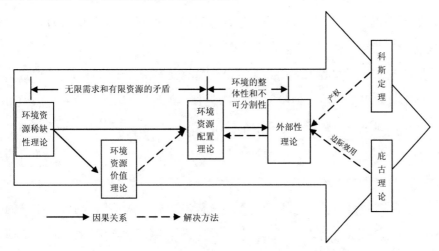

图 2-1　环境经济政策理论逻辑图

从环境经济政策理论的发展来看，环境经济政策的存在意义就是为了解决"环境有价"这一问题。在市场无法准确和合理地赋予环境资源价值的情况下，政府为了应对环境资源的稀缺性，实现环境资源的合理配置，解决环境资源分配过程中出现的外部性问题而制定相关政策。

环境经济政策既忠于市场的基本原则，充分利用市场规则和经济规律，又能认识到市场的局限性，不完全依赖市场。通过综合运用一系列的环境经济政策，调节市场，实现环境资源的合理定价，进而影响环境资源使用者的成本和效益。引导他们主动进行选择，以便最终做出有利于环境的行为和决策，使其环境行为的外部性合理内部化，使经济活动带来的外部不经济性降至最低限度，从而使环境资源达到社会最佳的配置状态。

2.1.3　环境经济政策的主要特点

认识政策工具的特性是创新和使用政策工具时所必须考虑的重要环节。按照经济合作与发展组织（OECD）的观点，当某种手段的应用足以影响到经济当事人（污染者）对可选择的行动（如安装治污设施以减少污染排放、缴纳排污费获准污染、与其他厂商协商以取得许可等）的费用进行评估时，该手段之前便可以冠之"经济"之名，这就是说环境经济政策具有以下几个特点：

（1）环境经济政策是与成本-收益比较联系的。一方面，它表现在政府对环境管理的政策手段要作成本-收益比较。要选择在环境效益相同时的政策手段成本的最小化，或者说要选择在政策手段成本既定时的环境效益的最大化。另一方面，它表现在使有关经济主体能够根据政府确定的经济手段进行权衡比较，选择能够使自己获益最大的方案。也就是说，环境经济政策使有关经济主体拥有可选择性。

（2）环境经济政策的使用有利于环境的改善。经济手段的作用在于它影响经济主体的决策和行为。这种影响表现在，使人们所做的决定能够导致比没有这些手段时更加理想的环境状态。这就是说，环境经济政策不是一般的经济手段或财政手段——一般的经济手段或财政手段只强调经济利益的最大化，相对较少考虑环境效果，而环境经济政策的目的在于以经济的手段获取良好的环境效果。

（3）环境经济政策对经济主体具有刺激性而不具有强制性。经济手段对经济主体的刺激性，可直接改变经济主体的行为。环境经济政策本身就与直接管制手段相对应，能使当事人以他们自认为更有利的方式对特定的刺激做出反应。

也就是说，经济主体基于经济利益的考虑，至少可以在两个不同的方案之间进行选择。直接管制手段通常包括一些财政或金融方面的内容。在某些情况下，管制伴随着收费，这些收费并不旨在改变行为而在于惩处。因此，这不属于严格意义的经济手段，但通常我们还是把具有调控性的收费政策作为经济政策，主要看重的是收费的差别性及弹性。

根据 OECD 在《环境经济手段应用指南》中的说法，用经济手段解决环境问题有以下优越性：

（1）低成本。污染者可以选择最佳的方法达到规定的环境标准，或者使环境治理的边际成本等于排污收费水平，从而达到成本最低的目的。

（2）高刺激。可以为当事人提供持续的刺激作用，使污染水平控制在规定的环境标准以内。同时，通过资助研究和开发活动，促进经济的污染控制技术、低污染的新生产工艺以及低污染或无污染的新产品的开发。

（3）灵活性。可以为政府及污染者提供技术和管理上的灵活性。对政府来说，调整一种收费标准要比修改法律容易得多；对污染者而言，可以根据收费情况做出预算，并选择是治理污染还是缴费更合算。

（4）增财源。可以为政府增加一定的财政收入，这些财源既可以直接用于环境和资源保护，也可以纳入财政预算。

总之，环境经济政策能使经济主体以他们认为最有利的方式对某种刺激做出反应，它是向污染者自发的和非强制的行为提供经济刺激的手段。环境经济政策也存在一定的局限性，主要表现为：①难以对产权进行清晰界定。经济激励手段应用的前提是产权清晰，而环境产权，如水、空气的产权界定比较困难，或根本无法界定，这对环境经济政策的制定和实施都有直接影响；②不适用于非市场经济国家。因为经济手段主要依靠市场机制发挥作用，没有完善的市场机制，政策效果难以保证；③间接性。经济手段是通过市场机制间接发挥作用，在达到政策目标之前有时滞性，因此，这种政策不适于在危机时期处理紧急问题。

2.2　相关文献及研究成果概述

30 多年来，我国环境经济政策取得了快速的发展，在社会、经济很多关键领域发挥了重要作用，充分体现了环境与经济之间相辅相成，缺一不可的关系。我国环境经济政策研究领域也取得了长足进展，环境经济政策基本理论以及专项政策研究都有大量研究成果，这为本项目研究提供了许多可供参考和借鉴的基础。但在诸多研究中，涉及环境经济政策体系建设或总体设计的研究成果却比较少，特别是紧紧围绕环境管理实际问题，有针对性且全面系统提供解决问题方案的研究成果很少。

本项目以推进我国环境经济政策完善和创新为目标，对近几年国内外专家学者关于环境经济政策的研究成果进行了比较系统的梳理和总结，特别是围绕环境经济政策目标定位、框架设计以及重点环境经济政策分析等几个方面进行了资料搜集和文献梳理，为更好地开展环境经济政策现状评估和设计提供全面、系统、客观的理论基础。

2.2.1　关于环境经济政策目标定位的几种观点

潘岳（2007）提出，环境经济政策"是指按照市场经济规律的要求，运用经济手段，调节或影响市场主体的行为，以实现经济建设与环境保护协调发展的政策手段。"[①]

马中（2006）认为环境经济政策具有两种最基本的功能——行为激励和资金配置。[②]环境经济政策的行为激励功能表现为通过经济手段，借助于市场机制的作用，使外部不经济的环境费用内部化，改变生产者和消费者原有的经济刺激模式，纠正他们破坏环境的行为。

环境经济政策的资金配置功能包括 3 个方面：①依据法律、行政授权，安排用于环境保护的资金；②资金的重新分配；③资金的使用。

---

① 潘岳. 谈谈环境经济新政策. 学习时报，2007.

② 马中. 环境与自然资源经济学概论（第二版）. 北京：高等教育出版社，2006.

理论家和环境政策制定者往往强调发挥环境经济政策行为激励的功能，因为行为改变是实现环境目标的主要途径。如上所述，环境经济政策通过使外部费用内部化，刺激生产者和消费者，促使其改变行为达到保护环境的目标。因此，行为激励功能和实现环境目标具有一种因果一致性。

与行为激励相比，环境经济政策的资金配置功能往往不太被重视，马中（2006）认为有 3 个方面原因：①当环境保护资金供给不足时，尽管环境经济政策具有明显的聚敛资金的作用，甚至可能实际上已经在发挥着这一作用，为了避免一些利益冲突和政策风险，政策制定和实施部门可能会尽量淡化这一功能。②当环境保护资金不再成为制约环境保护事业发展的瓶颈，资金配置功能的重要性自然退居次要地位。③资金配置与行为激励的过程存在一定的抵消关系。行为改变必然导致资金配置重要性的降低和可配置资金量的减少；反之，如果通过实施环境经济政策仍然可以聚敛大量环境保护资金，至少在某种程度上说明破坏环境的行为尚未改变，环境状况有待改善。

马中（2006）提出，环境经济政策目标能否实现和如何实现，取决于政策执行过程中社会、经济、政治甚至文化等背景条件的约束。他还提出，在我国国民经济高速发展的特定时间段内实施环境经济政策，行为激励和资金配置之间会出现一种功能互补关系，而非最终出现的功能抵消关系。在这一时期，行为改变不能一蹴而就，而资金短缺是有效环境管理的主要制约。因此通过不断加大刺激力度，可产生更多可配置资金，而资金的有效配置可促进行为改变。因此马中认为在特定时期这两项主要功能相得益彰、并行不悖。

对环境经济政策的定位，李晓亮、杜艳春、葛察忠（2012）认为，推进环境与经济的融合，其关键一点就是环境制度和政策体系与经济制度和政策体系的融合，而环境经济政策体系作为融合的连接点，是最为关键的。[①]

李晓亮等指出，建设资源节约型、环境友好型社会是我国国民经济和社会发展中长期的战略任务，又是科学发展观的重要内容和内在要求之一，也是切实改善人民生活环境和质量，体现"以人为本、执政为民"的执政纲领和政治理念的重要任务。一方面，现代社会是经济社会，市场机制是配置资源的基础性力量；另一方面，环境问题本质上是发展方式、经济结构和消费模式的问题，制约资源节约、影响环境友好的制度环境和个人行为中的绝大部分也存在和产生于经济系统中。因此，构建环境友好的国民经济体系，是建设资源节约型、环境友好型社会的最核心任务。而环境经济政策作为环境政策和经济政策的结合点、全面协调发展和保护关系的切入点、规范和树立市场经济条件下各主体资源节约、

---

① 李晓亮，杜艳春，葛察忠. 推动环境经济政策研究　制定构建环境友好国民经济体系. 环境经济，2012（6）：34-38.

环境友好行为的有力准则和长效机制，其建立和完善又是构建环境友好的国民经济体系的最主要任务。

2.2.2 对环境经济政策分类方法与总体框架总结

2.2.2.1 环境经济政策的几种分类

国际上较为权威的对环境经济政策的分类主要有两种：OECD 的分类和世界银行哈密尔顿等的分类。

OECD 将环境经济手段分为 4 种：收费与征税，可交易的许可证，押金制度和补贴。[1] OECD 在《环境管理中的经济手段》一书中进一步将环境经济政策确定为以下 5 种：收费，补贴，押金-退款制度，市场创建，执行鼓励金。这一分类在国内已经得到比较广泛的认可。

世界银行哈密尔顿等将实施可持续发展战略的政策手段列成一个矩阵，[2] 如表 2-1 所示。

表 2-1 政策矩阵

主题	政策与手段			
	利用市场	创建市场	实施环境法规	鼓励公众参与
资源管理与污染控制	减少补贴	产权/分散权利	标准	公众参与
	环境税	可交易的许可证	禁令	信息公开
	使用费	国际补偿制度	许可证和配额	
	押金-退款制度			
	专项补贴			

国内学者也对环境经济政策进行过分类。马中（2010）指出，经济手段是实施环境经济政策的工具，传达政策意图的载体。他对世界各国环境经济政策经常采用的经济手段进行了总结，归为以下九大类：[3]

（1）明晰产权，包括所有权、使用权和开发权。

（2）建立市场，包括可交易的排污许可证、可交易的环境股票等。

（3）税收手段，包括污染税、产品税、出口税、进口税、税率差、资源税、免税等。

（4）收费制度，包括排污费、使用者费、资源（环境）补偿费等。

（5）罚款制度，包括违法罚款、违约罚款等。

---

① 王金南，陆新元，杨金田. 中国与 OECD 的环境经济政策. 北京：中国环境科学出版社，1997：14-15.

② K. 哈密尔顿，等. 里约后五年——环境政策的创新. 北京：中国环境科学出版社，1998.

③ 马中. 环境经济与政策：理论及应用. 北京：中国环境科学出版社，2010：193-194.

（6）金融手段，包括软贷款、贴息贷款、优惠贷款、商业贷款、环境基金等。

（7）财政手段，包括财政拨款、赠款、部门基金、专项基金等。

（8）责任赔偿，包括法律责任赔偿、环境资源损害责任赔偿、保险赔偿等。

（9）证券与押金制度，包括环境行为证券、废物处理证券、押金股票等。

潘岳[①]提出，我国环境经济政策包括七大类，主要是绿色税收、环境收费、绿色资本市场、生态补偿、排污权交易、绿色贸易、绿色保险。

沈满洪（2001）受到经济理论中经济自由主义和政府干预主义的争论的启发，从理论研究的角度，将环境经济手段区分为庇古手段和科斯手段两大类。[②]庇古手段侧重于采用政府干预的方式解决生态环境问题，如环境资源税、环境污染税或排污收费、环境保护补贴、押金-退款制度等。科斯手段则侧重于以市场机制的方式解决生态环境问题，如自愿协商制度、排污权交易制度等。

环保部制订的《"十二五"全国环境保护法规和环境经济政策建设规划》中，提出了完善"十五"环境经济政策的4个领域和两项机制。4个领域为税费、价格、金融、贸易，两项机制为排污交易和生态补偿。

2.2.2.2　环境经济政策框架

回顾中国过去几十年的发展，我们在一定程度上重复了西方发达国家以资源环境换取经济增长的发展老路，在创建了举世瞩目的经济成就的同时，也加剧了对环境的破坏。究其原因主要在于环境管理中对行政手段依赖过度，而对经济和法律手段依赖不足。以经济政策和法律手段相互结合，促使企业的环保行为自由发展转向自觉，是解决中国环境问题的根本出路。政策框架是指组成政策体系的环境保护领域的构成及其功能—结构布局，其中包括政策领域、政策领域排序、经济手段选择和配套措施等，并以政策领域的分解—整合与排序为主。

根据我国环境经济政策现状，借鉴 OECD 国家的环境经济政策实践经验，中国环境宏观战略研究之中国环境经济政策设计研究专题[③]构架了国家环境经济政策框架。该框架将环境经济政策的作用领域划分为两块：第一块为环境管理领域，第二块为环境管理与经济发展协调的领域；在此基础上构建中国环境经济政策框架。在环境管理领域发挥作用的环境经济政策主要包括：环境税收政策、环境价格政策、环境财政政策、环境责任制度与环境市场创建政策，在环境管理与经济发展相协调的领域发挥作用的环境经济政策主要包括

① 潘岳. 谈谈环境经济新政策. 学习时报, 2007.
② 沈满洪, 何灵巧. 环境经济手段的比较分析. 浙江学刊, 2001（6）：162-166.
③ 杨朝飞, 王金南, 葛察忠, 等. 环境经济政策改革与框架. 北京：中国环境科学出版社, 2012.

环境金融政策、绿色贸易政策和重污染企业退出政策。这是目前比较系统全面对我国环境经济政策现状、问题和发展方向进行研究的极少数项目,其框架设计见图2-2。

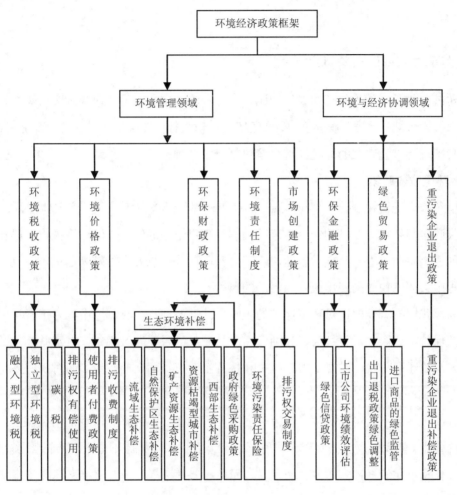

图2-2 环境经济政策框架示意图

环境保护部制定的《"十二五"全国环境保护法规和环境经济政策建设规划》提出了主要目标,即根据我国环境保护法规和环境经济政策建设的现状以及我国环境保护的实际需要,借鉴国外和国内其他领域立法和政策制定的经验,加快修订现有法律法规和制定新法,积极推进环境经济政策的研究、制定和实施工作,到2015年形成比较完善的、促进生态文明建设的环境保护法规和环境经济政策框架体系。图2-3为"十二五"我国环境经济政策建设体系图。

《"十二五"全国环境保护法规和环境经济政策建设规划》中针对环境经济政策建设

提出了 10 项主要任务：推动现有税制"绿色化"、完善环保收费制度、改革环境价格政策、深化环境金融服务、健全绿色贸易政策、建立排污权有偿使用和交易制度、构建生态补偿机制、完善公共财政支持环保政策、制定和完善环境保护综合名录、推进污染损害鉴定评估。

2.2.3　对重点政策的主要研究观点综述

与传统行政手段的"外部约束"相比，环境经济政策是一种"内部约束"力量，具有促进环保技术创新、增强市场竞争力、降低环境治理与行政监控成本等优点。潘岳（2007）认为，我国应当首先建立的环境经济政策包括以下 7 项[①]。

2.2.3.1　环境税收政策

环境税收以庇古税理论为理论基础，在存在外部不经济效应时向经济主体征税。因此，环境税收政策是环境与经济的结合、市场机制与政府干预的结合。但环境税收手段在确定税率的问题上也面临着一些技术难题，政府要获取这些信息要支付较高的成本，且在政策实施过程中会面临税收的漏出或寻租活动的风险[②]。

目前，我国没有专门针对环境保护的税收立法，但现行税收制度中，若干税种中有诸多鼓励环保行为和限制污染行为，鼓励环保产品发展的税收政策规定，对那些体现节能的行为和产品给予减免税，体现了国家鼓励和扶持企业节能环保的政策，而对那些不符合国家环保政策和产业政策的高耗能、高污染行为，客观上增加了企业使用资源环境的成本，在一定程度上限制了污染的产生，也为治理污染筹集了一定的资金，对推动环保工作起到了积极的作用。但我们也应该看到我国现行的环境保护税收措施不健全，规定也比较粗糙，税制绿色化程度比较低，多数税种的税目、税率和税基选择都没有直接考虑环境保护和可持续发展，缺少针对污染、破坏环境的行为或产品征收的专门性税种。

---

① 潘岳. 七项环境经济政策当先行. 瞭望，2007（37）：34-35.
② 李斌. 基于可持续发展的我国环境经济政策研究. 中国海洋大学，2007.

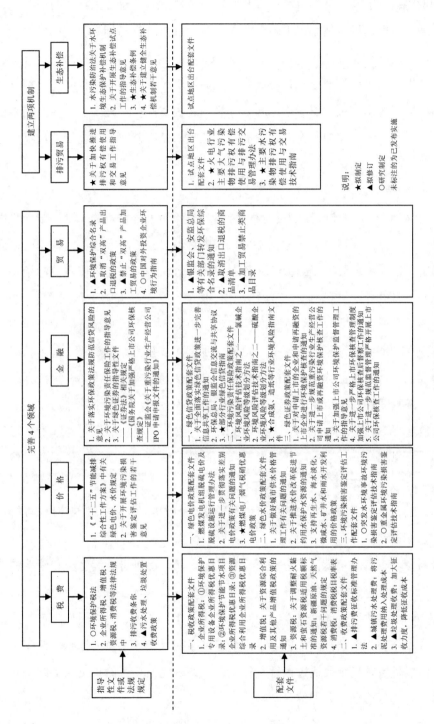

图 2-3 "十二五"全国环境经济政策建设框架体系

马中（2009）认为[①]，我国要实行环境保护税必须立法先行，建立强有力的法律基础，将环境保护税纳入现有的税收体系，平衡企业所有税负并协调好与排污收费的关系。我国可率先对主要污染物排放征税，而后逐步扩大征收范围、课税对象，并要合理设计税基，优先保证环境效果，尽可能降低征收管理成本，最后再考虑收入效益。税制需要细化，省际或跨流域的环境问题由中央政府管理，地方环境问题由省政府管理，且要实行差别税率来奖善惩恶。最后，马中（2009）提出要制定阶段性收入使用方案，环境保护税收入进入再循环以达到双重红利甚至多重红利的效应。

2.2.3.2 环境收费政策

我国 1982 年就发布了《征收排污费暂行办法》，按照污染者付费的原则，结合我国环保工作的实际，确立排污收费制度。根据 2003 年 7 月起实施的《排污费征收使用管理条例》的相关规定，目前我国排污费的缴纳义务人为排污者，即直接向环境排放污染物的单位和个体工商户。征收排污费的项目包括了废水、废气、废渣、噪声和放射性五大领域。排污收费实施 30 多年来，排污收费资金的使用对中国的环境保护有显著的积极作用。这种作用主要体现在增加了对污染的治理能力，同时加强了环保系统的建设。

国际经验表明，污染者上缴给政府的治理费用高于自己治理的费用时，污染者才会真正感觉到压力。潘岳（2007）认为，中国的排污收费水平过低，不但不能对污染者产生压力，有时反而会起到鼓励排污的副作用。[②]而我国排污收费制度的不足之处远不局限于收费水平低。高萍（2004）分析了排污费制度存在的问题，即排污收费标准低，严重偏离污染物治理成本；征收刚性不足，执法随意性较大，实际征收率偏低；排污费开征面不广，部分污染物仍未纳入征收范围；执法成本高，环保部门征收力量不足；收入使用不规范[③]。

2.2.3.3 绿色金融政策

绿色金融与资本市场政策就是指有利于保护生态环境、促进可持续生产和消费的金融和资本市场政策。绿色金融和资本市场在引导产业调整，发展环保产业、绿色能源、绿色产品中有着很强的支持作用。通过建立绿色金融和资本市场制度，可以引导生产者、消费者实现可持续的生产和消费选择。绿色资本市场包括了两种企业融资的途径，即间接融资和直接融资。间接融资是指企业通过银行获得贷款，即绿色信贷；而直接融资则是企业通过发行债券和股票进行的融资，即绿色证券。

通过与金融系统的合作，绿色信贷政策利用信贷影响企业的市场行为选择，使其决策

① 马中. 环境税国际经验及对中国启示. 环境保护，2009（1）：85-88.

② 潘岳. 七项环境经济政策当先行. 瞭望，2007（37）：34-35.

③ 高萍. 征收环境保护税是实现可持续发展的需要. 税务研究，2004（5）：46-47.

朝有利于环境保护的方向发展，进而实现信贷风险的控制，达到市场多方主体受益和社会效益最优的政策目标。于东智、吴义（2009）指出[①]，目前国内金融机构对自身如何推动企业社会责任了解仍然不深，重视程度有待加强，在环境保护以及社会责任等问题的认识上，仍存在一定的偏差和不到位的现象，对赤道原则的了解更是相当有限。尽管不少银行也向社会公布了贷款环境政策以及准入标准，但国内的金融机构普遍将环境和社会问题的解决看作是一种慈善公益活动，而非核心商业元素。因此，缺乏制定贷款的环保与社会责任审查机制，对环境、社会因素所带来的潜在风险与收益的认识，还停留在较低的水平上。李东卫（2009）指出我国现行绿色信贷机制存在诸多缺陷，主要表现为信息沟通联动机制严重缺失；配套政策及法规缺位；银行资金流向"三高"产业；行业标准和实施指南缺乏完备性，削弱了银行的控制手段；社会责任意识和激励机制缺失，降低了推进绿色信贷的标准[②]。

公司在发行绿色证券之前必须通过环保核查。指根据国家环保和证券主管部门的规定，重污染行业的生产经营公司，在上市融资和上市后的再融资等证券发行过程中，应当由环保部门对该公司的环保表现进行专门核查，环保核查不过关的公司不能上市或再融资。随着环保"一票否决"政策的推广和强化，与之相关的环境信息披露、环境绩效评估也逐渐成为公司公开发行证券以及上市公司持续信息披露的要求，并纳入绿色证券的内涵，成为其重要组成部分。因此，绿色证券制度是环境保护制度与证券监管制度的交融。杨东宁、周长辉（2004）认为企业环境绩效与财务绩效之间是一种动态的互相作用的关系，即以创新和知识为基础的环境改善可以提高企业绩效、促进环境改善，两者可以实现报酬递增的循环。[③]张文鑫、包景岭、常文韬（2012）认为我国绿色证券存在环保核查部门衔接及监管不力、信息披露机制不完善、持续改进机制欠佳等问题，建议完善上市公司的环保核查、环境信息披露制度，建立上市公司的环境绩效评估制度及基于动态评价的绿色证券持续改进机制[④]。

2.2.3.4　生态补偿政策

我国的环境保护工作基本划分为环境污染防治和自然生态保护（建设）两大领域。经过多年的努力，环境污染防治工作已经建立起比较完善的政策体系，主要环境污染问题都有了法律和政策依据。但是在自然生态保护方面，相关法律、政策建设还不完善，面临着

---

① 于东智，吴义. 赤道原则：银行绿色信贷与可持续发展的"白皮书". 金融管理研究，2009（1）：47-51.
② 李东卫. 绿色信贷：基于赤道原则显现的缺陷及矫正. 环境经济，2009（Z1）：41-46.
③ 杨东宁，周长辉. 企业环境绩效与经济绩效的动态关系模型. 中国工业经济，2004（4）：43-50.
④ 张文鑫，包景岭，常文韬. 我国绿色证券制度问题及对策建议. 商场现代化，2012（7）：91-93.

诸多问题。一方面，除一些资源保护性立法外，我国尚未建立生态保护基本立法或综合性立法；另一方面，相关环境经济政策严重短缺，无法解决诸如国家重要生态功能区、流域、矿产资源开发等领域的生态环境保护问题。生态环境保护的根本问题是保护或破坏行为背后的环境利益与经济利用的分配关系发生了扭曲，出现了保护与发展的矛盾冲突，或者破坏牟利的现象。生态环境补偿机制是为了改善、维护和恢复生态系统的生态环境服务功能，调整相关利益者因保护或破坏生态环境活动产生的环境利益与经济利益分配关系，以内化相关活动产生的外部成本为原则而建立的一种具有经济激励特征的制度。建立生态环境补偿机制有利于促进社会和谐发展，具有重要战略地位。

目前，我国的生态补偿工作在推进过程中遇到了法律和政策依据缺乏、协调机制不足和理论与技术障碍等问题。补偿标准核算是国内学界的研究热点，普遍认为补偿标准是生态效益、社会可接受性、经济可行性的协调统一。郑海霞认为生态补偿标准是成本估算、生态服务价值增加量、支付意愿、支付能力 4 个方面的综合。[1]金蓉等认为，补偿标准取决于损失量（效益量）、补偿期限以及道德习惯等因素。[2]对于生态补偿方式，根据不同的划分角度，可以多种多样，不存在定式。万军等将我国生态补偿方式划分为政府补偿和市场补偿两大类[3]，政府补偿是以国家或上级政府为实施和补偿的主体，以区域或下级政府或农牧民为补偿对象，以公共属性强的生态要素为补偿客体的补偿方式；市场补偿是指市场交易主体在政府制定的各类生态环境标准、法律法规的范围内，利用经济手段，通过市场行为改善生态环境的总称。洪尚群认为由于环境资源的外部性、生态建设的特殊性和市场自身的缺陷，补偿方式应以政府主导为主[4]。

2.2.3.5 排污权交易政策

排污交易是指在污染物排放总量控制条件下，利用市场规律及环境资源的特有性质，在环境保护行政主管部门的监督管理下，各个排污单位在有关政策、法规的约束下进行排污指标的有偿转让活动；通过污染者之间的排放配额交易，以较小社会治理成本实现污染物总量控制目标。排污权交易能够最大限度地降低总量控制目标产生的社会成本，为企业完成环境保护任务提供重要的灵活机制，还可以刺激企业加强污染治理深度，为经济发展提供更多环境空间。

由其概念可以看出排污权交易过程主要包括 4 个方面：排污权总量确定、排污权初始

① 郑海霞，张陆彪. 流域生态服务补偿定量标准研究. 环境保护，2006（1）：42-46.

② 金蓉，石培基，王雪平. 黑河流域生态补偿机制及效益评估研究. 人民黄河，2005，27（7）：4-7.

③ 万军，张惠远，王金南，等. 中国生态补偿政策评估与框架初探. 环境科学研究，2005，18（2）：1-8.

④ 洪尚群，马丕京，郭慧光. 生态补偿制度的探索. 环境科学与技术，2001（5）：40-43.

分配、排污权上市交易及排污权市场监管。

在总量控制方面，马中（1999）从总量控制计划的提出入手，介绍了我国总量控制计划的经济、政治、法律背景，引出了排污权交易理论并全面分析了我国的政策体系与排污权交易联合的可能性。[①]王金南（2002）介绍了美国的实践经验，根据美国的二氧化硫排污权交易，分析了我国运用美国经验进行二氧化硫排污权交易的可行性。[②]吴健（2005）结合我国电力行业二氧化硫减排问题，讨论了排污权交易的理论基础和政策设计[③]。

排污权初始分配的问题上，李寿德（2003）就初始分配对市场结构的影响进行了研究，分析了排污权在免费分配和拍卖分配条件下进行交易时对市场结构的影响问题。[④]施圣炜（2005）将期权理论引入排污权初始分配中，他认为运用期权方法既克服了拍卖和标价出售条件下厂商付费的抗拒心理以及对资金时间价值损失的担忧，又确保了厂商合法排污的权利，同时还能完全在市场机制下进行交易，定价的理论基础明晰，不存在人为干涉的可能，有利于交易的进行[⑤]。

排污权上市后的定价问题和监管中企业与政府的行为也引起了不少学者的关注。沈满洪（2005）认为在有效的市场条件下，排污权交易制度通过对引进先进环保设施和技术的激励作用，使排污权的价格在长期来看呈下降趋势。[⑥]陈德湖（2004）分析了在存在交易成本的条件下，排污权交易市场上企业行为和政府管制的问题，他认为企业的行为与市场结构有关[⑦]。

2.2.3.6　绿色贸易政策

改革开放以来，我国对外贸易飞速发展，取得了重大成就，成为拉动我国国民经济发展的三大引擎之一。但是，从资源环境的角度来看，我国的贸易体系存在着很多问题。环境和国际贸易问题可以分为两个方面：在客观上，环境保护和国际贸易的发展确实存在着不协调的地方，即贸易的发展通过促进经济活动规模的扩大可能导致环境资源压力的增大；另外，某些国家通过贸易手段影响其他国家环境法规和政策的制定，或制定贸易政策来妨碍其他国家比较优势的发挥，而环境保护经常成为那些国家限制别国的条件，

---

① 马中，杜丹德. 总量控制与排污权交易. 北京：中国环境科学出版社，1999：179-180.
② 王金南，杨金田. 二氧化硫排放交易——中国的可行性. 北京：中国环境科学出版社，2002.
③ 吴健. 排污权交易——环境容量管理制度创新. 北京：中国人民大学出版社，2005，46.
④ 李寿德，王家祺. 初始排污权免费分配下交易对市场结构的影响. 武汉理工大学学报（信息与管理工程版），2003（5）：122-125.
⑤ 施圣炜，黄桐城. 期权理论在排污权初始分配中的应用. 中国人口·资源与环境，2005（1）：52-55.
⑥ 沈满洪，赵丽秋. 排污权价格决定的理论探讨. 浙江社会科学，2005（2）：26-30.
⑦ 陈德湖，李寿德，蒋馥. 排污权交易市场中厂商行为与政府管制. 系统工程，2004（3）：44-46.

即"环境壁垒"。

沈晓悦（2008）认为，贸易活动引起环境破坏的根本原因不在于贸易活动本身，而在于市场及政策失灵，主要反映在环境成本内部化问题始终没有真正得到解决。由于环境成本难以确认和计量，市场不能正确反映环境的价值，污染者的环境成本往往没有计入生产活动和商品价格中。同时，由于环境具有公共物品的属性，如果政府的干预和管制失灵，生产者不用为环境污染埋单，就会更加刺激他们向环境索取，在贸易自由化的进程中，势必会加剧贸易与环境的冲突。她认为，健全的环境管理是国际贸易健康发展所必需的政策基础。在国际贸易中引入环保规则，对保护全球环境起到了积极作用且同时促进了绿色产品等新兴贸易领域的发展[①]。

关于"环境壁垒"问题，李帅奇（2008）认为，国家都有权以保护人民健康和生态环境为理由采取必要的限制措施。因此，合理的绿色贸易壁垒应该被各国以及世界贸易组织多边贸易规则所接受。一些国家借环境保护之名，对进口产品设置歧视性贸易障碍的行为是对贸易壁垒的滥用，违反了国际竞争的公平性原则。[②]鲁丹萍（2006）在谈到绿色贸易壁垒对我国的影响时表示，绿色贸易壁垒降低了出口企业的经济效益，减少了我国的出口总值；出口的产品会面临十分不利的市场局面；其需求引导效应减少了中国相关产品的出口；也使国外高污染产业加速向中国转移。她指出，我国相关部门应充分认识绿色贸易壁垒的积极作用和借鉴意义，即合理、合法地运用绿色贸易壁垒不仅可以促进我国的出口贸易增长，也可限制高污染产业的进口[③]。

2.2.3.7 环境污染责任保险政策

环境污染责任保险是以被保险人因污染环境而应承担的损害赔偿和治理责任为标的的责任保险形式，是通过责任风险社会化解决环境污染损害赔偿问题的有效方式之一。运用保险手段解决环境污染损害赔偿问题有利于及时赔偿、分散风险；降低了解决纠纷的成本，维护了环境权益；强化了环境管理；体现了污染者负责的原则；有利于市场经济的发展并为中国保险业提供了新的机遇和增长点。

我国在环境污染责任保险的试点过程中暴露出了大量的问题。刘珺（2006）认为，由于没有正确认识到环境污染责任风险，或没对风险事故发生频率和损失程度进行科学估测，多数污染企业对环境污染责任风险采取了被动自留的方式，同时社会公众的环境意识和维

---

① 沈晓悦，吴玉萍，毛显强. 如何扭转对外贸易资源环境"逆差"？. 环境经济，2008（11）：19-23.

② 李帅奇. 绿色壁垒对我国出口的影响研究. 商业文化，2008（12）.

③ 鲁丹萍. 国际贸易壁垒战略研究. 北京：人民出版社，2006.

权意识也相对落后,以上因素降低了对环境污染责任保险的需求①。谢朝德(2011)认为,在污染事故赔偿问题上,民事赔偿责任的法律界定不够系统完善,使得保险公司在开发和经营环境污染责任保险过程中缺乏足够的法律依据,同时政府在环境污染责任保险的政策上支持不够,保险业整体赋税偏重等也是影响发展的重要因素。②黄小敏(2010)认为,我国环境污染责任保险在经营过程中还存在技术障碍,由于环境污染责任风险的不确定性大,涉及的赔偿责任难有量化标准,同时存在较严重的逆向选择和道德风险;再加上有关环境污染的原始记录和统计数据很不完整,缺少经验损失资料,环境污染事故发生概率较高,因此在费率的厘定上很难做到科学与合理③。

针对我国环境污染责任保险出现的问题,学者推出了相应的解决方法。谢朝德(2011)认为构建我国环境污染责任保险制度宜采用两步走的方略,保险公司应先承保突发性的环境污染风险,待发展到一定阶段时再将累积性的环境污染风险纳入承保范围,渐进式构建中国二元化环境污染责任保险制度。王亚男(2009)提出保险公司需通过差别费率建立多层次保险制度,第一个层次是强制性的基本环境污染责任保险,而且这种保险是社会保险性质的;第二个层次是企业补充保险,并根据不同的层次性质实行差别化的基金管理方式,对环境污染事件的保险给付标准要按照一般财产保险的给付标准确定,并采取灵活的给付方式④。

2.3 环境经济政策的国际经验

20世纪70年代以前,世界各国的环境政策多采用直接管制的方式。由于直接管制在面对多种来源的污染时,效率较低,因而80年代后期,部分欧洲国家开始实施收费、课税、发行可交易排放权限等经济政策,希望通过市场化手段使环境污染成本内部化,从而控制环境污染。

2.3.1 环境税

环境税(environmental taxation)是把环境污染和生态破坏的社会成本内化到生产成本和市场价格中,再通过市场机制分配环境资源的一种经济手段。依据欧洲环境署(European

---

① 刘珺. 我国开发环境责任保险的必要性与可行性分析. 生态经济, 2006 (1): 145-147.
② 谢朝德. 我国环境责任保险制度建设的路径分析. 金融与经济, 2011 (5): 76-78.
③ 黄小敏. 论环境污染责任保险经营中的技术障碍和技术选择. 浙江金融, 2010 (10): 43-45.
④ 王亚男, 李磊. 我国环境责任保险制度的构建分析. 学术交流, 2009 (7): 52-54.

Environment Agency，EEA）的定义，环境税的范围很广。根据纳税领域，可以分为能源税、交通运输税、污染及资源税。环境税是目前使用较为普遍的一种环境经济政策。

20 世纪 90 年代初期，欧洲国家的社会福利已较为完善，政府的社会福利支出负担沉重，人民的税收负担率也居高不下，在失业津贴丰厚和所得税率极高的情况下，欧洲地区普遍面临高失业率问题。在此背景下，大部分的欧洲国家开始课征环境税，并进行一系列的绿色税制改革。环境税改革创造了一个新的宏观经济环境。以对环境污染的税收代替部分劳动力或者企业社会保障税收，不仅保持了税收总量没有增加，即税收中性，而且减轻了对经济的负面影响，有利于改善就业，创造出了一个"绿色"的经济增长。

根据 OECD 国家环境税的结构，其主要税收来源于交通领域，包括机动车缴纳的一次性税收/常规性税收和交通燃料能源税。同样，能源税的主要税收收入也来自交通领域，主要是因为交通领域的能源价格弹性较低，且能源消费量较大。因而，交通部门是发达国家和欧洲国家环境税和碳税改革受影响较大的部门之一。图 2-4 显示了不同欧洲国家环境税的基本组成。例如，土耳其环境税税收较高，基本都为能源税和机动车税，而荷兰除能源和机动车的税收外，其他环境税（污染物排放税）也占据一定比例。

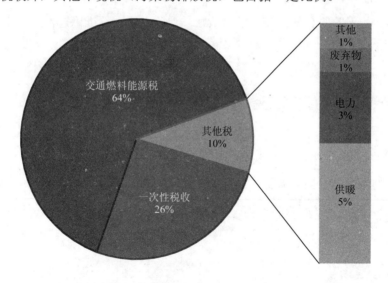

图 2-4　OECD 国家环境税组成

环境税占总税收的比例是衡量国家环境政策重要性的一个重要指标，同时其发展趋势也可以说明一个国家是否向环境税收改革迈进。图 2-5 和表 2-2 显示了 1995—2008 年，欧洲主要国家的环境税比例都有所提高，而劳动税比例都有所降低，但其增长速率在 2000—2008 年有所下降，反映了这一段时期改革的力度。

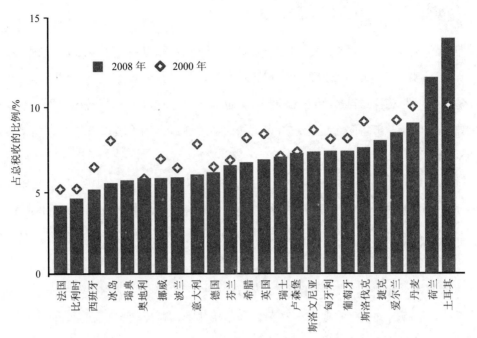

图 2-5　1995—2008 年主要欧洲国家环境税占总税收的比例

表 2-2　主要欧洲国家环境税　　　　　　　　　　　　　　　　　　单位：%

国家	劳动力税占税收比例			环境税占税收比例		
	1995 年	2000 年	2008 年	1995 年	2000 年	2008 年
奥地利	57.2	55.6	55.8	5.16	5.63	5.63
丹麦	55.9	53.9	53.3	9.32	10.71	11.87
爱沙尼亚	56.3	56.4	55.0	2.70	5.45	7.34
芬兰	57.1	50.2	53.3	6.42	6.64	6.34
德国	60.4	58.6	55.5	5.85	5.68	5.65
意大利	45.5	47.6	50.5	8.84	7.42	5.68
荷兰	54.5	51.2	52.1	9.05	9.78	9.90
挪威	44.8	41.1	39.2	10.41	8.04	6.32
波兰	45.9	43.7	38.1	4.97	6.43	7.53
斯洛文尼亚	56.3	55.2	51.7	10.76	7.87	8.07
瑞典	62.1	59.9	60.5	5.78	5.36	5.78
英国	39.6	38.0	37.7	8.33	8.15	6.49
欧盟 25 国	52.7	50.2	50.1	7.01	6.74	6.06

2.3.2 总量控制-碳交易

总量控制-碳交易是迄今为止人类控制温室气体排放最有影响力的市场经济手段之一，引起了世界各国的广泛关注。总量控制-碳交易是通过政府强制设定温室气体减排量和温室气体排放总量，并对各类排放源分配一定数额的许可；排放源在碳交易机制下，可以购买不足的排放许可或者出售多余的排放许可，从而实现通过市场手段以最低成本实现碳排放总量的控制目标。

全球以不同形式实施总量控制-碳交易手段控制温室气体排放的国家和区域计划有不少，主要包括欧盟碳交易市场（EU ETS），美国区域温室气体行动计划（RGGI）、芝加哥气候交易所总量限制交易计划（自愿加入、强制减排）、澳大利亚新南威尔士州温室气体减排体系（GGAS）、日本东京都温室气体总量控制-交易以及美国加州 AB32 计划（2012年生效实施）等。其中只有 EU ETS 是作为履行《京都议定书》国际公约的国家行为，体系较为成熟，运行时间长，也是时至今日，利用排放贸易机制实现减排和降低减排成本最为成功的市场手段。因而在此主要针对 EU ETS 进行分析。

世界银行（2010）认为 EU ETS 基本实现了其控制温室气体排放的目标。2005—2007年的第一阶段，EU ETS 使得排放量（以 CO_2 当量计）每年下降了 2%～5%（0.4 亿～1 亿 t/a）。电厂的减排量最大，电力企业开始积极应用清洁电力技术，如燃气轮机联合循环发电和可再生能源发电等。同时，由于 EU ETS 有利于推动 CDM 的发展和 CER 定价，因而有效地推动了全球碳减排和低碳发展。

Point Carbon（2011）调研了 101 个国家的 2 535 家企业，有 1 064（43%）家企业不同程度涉及了总量控制-碳交易，49%的企业认为 EU ETS 是减排温室气体效率最高的市场手段。调查的欧洲企业中，有 59%的企业表示在 EU ETS 作用下开始了温室气体减排，减排量相当于或低于基准情景的 10%。从图 2-6 和图 2-7 可以看出，EU ETS 覆盖下的 234 家企业对 EU ETS 的认可度较高，主要原因是 EU ETS 给予企业温室气体减排很大的灵活度和自由度。

与此同时，总量控制-碳交易的出现，繁荣了以碳排放信用为核心的碳金融市场。碳金融以碳排放信用现货为基础，衍生出期权、期货、碳基金、碳资产等。尤其重要的是，由于碳金融的快速发展，在全球范围内逐渐形成了以碳排放信用为标的的贸易体系，碳排放信用作为一种商品已经成为共识，碳排放信用货币化的呼声和认可度也越来越高。当前，在总量控制-碳交易的推动下，碳排放信用已然具备了大宗商品的计价和结算能力，从而逐步成为一种全新的国际碳货币体系。

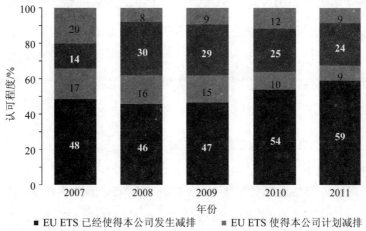

数据来源：Point Carbon（2011）。

图 2-6 企业对 EU ETS 效果认可程度调查结果

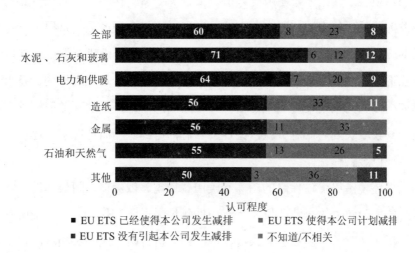

数据来源：Point Carbon（2011）。

图 2-7 企业（分行业）对 EU ETS 效果认可程度调查结果

2.3.3 押金返还制度

押金返还制度是欧美等国家使用比较广泛的一种环境经济政策，其中，软饮料、啤酒、葡萄酒和酒精等液体容器的押金返还制度实施已久，也是使用国家最多的一类物品。

到 2006 年年底，已经有 26 个国家在使用瓶罐类的押金一般返还制度，虽然每个国家针对的瓶罐种类有所不同。美国除对一般瓶罐实施押金返还制度外，还设立了杀虫剂容器的押金返还制度，其主要目的是避免将用过的杀虫剂容器混入一般的废物堆。此外，还有国家制定了针对废旧电池、机动车船或机动车船零部件的押金返还制度。韩国是押金返还制度应用范围最广的国家，包括食物、杀虫剂、化妆品容器、轮胎、家用器具、润滑剂和日光灯等。

2.3.4 环境金融手段

利用信贷、保险、债券和基金等金融手段，建立环境保护投融资体系，为环境保护提供资本市场保障，是国外近年来环境经济政策领域蓬勃发展的一个方向。基于环境保护的需要建立的投融资体系，也被称为绿色资本市场。绿色资本市场既是对现有资本市场的完善，也是对现有资本市场的丰富和发展，其形式多种多样，包括财政投资、环境债券市场、环境股票融资、BOT 融资、环境基金、环境商业贷款、环境信托和环境保险等。

在德国的环境金融政策中，德国复兴信贷银行（KFW）作为一家政策性银行，在整个政策体系中发挥着重要的作用，围绕着它开发出了可持续金融产品，只用于支持节能环保类项目，保持微利的经营原则。复兴信贷银行首先到金融市场上进行融资，获取的资金与贴息政策打捆形成新的金融产品。节能环保金融产品完全是市场化运作的，复兴银行和各商业银行都依据微利的原则设定利率，在得到国家贴息后，银行的利益能够得到保证，贷款申请人也能够获取长期的低息贷款，在各方利益都得到保障的情况下，逐步形成了一个可持续的良性绿色金融体系。

实施强制性环境污染责任保险的国家有美国、德国、俄罗斯、阿根廷等，它们都是对其国内环境污染风险较大的企业或设备等有限的领域采取强制保险，并不是所有的企业都需要强制购买保险，对于大多数企业来说，可以采取自愿的形式购买相应的保险。强制环境污染责任保险基本上采取以强制保险为主，以自愿保险为辅的模式。以德国为例，几乎所有的企业都购买了与环境相关的责任保险，其中只有 5%的企业是需要按照法律的要求强制购买环境污染责任保险，其余95%的企业自愿购买相关保险产品。

2.3.5 具有环境激励作用的优惠政策

发达国家对企业有环境激励作用的优惠政策包括财政激励、税收减免、赠款、贷款、环境基金、软贷款、资助担保和减少罚款等多种类型。

（1）税收优惠。日本政府对治理设施的固定资产折旧费实行减税；对根据法律规定设置的大气和水体污染控制设施和装备，不收不动产税；为了迁离人口稠密地区而购买土地进行建筑的，免于征税等。

（2）经济补偿。美国政府对企业主动治理环境采取补偿政策。一个公司无论是在新地区选址建厂，还是扩充旧厂设备，只要它寻求使新的污染排放水平低于原来的水平，它在这方面的耗费都将得到政府的补偿。补偿的方式包括减税、贷款优惠、低息补贴等。

（3）财政资助。鉴于环保产业投资回报率比较低，西方国家政府对投资环保产业的企业和个人给予资金资助。例如，美国政府规定，凡投资林业建设者，造林和林木改造的成本，由政府在各年度通过的"农业水土保持计划""林业鼓励计划""表面合作计划"投资中分摊付给，作为国家补助。补助金额约占造林成本的50%～70%。日本政府对市町村修建垃圾处理设施提供财政补助，向修建一般废物处理设施、产业废物处理设施或其他废物处理设施者提供必要的资金援助和其他援助。瑞典政府对修建废物处理设施者提供相当于其费用50%的补助金。

（4）财政补贴。共有15个国家设立了与提高能源效率、鼓励可再生能源使用的补贴，其中，应用最多的是建筑节能领域，几乎每个国家都有涉及，如捷克的"公寓楼改造计划"，法国对低能耗房屋设备给予激励性补贴，波兰有"生活用热能合理化计划"，其目的是提高能源效率，减少GHG排放。北欧国家普遍热衷于利用补贴和基金手段鼓励提高能源效率，丹麦有9项相关政策，涉及生态建筑，能源发展和示范项目，可再生能源研究项目，环境可持续能源产品，新能源技术的发展和示范，电力有效利用研究、发展和示范，电力部门高效率利用能源，支持研究、发展和示范环境友好电力产品，支持高效能窗户；瑞典有7项相关政策，包括建筑和基础设施的生态重建投资补贴、生态建筑、能源效率措施、能源技术资助、可再生能源投资补贴、减少能源使用投资补贴、引入风力发电的资助。

（5）环境基金。有的国家也称之为绿色基金，它是为鼓励环境可持续发展和生活方式转变设立的基金，如丹麦，在设立绿色基金的同时还设立发展新的土壤和底土水污染（subsoil water pollution）清洁和预防技术的技术基金；捷克环境基金的覆盖范围非常广，包括维护自然环境和自然资源的保护利用、地区可持续发展、最佳工业技术和工艺、环境教育、推进可再生能源、空气保护、水保护、废物管理；波兰在中央预算中有为小型环境教育项目提供的补贴，以及支持国家环境政策执行的环境基金补贴；保加利亚的国家环境保护基金用于支持国家环境政策优先目标的执行，国家信贷生态基金管理通过环境债务交换协议获得的基金，并资助环境保护项目。

2.3.6 国际经验及启示

（1）环境税对社会税收的调节作用不容忽视。欧洲国家通过税收循环实现环境税对国家税收结构的优化和促进经济发展，也是欧洲国家设计环境税的初衷和重要出发点。而当前国内环境税研究大多认为环境税对 GDP 会产生负面影响，这主要是由于仅把环境税简单视为环境外部成本内部化的措施，而未重视碳税对税收结构的优化作用。

环境税出台有利于我国税收结构调整和税制绿色化改革。中国下一轮的税制改革可以把环境税作为改革的引擎，对整体税制结构启动以"绿化"为导向的优化调整，加快环境税体系建设。欧盟一些国家在引入环境税时，大都遵循了宏观税收强度中性原则，即在开征环境税的同时，降低其他税种（社会保障税和个人所得税）的税负，从而保持宏观税负水平不变。

（2）健全的法制环境是环境经济政策实施的重要保障。实施严格的排放量监测、报告和核查机制将会使得某些类型的经济手段，如产品收费、排放权交易、清洁技术开发的补贴和押金制度等能够发挥更大的作用。

（3）完善的市场机制是推行环境经济政策的重要前提。任何一项环境经济政策的实施都离不开市场的推动和积极参与。欧盟碳交易的经验是，总量控制-碳交易的建立需要完善的市场环境确保碳排放信用的稀缺性和流动性。发展中国家在这些方面往往相对薄弱，因而选择碳税也是明智之举。德国可持续金融的经验是，国家的财政资金对政策性银行的支持可以通过市场融资的手段扩大资金的效益，又可以通过商业银行的广泛参与使政策更接近终端客户，提高政策效率。

（4）激发企业积极性是环境经济政策实施的重要动力。欧盟碳交易市场（EU ETS）的一个显著特点是尽管其有着严格温室气体排放的总量控制，却给予企业较大的灵活性。不同于碳税给企业温室气体排放确定一个固定的价格，企业在总量控制-碳交易制度下，可以最大限度地利用市场力量，在不同地点、不同时间以灵活多元的方式实现其成本最小化的减排目标。

各国环境经济政策具有几个方面共性：

（1）各国的环境经济政策普遍体现为一种政府对经济间接的宏观调控。即以市场为基础，通过确定和改变市场规则来影响政策对象的经济利益。通过这种间接的宏观调控方式，把保护与改善环境的责任由政府转交到污染者手里，从而有助于调动污染者减少排污和提高技术创新的积极性。

（2）大家都越来越倾向于用经济杠杆引导环境保护。根据"谁污染，谁治理；污染大，花钱多"的原则，政府主要利用税收、价格、信贷等经济手段引导企业将污染成本内部化，从而达到事前自愿减少污染的目的，而不是事后再对污染进行治理。

（3）各国政府部门在环境问题上的政策协调越来越紧密，都倾向一种混合的管理制度。即环境政策使政府各部门由以前处于相互隔离的传统政策领域，向政策一体化的趋势转变，不同部门往往采用目标一致的经济手段，客观上便把经济手段与行政监管有效地结合起来。经济手段成为行政监管的有效补充。

（4）各国的环境政策逐步从"秋后算账"向"全程监控"转变。这种转变使某些类型的经济手段，如产品收费、注册管理费、清洁技术开发的补贴和押金制度等能够发挥更大的作用。这种转变趋势在最近几年尤为明显。

第 3 章　我国环境经济政策总体评估

　　我国环境经济政策是一个庞大的体系，本项目所开展的环境经济政策总体评估主要以公共政策分析理论为基础，以我国环境经济政策的大量政策实践为主要内容，主要从政策设计、政策执行、政策效果以及政策保障等方面对我国环境经济政策的进展、成效、问题及原因进行分析，旨在对我国环境经济政策状态及效果进行描述与判断，特别是要识别出政策实施过程中的主要问题和导致问题出现的原因，为未来改进和完善政策提供依据和方向。

3.1　我国环境经济政策总体评估方法与框架

3.1.1　总体评估逻辑思路

3.1.1.1　公共政策评估分析的一般模式

　　（1）内容-过程分析模式。该模式由美国学者麦考尔与韦伯提出，强调公共政策分析应集中在内容与过程的分析上，主张使用规范性分析和描述性分析两种方法。在内容分析与过程分析中两者可以交叉使用。将内容分析、过程分析与规范分析、描述分析结合起来就产生 4 种分析类型：公共政策内容的规范性分析、公共政策内容的描述性分析、公共政策过程的规范性分析、公共政策过程的描述性分析等。

　　公共政策内容的描述性分析是将政策内容中的一个或多个属性作为与政策过程相关的解释变量，研究它们对整个政策内容的影响。这类政策内容属性主要有：政策领域、制度价值、政府层次、支持程度、公众实际满足程度与象征性满足程度等。

　　公共政策过程的规范性分析主要是对政策运行的程序性加以分析。这类分析或者是对现行的政策程序提出改进意见，或者重新设计一套新的程序。在进行这种分析时，构建程序模型是主要的分析手段。

公共政策过程的描述性分析主要是对政策周期中的一个或几个阶段进行研究。政策周期包括政策表述、政策决策、政策实施、政策效果评价、政策反馈等环节和阶段。研究者也不是对所有的环节都感兴趣，其中研究得比较多的是政策表述与政策效果评价两个环节。前者的研究重点是分析政策问题的性质、政策的范围；后者研究的重点是对政策的效果、效能及成本效益进行分析。

（2）系统分析模式。该模式由美国行政学家沃尔夫提出，强调政策分析既要重视对政策制定的分析，也应加强对政策执行的分析。强调以整体为目标，以特定问题为重点，运用定量分析方法进行分析，系统的各要素和单元都影响整体效果的发挥，应该公平对待各个组成部分，不能盲目夸大和缩小任何一部分的功能。系统内部结构是分层次的，各层次子系统既相互独立，又有相对关联性，需要进行层次分析、关联分析和协同分析。由于系统存在于环境之中，与环境相联系、相作用，又与环境相区别，环境因素包括：物理技术因素、社会环境因素和文化心理因素，进行系统分析时需要对这些环境进行一定的分析。

（3）信息转换分析模式。该模式由美国学者邓恩提出，认为公共政策分析主要是事实、价值、规范三大问题，由此产生了经验方法、评价方法、规范方法3种分析方法。

3.1.1.2　环境经济政策总体评估框架

为了在统一的框架下对重点环境经济政策进行评估，本研究基于两个方面内容构建了以下的政策分析评估框架。①在前人的政策分析一般模式基础上，根据目前环境经济政策的现状，综合内容、过程、方法的基本概念和系统分析模式的政策分析主要属性，如政策体系（如政策门类、横向和纵向关系等）、政策设计（如政策目标、决策主体等）、政策运行等；②结合后期问卷调查的简化性和时效性要求。

根据政策实施过程中影响政策成败的关键环节和问题，本章提出的环境经济政策总体评估框架（图3-1）将从政策体系、政策制定、政策执行与政策效果、政策环境4个方面展开我国环境经济政策评估与分析，发现和识别各个环境经济政策及整个体系中存在的关键性和根本性问题，分析产生问题的原因。针对不同的关键问题进行深入分析，重点突破，提出应对措施，进而为完善和创新环境经济政策框架体系提供思路和参考。在总结国内外相关研究的基础上，本章在4个评估内容下分别针对不同的评估因素展开分析，这些评估因素都是关系到政策成功与否的核心因素。现行的不同环境经济政策在各个评估因素方面有着不同的表现，在总体评估中需要对不同环境经济政策存在的关键问题进行判断和识别；然后结合各重点环境经济政策详细深入评估，提出相应的应对措施和策略。

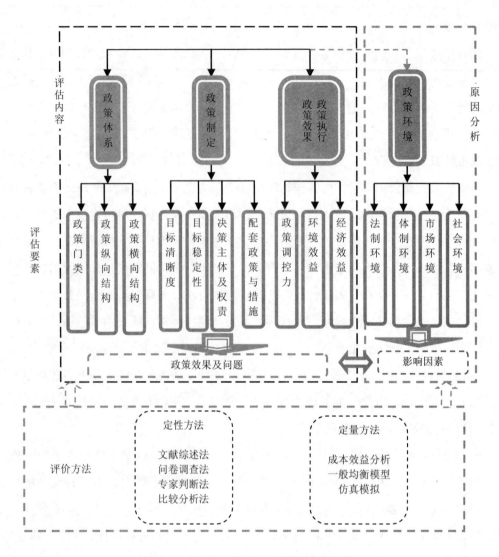

图 3-1　我国环境经济政策总体评估框架

3.1.2　评估方法选择

本章主要用于评估我国环境经济政策的总体情况，由于评估对象过于复杂，且现阶段用定量分析的数据需求无法满足，因此在该评估中很多定量的分析方法并不一定完全适用。本研究利用现有研究基础和资源，采用定性与定量相结合的方法，同时广泛采取问卷调研和专家访谈等办法，搜集一手和二手资料和材料。在此基础上进行归纳、整理和分析，进而识别我国环境经济政策及政策体系中存在的关键性和根本性问题，并结合各项环境经济政策分析的结果，分析和总结深层次原因，为进一步完善和创新环境经济政策框架体系提出改革的总体思路。

3.2　我国环境经济政策发展历程

自 20 世纪 70 年代末开始，我国环境经济政策发展已走过了 30 多年的路程，从政策发展来看大致可分为 3 个阶段：

3.2.1　起步探索阶段（1978—2005 年）

1978 年，中国首次提出实行污染物排放收费制度设想，同年试点实施；1982 年 2 月，国务院颁布《征收排污费暂行办法》正式在全国实行，这一政策的实施促进了环境保护事业的发展。2003 年 1 月 2 日，国务院颁布了《排污费征收使用管理条例》，对排污收费制度进行了全面改革。从征收范围来看，现行的排污收费已覆盖废水、废气、废渣、噪声、放射性五大领域 113 个收费项目；从征收方式来看，实现了由超标收费向排污收费、单因子收费向多因子收费、低收费标准向高于治理成本的收费标准，以及由单一浓度收费向浓度与总量相结合的收费的"四大转变"；从管理体制来看，从分级征收管理改为属地征收、分级管理，同时实行排污费收支两条线管理，取消返还企业和用于环保部门经费，纳入财政，全额用于污染治理。另外，从排污收费的款项来看，总体征收额度呈逐年增长的趋势，1986 年全国排污费征收 11.90 亿元，1994 年征收 30.97 亿元，2004 年征收 94.18 亿元；2006 年则征收 143 亿元，排污费为我国企业环境污染治理设施的建设、重点污染源治理和环境保护部门的建设和开展工作提供了很好的资金支持。可以说，在我国迄今为止的所有环境经济政策手段中，涉及面最广、影响最大的莫过于排污收费制度。

除排污费外，我国也实施了污水处理费、生活垃圾处理费、水资源费，以及与林业、矿产资源相关的生态补偿费、矿产资源税等。例如，江苏省对集体矿山和个体矿业征收矿产资源税和环境整治基金，环境整治基金的收费标准为矿石销售收入的 2%～4%；广东、福建、湖北、陕西、内蒙古、贵州和新疆等地的环保部门对其矿山开发和其他资源开发活动征收生态补偿费。另外，环保等有关部门还对"三同时"的实施、治理设施的运行以及废物的回收预收保证金或押金。

在引进和创建市场方面我国也有了尝试。到目前为止至少已经在 10 多个城市进行过排污权交易的实践，涉及的污染物包括大气污染物、水污染物以及生产配额等，并制定了包括排污权交易内容的部门规章和地方法规。1994 年国家环保局在 16 个省市大气排污许可证试点的基础上，将包头、开远、柳州、太原、平顶山和贵阳 6 个城市作为试点，实施了 SO_2 排污交易政策；1997 年 12 月 3 日，国家环保局和公安部联合发布了《关于实施哈龙灭火剂生产配额许可证管理的通知》，规定可以实施哈龙灭火剂生产配额交易。国家环保局向 7 家企业颁发了 1998 年哈龙灭火剂生产配额，共发生了一宗配额交易，质量为 5 t，交易价格为 1 元/kg。

除环境税费外，我国也推行了一些鼓励环保的优惠政策。综合利用的经济优惠政策是较早出台的一个。根据我国的有关税法，"三废"综合利用企业可以免征营业税和增值税。除此之外，还有若干针对环保的财政金融政策，如 1997 年中国人民银行限制对污染严重企业的信贷。

3.2.2 快速发展阶段（2006—2012 年）

2006 年在第六次全国环境保护大会上，温家宝总理提出了做好新形势下的中国环保工作，关键要加快实现"三个历史性转变"，即中国环境保护与经济增长要并重、同步，要综合采用法律、经济、环保技术和必要的行政办法解决中国的环境问题。"三个转变"的提出，标志着中国环境与发展的关系发生了战略性、方向性、历史性的转变，确立了中国环境保护与经济发展的新型关系，推动中国从"牺牲环境换取经济增长"进入"以保护环境优化经济增长"的新阶段。环境经济政策得到了空前的发展。

2006 年以来，国务院以及发展改革委等部委先后发布了《节能减排综合性工作方案》《国务院关于进一步加强淘汰落后产能工作的通知》《国务院关于印发国家环境保护"十二五"规划的通知》《工业节能"十二五"规划》《节能与新能源汽车产业发展规划（2012—2020 年）》《国务院关于加快发展节能环保产业的意见》《关于加大工作力度确保实现 2013 年节能减排目标任务的通知》，对我国诸多领域的环境经济政策起到了引导和推动作用；同时，环保部门主动协调和配合发展改革委、财政部、国土资源部、商务部、税务总局、人民银行、银监会、保监会等部门，推动出台了《关于落实环保政策法规　防范信贷风险的通知》《关于环境污染责任保险工作的指导意见》《燃煤发电机组脱硫电价及脱硫设施运行管理办法》《关于逐步建立矿山环境治理和生态恢复责任机制的指导意见》《环境保护、节能节水项目企业所得税优惠目录（试行）》和《环境保护专用设备企业所得税优惠目录》等环境经济政策文件。

"十一五"以来，我国环境资源价格改革进入一个新的阶段，已由政府管制下的定价机制逐步向政府定价机制与市场竞争形成机制相互结合的改革方向演进。总体上，"十一五"期间，我国环境资源价格改革主要围绕脱硫电价补贴、重点行业阶梯电价政策、水价政策 3 个领域开展。2009 年，国家发展改革委与电监会、国家能源局联合下发《关于完善电力用户与发电企业直接交易试点工作有关问题的通知》，规范和指导各地推进电力用户与发电企业直接交易试点工作。而在"十一五"时期之后，脱硝电价政策逐步发展起来。2012 年，国家发展改革委发布《关于扩大脱硝电价政策试点范围有关问题的通知》，要求自 2013 年 1 月 1 日起，将脱硝电价试点范围由 14 个省（自治区、直辖市）的部分燃煤发电机组，扩大为全国所有燃煤发电机组，进一步加大脱硝电价政策的实行力度；2013 年，环保部办公厅和国家发改委联合发布《关于加快燃煤电厂脱硝设施验收及落实脱硝电价政策有关工作的通知》，确保脱硝电价政策及时、到位执行。这些政策的出台，进一步推进了电价改革，有利于引入竞争机制，增加电力用户选择权，促进合理电价机制的形成。

此外，在水价改革方面，各地也进行了积极探索，不断完善水价形成机制。截至 2012 年，全国有 17 个城市实行了居民生活用水阶梯式定价；从各地实际情况来看，调价原因各有不同：有的是为了解决污水处理费偏低的问题，有的是为了缓解供水企业生产经营亏损，有的则是为筹集南水北调等水利工程建设资金。这些措施是符合改革方向的，有利于促进资源的节约使用和环境保护。2013 年，国家发改委、水利部、住建部印发《水利发展规划（2011—2015 年）》，提出稳步推行阶梯水价制度，对高耗水的特种行业用水实行高水价，鼓励中水回用。浙江、山东等地陆续实行了累进加价征收水资源费制度，北京、天津等地正逐步完善再生水价格调整机制。同时，在石油、天然气等稀缺性资源性产品的定价机制改革中，我国也采取措施规范价格管理，建立并完善了可替代能源价格挂钩和动态调整机制。2013 年，国家发展改革委发布《关于调整天然气价格的通知》，旨在保障天然气市场供应，促进节能减排，提高资源利用效率。可见，无论是中央还是地方，在环境资源定价政策方面的研究和探索，都为进一步深化环境资源价格改革，促进资源节约型和环境友好型社会建设提供了良好的途径。

3.2.3　全面推进阶段（2013 年至今）

党的十八届三中全会发布《中共中央关于全面深化改革若干重大问题的决定》，标志着我国环境经济政策发展将迎来重要发展要机遇。随着国家加快推动政府职能转变、减少政府干预等一系列重要举措的实施，环境经济政策将得到全面推进。环境产权制度、资源环境产品价格形成机制将逐步建立，一些重点政策将有所突破，一些政策将得到进一步成熟并完善，环境经济政策将更加有效。

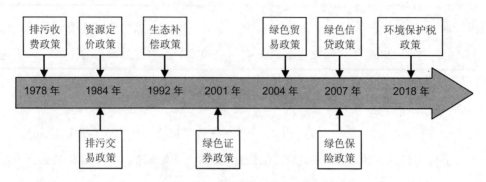

图 3-2 我国环境经济政策发展历程

3.3 "十一五"以来我国主要环境经济政策发展现状

3.3.1 政策制定情况

本项目对"十一五"以来国务院相关部门及全国人大发布的涉及环境经济类的主要相关法律法规、部门规章和行政性文件等进行收集，主要涉及综合污染防治、资源能源、综合利用、产业结构调整等内容，共 209 项（具体见附件 1）。

对 209 项政策文件的梳理结果见表 3-1。

表 3-1 "十一五"以来国家层面出台的环境经济政策统计

政策出台（主导）部门	综合性政策	财政政策	税费政策	价格政策	补贴政策	绿色金融政策	绿色贸易政策	排污权交易政策	行业政策	总计
国务院	15	4	3	—	—	1	—	—	—	23
国家发展改革委	2	4	2	26	12	1	—	—	1	48
财政部	2	34	31	2	11	—	—	9	—	89
环境保护部	—	7	—	1	—	6	—	—	3	17
商务部	—	—	—	1	—	—	1	—	5	7
工业和信息化部	4	—	—	—	1	—	—	—	—	5
国家林业局	—	2	—	—	—	—	—	—	—	2
国家税务总局	—	—	3	—	—	—	—	—	—	3
国土资源部	1	1	—	—	—	—	—	—	1	3
中国人民银行	—	1	—	—	—	3	—	—	—	4
中国银监会	—	—	—	—	—	4	—	—	1	5
中国证监会	—	—	—	—	—	2	—	—	—	2
全国人民代表大会	—	—	1	—	—	—	—	—	—	1
总计	24	53	40	30	24	17	1	9	11	209

3.3.2　政策发展的主要特点

（1）政策制定涉及多个政府部门。从表 3-1 可以看出，我国环境经济政策的制定部门包括国务院、国家发展改革委、财政部、环境保护部（国家环保总局）、国土资源部、工业和信息化部、国家林业局、商务部、国家税务总局、中国人民银行、中国银监会、中国证监会、全国人民代表大会等，而联合制定（或发布）的还包括水利部、民航局、国家能源局、气象局、国家安全监管总局、海关总署、新闻出版总署、教育部、国家电监会、中国保监会、国家质量监督检验检疫总局等 20 多个政府部门。这表明，环境经济政策制定和出台工作涉及的政府职能部门门类较多，体现了环境经济政策的综合性特征，同时也表明环境经济政策体系建设需要环境保护与自然资源管理部门、经济部门以及其他行业部门密切协调与配合。

（2）财政部、国家发改委等是环境经济政策制定的主要部门。如图 3-3 所示，从各有关国家政府职能部门出台（或主导出台）的环境经济政策数量上来看，财政部最多，共出台（或主导出台）89 项；其次国家发展改革委，共出台（或主导出台）了 48 项，国务院出台（或主导出台）了 23 项；环境保护部出台（或主导出台）了 17 项；其他各职能部门——商务部、工业和信息化部、中国银监会、中国人民银行、国土资源部、国家税务总局等出台（或主导出台）的环境经济政策相对较少。环境经济政策出台的主要部门是财政部和国家发展改革委，反映了财政、价格宏观经济调控部门在环境经济政策制定中仍起着主导作用。

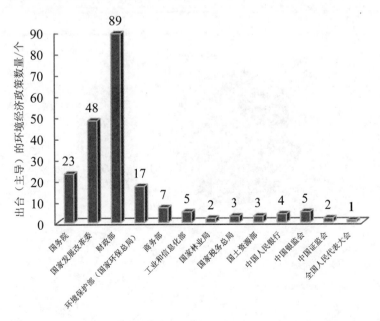

图 3-3　"十一五"以来我国各部门出台的环境经济政策数量

（3）财政、税费政策是最主要的环境经济政策。从发布政策类型来看，财政部发布的89项政策中，有39%为税费政策、35%为财政政策，二者占财政部发布的环境经济政策的70%以上，国家发展改革委发布的政策中，53%为价格政策，表明财政、税费和价格政策是调控社会环境行为的主要手段；而在国务院发布的政策中，综合性政策占65%，这表明，"十一五"以来我国环境经济政策的体系建设中，国务院高度重视环境经济政策在节能减排中的作用，致力于在总体上引导、鼓励和推动诸多领域的环境经济政策的试点和改革工作；而在环境经济的体系建设中，环境保护部主要发挥了组织和协调的作用，在财政、绿色金融、行业政策等方面参与了许多经济部门主导的政策制定。

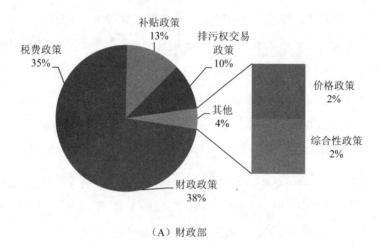

（A）财政部

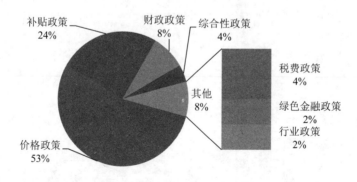

（B）国家发展改革委

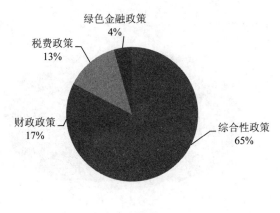

（C）国务院

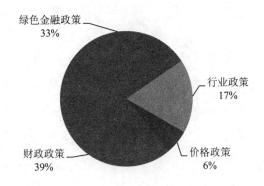

（D）环境保护部（国家环保总局）

图 3-4　主要部门出台政策类别

（4）针对能源资源节约的政策较多，针对污染防治的政策较少。分析结果（图 3-5）表明，"十一五"以来我国发布的环境经济政策中，针对能源资源节约和污染防治的政策占比最高，两者之和超过了发布政策总数的 60%，表明节能与减排是我国环境经济政策的两个主要规范重点。同时，针对能源资源节约的政策占比为 39.7%，而针对污染防治的政策占比仅为 21.5%，表明针对能源节约的政策远多于针对减少污染物排放的政策，近年来出台的环境经济政策较侧重于鼓励能源资源节约及新能源的利用，对末端污染物减排的关注相对较少。

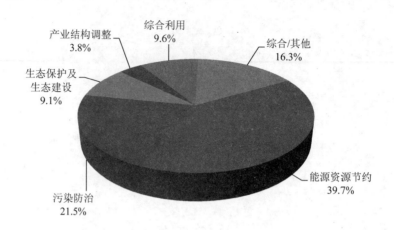

图 3-5　"十一五"以来我国环境经济政策分类（按规范重点）

在针对能源资源节约的环境经济政策中（图 3-6A），税费政策占比为 29%，价格政策占比为 24%，补贴政策占比为 23%，综合性政策占比为 14%，现有环境经济政策在调控能源资源使用时，主要通过税收优惠、阶梯价格、节能补贴等手段进行激励；与此同时，在针对污染防治的环境经济政策中（图 3-6B），财政政策、排污权交易政策、和行业政策占比均为 20%，表明我国现阶段推动污染物减排的政策发布主要在排污权交易、财政支持和行业引导 3 个方面进行，其次为绿色金融政策（占比为 16%）和价格政策（占比为 16%）；而在针对生态保护及生态建设方面（图 3-6C），现有政策的 95% 集中在财政政策，可见我国主要通过建立以生态补偿基金为代表的生态基金或专项资金来实现生态环境的保护和建设。

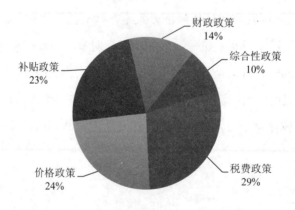

（A）能源资源节约

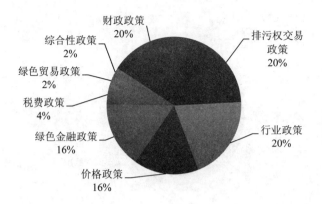

（B）污染防治

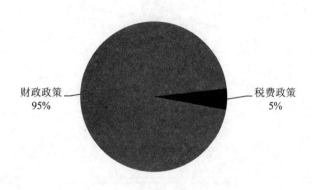

（C）生态保护及生态建设

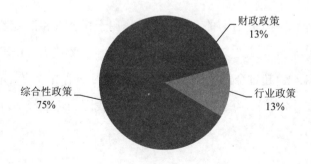

（D）产业结构调整

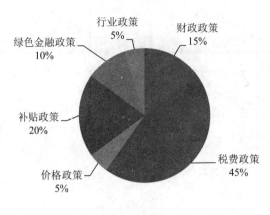

（E）综合利用

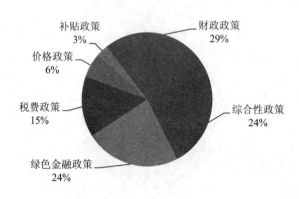

（F）综合/其他

注：各图图例已按各政策类型所占比例从高到低排序。

图 3-6　不同规范重点下的环境经济政策类别

（5）作用于生产者（或经营者）的政策较多，作用于投资者和消费者的政策较少。分析结果（图 3-7）表明，"十一五"以来我国发布的环境经济政策中，作用于生产者（或经营者）的政策占比为 71.4%，超过全部统计政策的 70%；作用于消费者的政策占比为 21.4%，作用于投资者的政策占比最低，为 7.1%。可见，现阶段我国的环境经济政策绝大多数作用于生产者（或经营者）。

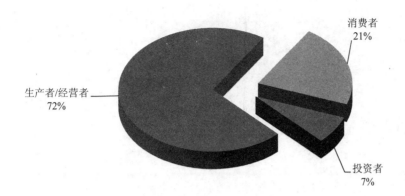

注：无特定作用主体的环境经济政策未纳入该项统计中，作用于多个主体的已重复计算。

图 3-7 "十一五"以来我国环境经济政策分类（按作用主体）

在作用于生产者（或经营者）的环境经济政策中（图 3-8A），税费政策占比最高，为 27%，其次是财政政策，占比为 21%，这表明现阶段我国调控生产者（或经营者）环境行为的经济手段以税费和财政为主；在作用于投资者的环境经济政策中（图 3-8B），绿色金融政策占比为 83%，表明我国主要通过金融手段对投资者的投资方向进行政策性引导；在作用于消费者的环境经济政策中（图 3-8C），各政策占比差别不大，表明价格、财政、税费和补贴是我国现阶段引导和调节消费行为主要的环境经济政策，其中，价格政策占比最高，为 31%，表明我国现阶段的环境经济政策主要通过价格调节起到引导消费行为的作用。

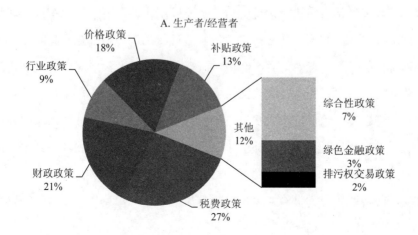

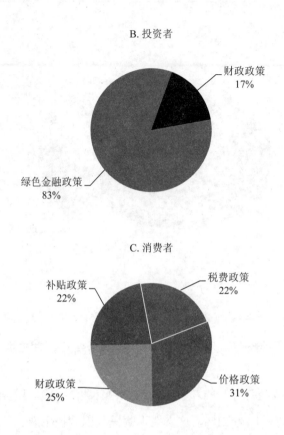

图 3-8 "十一五"以来我国针对不同主体发布的环境经济政策类别

3.4 环境经济政策实施效果问卷调查及结果分析

为对我国环境经济政策进行总体评价，本项目设计了环境经济政策实施现状调查问卷，对全国层面的环保部门开展了环境经济政策实施现状的调查，调查共收回 25 个省份 80 多个地市环保部门的问卷，有效问卷 589 份，调查主要包括了各地对环境经济政策的总体认知情况、总体实施情况、环境经济政策对环境保护和经济发展的贡献、各项环境经济政策执行中存在的问题等，包括排污收费、排污权有偿使用与交易、环境污染责任保险、绿色信贷、绿色证券、绿色贸易、生态补偿、资源定价、环境税收 9 项环境经济政策。项目还以电力行业为主要对象进行了针对企业的环境经济政策实施问卷调查。

通过环境经济政策问卷调查（全部分析结果见附件 2）及分析，可获得以下重要基本结论。

3.4.1　我国环境经济政策对环境保护具有积极贡献

近年来我国出台了各种类型的环境经济政策,随着人们认识的不断深入和环境经济政策手段的不断成熟,环境经济政策手段在促进环境保护中发挥了较大的作用。由图 3-9 可知,有 69.6%的受访者认为排污收费"贡献很大",该政策在 9 项环境经济政策中"贡献很大"比例最高;另外,受访者也比较认同"生态补偿"和"排污权有偿使用与交易"的"贡献很大",比例仅次于排污收费。超过 96%的受访者认为排污收费政策在促进环境保护中发挥了很大的作用,超过 70%的受访者认为其他各项环境经济政策的制定与实施促进了环境保护。因而,无论是激励型还是惩罚型的环境经济政策手段,均在我国环境保护中发挥着重要作用。

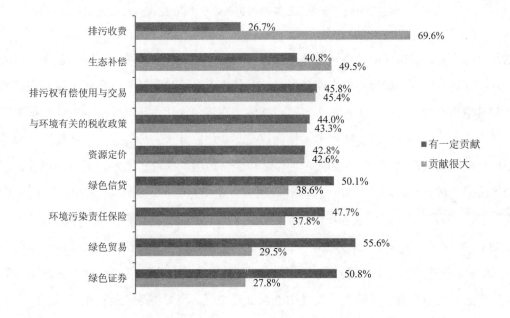

图 3-9　环境经济政策对环境保护的贡献

同时,超过 75%的受访者认为这 9 项政策都能对经济发展起到促进作用,并且排污收费手段所占比例最高。这是由于排污收费政策是我国实施最早的一项环境经济政策手段,并且自排污收费制度改革以来,我国排污收费制度无论是从收费标准、罚款额度还是征收对象上,均有很大改进。因而,排污收费政策在我国环境保护中发挥了重大作用。

3.4.2　我国环境经济政策体系有所改进

课题组对近年来我国环境经济政策手段的改进情况进行了调查,如图 3-10 所示,57.5%

受访者认为近年来我国环境经济政策手段有一定改进；改进较大的占 29.6%；10.5%受访者认为改进非常大。

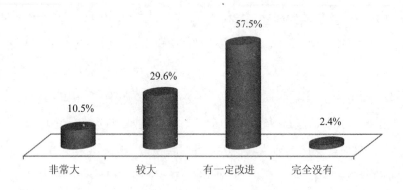

图 3-10　近年来我国环境经济政策手段有无改进

从总体上看，我国环境经济政策体系建设有一定突破，一些环境经济政策正在逐步向规范性制度建设发展，如排污权有偿使用与交易、生态补偿政策等。许多环境政策在典型行业和典型地区的试点范围正在扩大，试点探索正在逐步深化，环境经济政策体系框架已初具雏形，涵盖了环境财政、环境税、排污权交易、生态补偿、环境信贷、环境责任险等政策领域。尤其是在"十一五"期间，加强环境经济政策的研究和制定、促进环境保护和社会经济发展的融合，构建环境保护的长效机制，受到党中央、国务院的高度重视。《国务院关于落实科学发展观　加强环境保护的决定》《国务院关于印发节能减排综合性工作方案的通知》《国务院关于进一步加大工作力度　确保实现"十一五"节能减排目标的通知》、国务院印发的年度工作要点通知，每年的《政府工作报告》以及年度深化经济体制改革工作意见的通知等国务院重要文件中都有针对加强环境经济政策建设的要求。

3.4.3　我国环境经济政策认知及实施存在地区间差异

对"十一五"期间我国环境经济政策实施现状分地区进行比较发现（图 3-11），在"非常了解"中，东部的比例（9.9%）最高，其次是中部（6.9%），西部最低（4.8%），呈"东、中、西"递减分布的格局；"比较了解"中，中部的比例最高（44.4%）；"不了解"中，西部的比例最高，为 5.3%。对环境经济政策不了解的比例呈明显的东、西、中递增分布的格局。东部地区对环境经济政策的总体认识程度要明显高于西部和中部地区，这与东部地区市场经济发育程度较为完善有着密不可分的关系。从经济学角度讲，东部地区相对来说有着更为成熟的市场环境，经济相对较为发达，资源的稀缺性体现得比较明显，人们对环境资源有着更大的需求，因而对环境经济政策更为了解与熟悉。

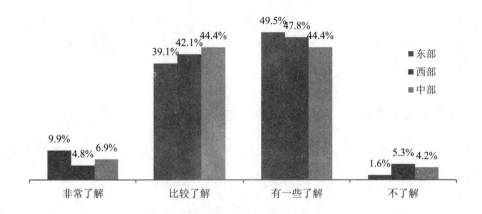

图 3-11　分地区比较对环境经济政策的了解

在对 9 项环境经济政策的实施情况分别作以分析（图 3-12），排污收费政策的实施范围最为广泛。比较区域间环境经济政策实施状况的差别发现，东部地区在环境污染责任保

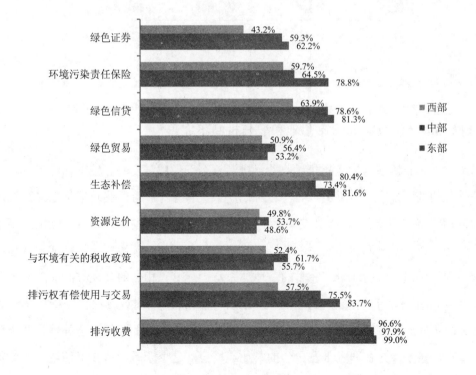

图 3-12　分地区比较环境经济政策的实施情况（实施+准备实施）

险、排污权有偿使用与交易、绿色信贷 3 项环境经济政策"实施或准备实施"的比例明显高于中部和西部地区。而环境污染责任保险、排污权有偿使用与交易、绿色信贷政策的实施环境均需要较为完善的市场机制。而就市场经济发展程度本身来讲，东部地区经济发展程度要明显高于中部和西部，从而进一步解释了为什么东部地区绿色信贷、排污权有偿使用与交易等政策的成熟度要高于中部和西部。

3.4.4 我国环境经济政策手段有较大改进空间

如图 3-13 所示，57.5%受访者认为近年来我国环境经济政策手段有一定改进；改进较大的占 29.6%；仅 10.5%受访者认为改进非常大。

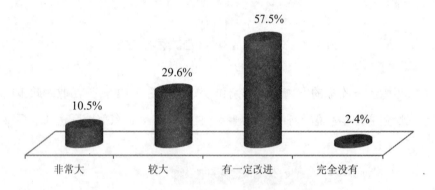

图 3-13 近年来我国环境经济政策手段有无改进

3.4.5 我国环境经济政策的法律基础和配套机制不完善

课题组此次对我国现有的包括排污收费、排污权有偿使用与交易、生态补偿等 9 项环境经政策进行的调研，结果如图 3-14 所示。在这个政策体系中，有一些政策是已经比较成熟的，如排污收费，47.9%受访者认为排污收费的配套政策和机制已经完善，比例远高于其他环境经济政策。从侧面也说明，除了排污收费政策，其他 8 项政策还不够成熟，这些不同层次的政策手段，目前还没有完整的法律体系与之配套，相应的其他方面的配套机制的完善程度也不高。有一些政策手段是作为行业或地区试点的，如排污权交易、绿色信贷、环境保险、绿色证券；有些政策手段是在行业或区域范围内实施的，如生态补偿、环境资源定价；还有政策手段是在研究准备出台的，如环境税。这个矛盾就造成了环境经济政策所依据的法律法规不健全，配套机制也不完善。

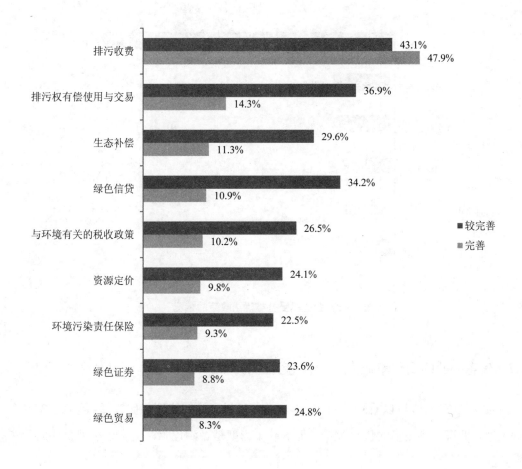

图 3-14 环境经济政策的配套政策和机制是否完善

3.4.6 税收和财政补贴政策是最受企业欢迎的经济政策

在多项经济政策中被认为能够鼓励企业进行污染治理的比例都很高,其中,税收减免、资金补贴、税收抵免和低息贷款都有超过 90%的受访者认为能够鼓励企业进行污染治理。对发行用于环境保护项目的债券的认同比例相对于其他几项经济政策来说较低,为 77.8%。

如图 3-15 所示,补贴是企业享受优惠政策的最主要的方式,高达 88.1%,远高于其他方式。享受过税收减免和贷款贴息优惠政策的企业占比为 16.4%和 14.9%。

这一结果说明我国的经济激励政策趋向于行政性的手段,而一些长效的如财政金融手段还较缺乏。

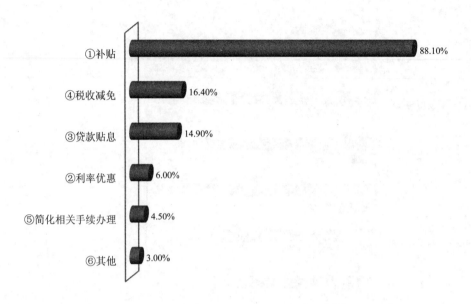

图 3-15　企业享受各类优惠政策的情况

3.4.7　优惠补贴的到位率成为企业普遍关注的问题

按企业规模划分，可以看到，大、中、小型企业认为到位的比例均比较低，都接近33%。尽管大型企业享受到更多的优惠政策，但从政策力度是否到位上，与中、小型企业的看法是一致的。

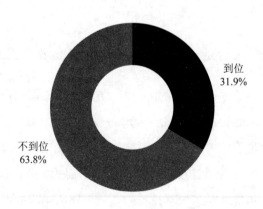

图 3-16　企业享受优惠政策到位率

3.4.8　优惠政策对企业降低治污成本的影响较低

如图3-17所示，仅有5.9%企业认为所享受的优惠政策对降低企业的成本有较大影响。41.2%的企业认为有一定影响。52.9%的企业认为影响较小。说明环境经济政策还缺乏弹性，不能较大程度上引导企业的环境行为。

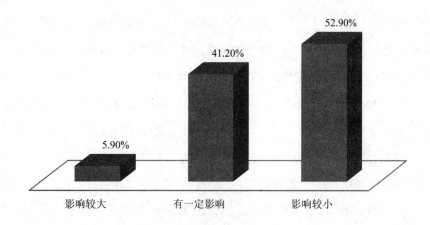

图 3-17　优惠政策对企业成本的影响情况

3.5　我国环境经济政策总体评估

3.5.1　我国环境经济政策的主要成效

（1）环境经济政策对创新我国环境管理理念发挥重要作用。我国环境经济政策的发展是与中国社会主义市场经济的发展进程联系在一起的。在由计划经济体制向社会主义市场经济体制过渡的过程中，经济管理手段经历着由"命令控制型"向"经济刺激型"方式的转变。体现在环境管理中，我们的环境管理手段也经历了由"命令控制型"向"经济刺激型"政策方式的转变。环境经济政策为了利用经济的手段促进环境管理，以达到环境改善的目标；环境经济政策的"激励作用"就是从环境管理的角度将环境的外部成本内部化，从经济发展的角度为可持续发展和环保产业发展提供多渠道的经济激励，在实现环境保护目标的同时促进经济的可持续发展，在政府、企业、社会的共同层面实现环境保护和经济发展的双赢。环境经济政策的发展对我国环境管理与社会主义市场经济体制改革相适应和融合起到了重要作用。

（2）环境经济政策对节能减排起到重要推动作用。"十一五"期间，我国燃煤发电企业减排设施建设受环保电价政策的激励作用，发电企业实施脱硫、脱硝及除尘设施改造的积极性明显提高，进度明显加快。燃煤发电机组脱硫上网电价按 0.015 元/（kW·h）补贴政策以及高耗能行业差别电价政策的实施使火电厂和高耗能行业节能减排取得巨大成绩。

脱硫电价政策的出台，极大地促进了燃煤电厂脱硫的积极性。在未实施脱硫电价政策之前，截至 2006 年年底，全国脱硫机组装机容量仅为 1.06 亿 kW，占全国火电机组总装机容量的 22%。随着脱硫电价政策的出台和污染减排考核机制的不断强化与完善，到 2010 年年底，全国脱硫机组装机容量增至 5.78 亿 kW，比 2006 年增长了 5.45 倍，占全国火电机组总装机容量的 83%。"十一五"期间全国共支付脱硫电费约 981 亿元，仅 2010 年全国支付脱硫电费就达 334 亿元。"十二五"以来，脱硫电价持续发挥作用，截至 2012 年年底，全国脱硫机组装机容量为 7.18 亿 kW，占燃煤装机总容量的比例高达 92%，建设速度世界绝无仅有。全国燃煤机组脱硫设施投运率由 2005 年的不足 60% 提高到目前的 95% 以上。"十一五"脱硫电价政策运行的经验表明，价格机制对电厂削减污染物排放具有重大推动和关键性作用。有关研究表明，如果未有效实施"十一五"期间相关减排措施，2010 年全国二氧化硫排放总量将高达 3 422.84 万 t，比 2010 年实际排放量增加 56.64%，比 2005 年实际排放量增加 34.26%。[①]

（3）环境经济政策成为促进产业结构调整的重要推手。一些环境经济政策已经成为推进市场化建立和产业结构调整的重要措施。"十一五"期间，国家实现了差别电价、水价政策、重污染产品的消费税以及取消出口退税政策的出台，在一定程度上使资源环境的成本得到体现。2010 年，我国出台《财政部、国家税务总局关于取消部分商品出口退税的通知》，重污染行业享有的出口退税率总体上从 2004 年的 9.73% 下降到 5.52%，已降到平均水平以下，税目结构得到了进一步优化。这一时期的出口退税政策在提升经济总产值的同时，由于起到了鼓励生产要素从高污染行业向清洁型行业转移的结构改善作用，一定程度上改善了工业行业的环境状况。

相关研究表明，在 2010 年基础上取消现存的"重污染行业产品出口退税"，在使二氧化碳、工业废水、二氧化硫等污染物排放量下降了 0.36%～1.85%，使 GDP 和工业增加值分别上升了 0.03% 和 0.08%，环境经济政策从某些方面已经成为促进产业结构调整的推手。

（4）环境经济政策在筹集环保资金方面成为不可缺少的重要手段。环境经济政策具有

---

① 环保部环境规划院. "十一五"大气污染物总量减排环境效果回顾性评估报告，2013.

筹集资金作用，用于环境保护及可持续发展建设。从 20 世纪七八十年代我国推行环境经济政策以来，以排污收费为代表的环境经济政策已成为环境管理不可缺少的重要手段。在重点污染物治理筹集资金方面，排污收费总额呈逐年增长的趋势，特别是从 2004 年开始，增长幅度加大。1994 年全国（除西藏、港、澳、台外）征收排污费 30.97 亿元，2002 年征收 67.4 亿元，2010 年总征收额则已达到 188 亿元，同比 2004 年增加了 84 亿元，年均增幅 14.9%。"十一五"期间，全国共征收排污费 847 亿元[①]，有力地支持了污染减排投入和环境监管能力建设。迄今为止，排污收费已成为我国实施时间最长、涉及面最广、影响范围最大的一项环境经济政策手段。

政府对环境保护的直接投资主要是环境污染治理投入。"十一五"期间，财政部门按照"统筹兼顾、量入为出、确保重点"的方针和"分清政府和企业职责，分清中央和地方事权"的原则，不断加大对环境保护的资金投入力度，特别是 2006 年财政部在政府预算支出科目中首次增加了"211 环境保护"科目，使环境保护资金有了较为稳定的基本来源。"六五"至"十一五"期间，我国环境保护投资总量呈持续递增趋势，从"十五"期间开始递增趋势较明显，环保投资占 GDP 的比例出现波动但总体也呈递增趋势。"十一五"期间，环保投资总量为 21 623.3 亿元，占 GDP 的比例达 1.45%，比"十五" 期间分别增长了 157.6% 和提高了 0.27 个百分点。

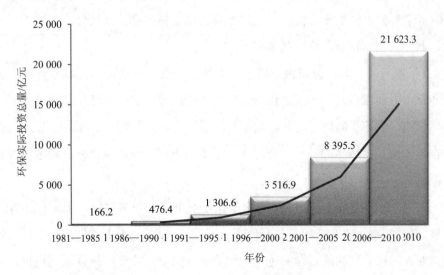

图 3-18 "六五"至"十一五"以来我国环保实际投资总量变化

随着环境保护投入力度的逐步加大，在经济快速增长的情况下，环境保护投资在"三

[①] 数据来源：中国政府网，http://www.gov.cn/gzdt/2011-01/13/content_1783819.htm。

废"治理、城市环境基础设施建设和生态建设与保护等方面发挥了显著效益，对改善人居生态环境发挥了重要作用。

（5）绿色金融、绿色贸易等新兴政策调控力逐步显现。随着绿色信贷政策不断深化，绿色金融对产业结构调整和节能减排的作用正在逐步显现。截至 2013 年 6 月底，我国 21 家主要银行机构的绿色信贷余额为 4.9 万亿元，占各项贷款的比重为 8.8%，共节约标准煤 3.2 亿 t，减排二氧化碳当量 7.9 亿 t，减排二氧化硫 1 014 万 t，节水 9.96 亿 t。

此外，4 万余条企业环境违法信息进入中国人民银行征信系统，成为信贷重要依据；开展环境污染责任保险的地区、行业和企业数量不断增加，利用市场手段防范环境风险、维护污染受害群众利益的新机制正在形成；环保专用设备、环保项目和资源综合利用等方面的税收优惠政策，对企业加大环境保护投资起到明显的推进和引导作用；200 多种"双高"产品被取消出口退税，并被禁止加工贸易；燃煤发电机组脱硫电价等价格政策，有力促进了重点行业节能减排。

（6）各地大胆探索实践，环境经济政策有所创新和突破。河北、山西等 20 多个省市出台了绿色信贷政策实施性文件；河北、湖南、湖北、江苏、浙江、辽宁、上海等 20 多个省份开展了环境污染责任保险试点；湖北、广东等地开展了排污收费改革，辽宁、浙江、海南等 10 多个省份开展重要生态功能区、流域和矿产开发生态补偿试点，河南、山东、江苏等 20 多个省份出台了排污权有偿使用和排污权交易的政策性文件，开展排污权交易试点探索，其中，国家试点省份已扩展到 11 个。

"十一五"期间，许多省份积极开展了生态补偿试点，特别是在流域水环境生态补偿政策出台和试点方面取得较大进展。山西、辽宁、浙江等 8 省份被环保部批准为不同类型的生态补偿试点，江苏、河南、河北、湖南、福建、山西、山东、江西、海南、广东等 10 多个省份自发开展了流域生态补偿试点探索。不少地方试行该政策以来，辖区内流域水质已经发生改善。

"十一五"以来，我国地方环境经济政策在差别电价、差别水价、脱硫设施等方面取得积极进展。例如，截至 2013 年，共有广东、江苏、河北等 15 个省份提高了排污收费标准；甘肃省对高污染、高耗能行业实施差别电价，在火电行业全面执行脱硫电价，对城市生活污水处理收费价格进行调整，设立"省级主要污染物减排专项资金"，加强了对全省已建成脱硫装置火电企业环保设施运行情况的考核和脱硫电价的管理；截至 2013 年 8 月，福建省物价局累计下达 3 278 家企业执行差别电价，累计收差别电价资金约 12.6 亿元；山东省自 2012 年 1 月 1 日起，对工业和服务业取用水单位和个人超出行政主管部门核定的计划部分的取用水实行累进加价征收水资源费制度；山西省提前完成了《"十一五"二氧化硫总量减排责任书》中的 41 台、装机容量为 1 058 万 kW 的重点燃煤机组烟气脱硫项目的任务，成为全国率先完成所有燃煤电厂烟气脱硫工程建设的省份。

专栏 3-1　嘉兴市探索建立排污权抵押贷款模式

2008 年 9 月，嘉兴市为解决推出排污权交易制度后不少企业因购买排污权而造成流动资金短缺的难题，更好地推广这项在全国具有独创性的制度，嘉兴银行联手嘉兴市环保部门推出了排污权抵押贷款。排污权抵押贷款推出后，企业将可以有偿取得的排污权作为抵押物，在遵守国家有关金融法律法规和信贷政策的前提下，向银行申请获得贷款的融资活动。纳入排污权抵押贷款的对象为全市持有《污染物排放许可证》且排污量未超过规定的企业。贷款主要用于企业生产经营和环保项目，期限一般为 1 年，最长不超过 5 年，贷款的最高额度不超过抵押排污权评估价值的 70%。企业在环保部门办理排污权证抵押登记，并与嘉兴银行签订授信合作协议，就可将排污权证以抵押授信的担保方式向嘉兴银行申请贷款。

由于此项产品有效缓解了企业融资的实际困难，拓宽了企业融资渠道，优化了公共环境资源配置，促进了绿色信贷，开创了金融与环保相互结合、相互促进的新局面。获得了全国"2009 银行绿色金融创新大奖"、嘉兴"2011 年度绿色信贷工作先进单位"等荣誉。

截至 2012 年 1 月末，嘉兴银行已累计发放排污权抵押贷款共 18 295 万元，累计发放 41 户。

3.5.2　我国环境经济政策存在的主要问题

我国环境经济政策自 20 世纪 80 年代开始推行，在政策体系构建、重要政策创新、制定与实施等方面取得了长足进展，但由于我国环境问题依然突出，人民群众对环境保护的期待和要求不断提高，环境管理领域不断扩展，目前环境经济政策还存在诸多问题。根据本项目提出的环境经济政策总体评价框架与思路，对当前我国环境经济政策从政策体系、政策制定、政策执行与效果 3 个方面进行总体性分析。

3.5.2.1　政策体系方面：我国环境经济政策体系尚未真正建立，横向配合、纵向衔接的格局尚未形成

环境经济政策体系是指按照市场经济规律的要求，运用税收、财政、价格等经济手段，调节或影响市场主体的行为，以实现经济建设与环境保护协调发展的政策手段。当前我国

已初步构建了环境经济政策框架体系，政策门类涉及财政、税收、价格、交易、补偿、绿色资本市场、绿色贸易等，但作为调节各项经济活动的一类政策而言，从政策内在系统完整性和有机衔接性来看，我国环境经济政策体系尚未真正建立，政策关系不紧密，主要问题表现在：

（1）从横向上看政策配合不足。我国环境经济政策门类较为齐全，政策手段包括财政、税收、价格等多个种类，但许多政策之间尚未形成有效的协调与配合，如排污权有偿使用与环境税费之间需要进一步协调，两个政策针对同一排污主体的政策启动机制，如何衔接的问题未能得到解决，政策之间存在交叉重叠。再者，我国一些财政资金项目资金分散、缺乏协调与配合，如国家为支持农村及生态保护，设立了多个专项资金，如财政部与环境保护部设立中央农村环境保护专项资金、财政部与农业部建立了农村沼气项目建设资金，农村垃圾收集处置与沼气项目有一定上下游关联，但两个专项资金并没有太多衔接，资金分散，影响了资金和项目的有效性。

（2）从纵向看政策衔接不够。我国一些环境经济政策向上缺乏法律支撑和规范性保障，向下缺乏配套政策支持，政策根基不牢、执行也缺乏一定的规范性，如排污权交易、生态补偿、环境污染责任保险等政策都或多或少存在此类问题。

（3）从门类上看市场化程度较高的政策偏少。我国现行环境经济政策大多较为依赖行政体系，政府财政补贴等政策较易实施并普遍较受企业欢迎。但一些真正要靠市场机制实施的政策较难推行，并涉及较少。例如，在筹集环保资金方面，发行环保彩票、环保公益债券、企业环保债券等市场融资手段一直没有试点或出台。

3.5.2.2 政策制定方面：我国环境经济政策制定目标尚欠稳定，政策探索存在风险和不确定性

随着我国市场经济改革步伐不断加快，环境经济手段越来越多地受到关注并得到积极推动，然而由于各种条件和环境的限制和制约，我国环境经济政策在制定中存在一些偏差，表现为政策目标不够稳定、政策重心不够平衡，一些政策的出台本身带有天然缺陷。具体表现为：

（1）一些重要政策长期处于试行状况，政策探索存在风险。目前除排污收费已作为一项法律固定下来，国家层面的许多政策多以"指导意见"形式，地方出台的相关文件也多采取"暂行办法"形式。许多政策，如排污权有偿使用和交易、生态补偿、环境污染责任保险等均为试点阶段。且一些试点具有较大盲目性，一些地方试点为追求所谓政绩已背离了环境经济政策的基本市场规律，成了变相的行政性工作。由此可以预想，政策要实现的

目标往往难以保证，政策探索存在很大风险和不确定性，甚至可能出现政策违法风险。

（2）政策易受其他因素影响，缺乏相对稳定性。国家取消"两高一资"产品出口退税的政策，这在一定程度上遏制了我国（如焦炭等）污染大、能耗高的行业的发展，优化了产业结构，而当经济形势出现下行趋势，"两高一资"产品出口退税政策在经济不景气时面临挑战，在行业协会的游说下有些产品出口退税得以恢复，政策目标难以维持。

（3）政策重心不够平衡，重生产轻消费、重工业轻农村、重主体轻配套。首先，我国环境经济政策主要集中在生产领域的末端治理，而对消费端环境行为的调控还很弱，针对消费者的环境行为缺乏行之有效的政策。其次，目前大多数环境经济政策主要针对工业企业，对于农村环境保护，最主要的政策是财政以奖代补和以奖促治政策。为加强农村环境基础设施建设和综合整治，虽然一些地方也开展了诸如农药包装回收补贴激励政策等，但总体上与日益凸显且多样化的农村环境问题相比，政策调整范围、政策门类都非常有限。最后，近年来我国不断加大对污水、垃圾等环保基础设施建设的投入，但存在重主体工程和设施，轻管网配套和运营保障的情况，直接影响资金的有效性，甚至造成前端资金白白浪费，在农村及一些中西部地区，这一问题更为突出。

3.5.2.3　政策执行方面：我国环境经济政策调整环境与经济利益关系的作用尚未充分显现

（1）环境经济政策对环境行为的调控力弱，市场失灵难以克服。在环境管理中使经济手段发挥应有作用必须满足一个基本前提，就是企业超标排放所支付的环境保护补偿费用必须大于企业因逃避环境责任而取得的非法收入。具体地说，只有当环境处罚或收费的额度超过其因减少环保投入所节省下来的货币价值时，环境管理的经济手段才能真正发挥作用。企业才能积极主动地调整自己的经济行为，防治污染。而当排污费低于边际治理成本时，企业将不会主动采取任何污染治理措施。目前《排污费征收标准管理办法》中所确定的我国排污费征收标准仅为污染治理设施运转成本的50%左右，某些项目甚至不到污染治理成本的10%。全国排污费征收总额从1995年的37.1亿元增加到2011年的突破200亿元[①]，16年的时间内总额增加了5倍，而这其中的增长主要是由于排污企业数量增多带来的增长，排污的基础标准多年来没有多大提升。因此该制度不能约束使用者对公共物品的使用权，无法克服"市场失灵"问题，从而导致排污收费的政策绩效很低，一些企业宁缴超标排污费而不愿治理污染。

同理，环境风险防范本是企业自己的事情，但在推行环境污染责任保险时，我们发现大多数企业并不会主动投保，而已投保企业也普遍选择最低的保险额，很少有企业真正根

---

① 《全国环境统计公报》1995—2011 年。

据自身环境风险大小选择适合的保险限额，政策推行非常艰难。排污权交易政策试行多年，各地也开设了环境交易所，但并未出现大量企业通过积极减污，以获取经济利益，使环境质量得以改善的局面。农村的以奖代补、以奖促治政策的出台，虽然前期各地积极争取资金开展工作，但到后期，各地出现不愿争取治理资金的情况，积极整治农村环境的局面也未出现。

（2）一些环境经济政策的设计和执行趋于行政化。目前一些环境经济执行主要依靠行政手段的方式推进。如环境污染责任保险制度的执行应是企业推出责任保险产品，企业购买的一种市场行为。而目前是靠各个省环保部门向地市环保局下派任务，通过行政的手段推进经济政策的落实。一些地方还依靠环保部门将环评审批等环保手续的通过与是否购买环境污染责任保险绑定，以行政手段强力推行。我国从 1991 年开始，包头、开远、柳州、太原、平顶山和贵阳 6 个城市开展了排污权交易的试点工作，均未取得明显成效，为数不多的几宗排污权交易都是在政府部门的安排下促成的。例如，1986 年上海市建立了一个试验性的污水排放许可系统，允许 COD 排污交易。在交易中，上海市环保局不仅充当了面向购买者和销售者的信息交流中心，同时在价格无法商定时还充当交易双方的协调者的角色，这个时候行政干预的力量凸显出来。

财政政策是我国环境经济政策中使用最多的手段之一，而政府财政投入对市场的引导和带动作用远未发挥。尽管当前我国政府环保投入还远不能满足生态环境保护的需要，尚需要继续加大，但政府财政资金还必须起到引导社会和市场资金的作用，撬动市场。然而目前我国建立的一些政府环保产业引导基金的运行效果普遍不佳，有名无实。

（3）环境经济政策执行缺乏监督机制。例如，骗补脱硫电价和挪用排污费的问题一直未能得到有效解决。一些企业设施运行不到位，存在骗补脱硫电价的问题，缺乏相关部门和社会的共同监督。在环境保护部组织完成的 2012 年度各省、自治区、直辖市和 8 家中央企业主要污染物总量减排核查工作中，包括华电、神华多家电厂在内的 15 家企业因为脱硫监测数据弄虚作假，被开出罚单。对使用脱硫设施的电力企业给予 1 分 5 厘的脱硫电价。一个 60 万 kW 的机组，国家给予的补贴为每年 4 000 万~5 000 万元，一些大的电厂脱硫脱硝骗补每年可达上亿元。排污费的征收存在部分地方截留、挪用、挤占排污费的现象，影响环境污染防治。特别是有一些基层环保部门，征收的排污费严重不足，很大部分用于人员经费和办公费支出。据审计部门报告，2008 年，河南省挤占、挪用排污费 1.37 亿元，其中平顶山环保部门用 1 084.9 万元养超编人员，占现有人员近 79.2%。

（4）环境经济政策的技术支撑力度不足。环境经济政策的实施是依赖系统的技术支撑的，而当前的技术支撑水平难以支持政策的实施。例如，由于污染排放的经济损失评估方法缺失，导致排污费的征收标准难以确定，也使财税部门在制定排污费标准时存在不确定性，难以真正运用与实践。相关技术难题也导致生态补偿标准难以确定。环境污染责任保险是以风险等级划分为基础确定保额、保费的，而目前在企业的环境风险等级、污染事故历史数据等基础技术型支撑不足的情况下，政策也往往难以切实推进。生态服务功能如何定量化核算，并使其价值化，是导致环境经济政策实施的技术性难题，同时也使其具有很大的不确定性。

3.5.3　影响我国环境经济政策有效性的重要原因

认清我国当前的发展阶段，对理解和解决环境经济政策存在的问题有重要意义。当前我国发展的历史阶段特征是：我国正处于工业化和城市化加速发展阶段，经济长期处于高资源消耗、高能源强度的阶段，经济的强劲发展过多地依靠传统的高投入、高消耗、高资本积累所带动的经济增长。这一基本国情和发展阶段特征对环境经济政策在各个领域发挥作用提出了严峻的挑战。国家的经济制度、法治建设、社会建设在一定程度上都与经济高增长相适应，或为其提供保障条件，而环境经济政策的主要目的是通过调节经济增长向更加环保的方向发展，或是适当降低经济增长，保护环境底线不遭破坏，因此对环境经济政策如何协调好环境和经济的关系提出了更高的要求。

我国经济增长建立在市场经济体制还不完善、法制化程度还不高、社会参与能力还非常弱的现实基础上的，通过政府强有力行政力量的介入，带动经济的高速增长。环境经济政策实施也不可能回避法制、体制、市场、社会等尚不健全的现实基本面，因此，从这个基本点出发，充分认清形势将有利于分析当前环境经济政策存在的问题，找准原因，为完善和创建更有务实的政策体系奠定基础。

（1）环境产权不明晰是影响环境经济政策有效性的基础性原因。产权制度是环境经济政策发挥作用的基础，产权由所有权、使用权、收益权、处置权4个方面构成，其中所有权具有决定性的作用。环境保护领域主要涉及两个方面的内容，即资源和环境的产权。资源一般是指土地、河流、森林、草原等自然和生态资源，我国资源方面的产权还以全民所有权为主，个人一般不具有资源的所有权，仅有一定时限内的使用权。环境产权是指对环境介质（水、大气、土壤以及整个生态系统）的使用权，即向环境排放污染物的权利以及排放强度。

当污染企业向水、土壤和大气中排放污染，这时是由政府代为行使全民的资源环境相关产权的权利，而这种以公共所有、政府管制为主的产权管理模式，在行使产权保护时存在严重低效的情况，这是因为每届政府在任期内有其特定时间段的具体政策目标，由具体的经济数量增长、就业水平、医疗卫生等短期直接目标构成，而资源环境的成本，以及长期、渐进的不利影响往往容易被政府忽视。这种产权低效使用和保护方式是造成当前一系列环境经济手段难以发挥实际效果的原因，如排污费的收取标准严重低于实际的治理成本，生态补偿的标准也严重低于实际的生态恢复成本，造成资源环境价格的失常的低估，进而影响其在市场中的正常交易。

（2）以价格为核心的市场机制不健全是影响环境经济政策有效性的根本性原因。市场机制是由价格机制、供需机制、竞争机制3个基本元素构成的，其中价格机制是核心。从价格机制来看，环境定价分为两个层次：①环境的价格，即大气环境、水环境、生态系统服务功能的价格，这一直是环境经济学的难题，因为环境物品的外部性使清洁的水、空气和污浊的水和空气之间价格差异较小，往往难以通过交易来获得其市场价格。②环境属性强的资源性产品价格，如电价、水价等，其价格受政府管制，不会因为供需变化而发生变化，供给价格和需求价格都缺乏弹性，难以形成对市场参与者行为的调节。

价格机制是指拥有使用环境介质或排放污染这一权利所需要支付的费用，这一费用的标准由环境介质的使用者和提供者共同决定。目前我国在环境定价方面对环境成本考虑严重不足，对主要资源环境产品（如水、电、煤、气等）的定价依据仍然是生产成本，价格的变动也主要考虑其对生产成本和消费水平的影响，以及企业能够获得的利润，未将环境恢复保护的成本纳入其中。在大多数情况下，资源环境产品价格尚未完全真实地反映长期环境损害和环境恢复成本，以透支环境的方式提供公共服务。这样的价格形成机制无法体现真实的社会成本和私人成本的一致性，难以激励环境治理和改变生产者、消费者破坏环境的行为。产权制度和价格机制这两大基础性制度尚不完善，由此建立和发育起来的其他环境经济政策，如排污收费、排污权交易、生态补偿等都成了无源之水、无本之木，也正因如此，很多环境经济政策失去了配置资源的功能，而仍然依赖政府的规制性管理。

从供需机制来看，由于外部性，环境产品直接生产者（治理主体）无法直接靠市场供需获得收益，而仅有政府代行环境产品生产者的角色，因而其供给价格缺乏弹性。从竞争机制来看，在价格机制和供需机制都不明晰的时候，市场主体之间的竞争是缺乏效率的，市场竞争主体的竞争力往往来源于其与政府的关系，而非由其提供环境产品的成本效益决定。因此在这样的基础上，环境经济政策在现有的市场机制条件下很难发挥调节作用。例如，排污权交易政策的初始交易价格无法界定，上、下游之间生态补偿标准难以确定，这些都成为环境经济政策发挥作用需要克服的难题。

（3）法制不健全是影响环境经济政策有效性的制度性原因。市场经济本质上是一种法制经济，环境经济政策只有在相应的法律保障下，才具有合法性和权威性，才能保证公平的竞争环境。没有法律就无法形成公平的市场和公平的竞争，因此法律基础是环境经济政策的生命线。长期以来，我国环境保护法律偏弱、偏软，造成了排污费征收未能按法律强制执行，协议征收、不足额征收的情况非常普遍，影响市场公平，偏弱的法制也使企业对环境违法有恃无恐。与国外一些因环境违法被罚到倾家荡产的企业相比，我国环境保护法制明显偏弱，企业不会因为环境污染承受巨额排污费而导致企业的破产。环境立法中涉及行政处罚措施的条款却呈现出罚轻于过的"过罚不当"现象[①]。法律规定的罚款额度远远低于企业治理污染的成本，难以对企业产生威慑力，企业宁可接受处罚也不愿意达标排污，这在被认为是通过处罚规定提高企业违法成本的 2008 年《水污染防治法》实施之后还是如此。

在法律不健全情况下，一些环境经济政策一出台就存在先天不足，并很难通过自身的力量真正构建市场，形成约束和激励。一些环境经济政策强行出台，必然存在天然缺陷，一旦政策推行出现问题，高度集权的公共政策执行体制容易导致政府在实行环境经济刺激手段时对市场进行过多行政干预。我国从 20 世纪 90 年代初期开始，在多个城市尝试了排污权交易的试点工作，但国家法律和政策对排污权无明确认定，相关的排污许可证制度也未得到法律的保障，缺乏系统的排污权交易指标核定方法来确定二级市场上可交易的排污指标，许多交易都是在政府一手干预下进行的，交易难以体现环境资源的稀缺性和真实成本。

（4）政府行政的不当干预和部门间权责不清是影响环境经济政策有效性的体制性原因。环境经济政策实施必须建立在法律公平的基础上，而我国目前的环境经济政策的推行建立在行政体制之上，这两者的结合是环境经济政策在中国实施的最大特点，也是大量问题产生的原因。法律对污染行为的奖惩是一视同仁、严格、不容商量的，环境标准是一切环境经济市场行为的标准。而以行政体制为基础的环境经济政策，会因其行政目标的不确定性而时时调整其对污染主体的引导和约束。过去几十年我国长期处在大力追求 GDP、追求经济高速发展的历史阶段，这就使得其行政系统更加偏向于保护增长而忽视环境保护，因而在这样的背景下，行政体制基础对于市场主体的环境行为引导是有偏差的。一些政府部门出台土政策，动用财政大权直接参与招商引资，以劣币驱逐良币，或给予一些所谓支柱产

---

① 汪劲. 环保法治三十年：我们成功了吗. 北京：北京大学出版社，2011.

业补贴等优惠政策。在这种不确定性的市场规则下，环境经济政策难以发挥有效作用。

环境经济政策从制定、实施到最后产生效果，往往由多个部门共同参与，特别是与一些如发展改革委、财政、金融等经济相关部门的合作，而目前在环境价格、生态补偿、绿色信贷和环境污染责任保险等政策领域，各个部门的责任、义务还不清晰，特别是各个部门的环境责任不清，与环保部门的合作容易流于形式，而不能真正触及相关利益格局的调整，不能从根本上纠正环保领域的政府失灵。

（5）对环境经济政策认知程度低、参与不足、信息披露不充分是影响环境经济政策有效性的社会性原因。我国的市场经济发展还处于初级阶段，政府、企业和社会公众对市场经济这只"无形之手"的认识程度还相当有限，对环境经济政策的内在规律以及如何使其发挥作用缺乏了解，因此无论在政策制定，还是在政策运用以及政策实施中都可能会出现问题，影响政策效果。此外，环境及经济部门不能准确、及时地将相关信息向社会披露，不能向市场及时传达正确的信号也会影响环境经济政策的有效性。例如，绿色证券政策虽然也建立了上市公司的信息披露机制，但许多企业不能如实披露真实环境信息，报喜不报忧，甚至在证券市场出现一些企业污染事故后，其股价不降反涨的情况。如果不能及时将企业环保信用和环境绩效提供给投资者和股民，导致投资机构无法正确选择，资本市场的绿色化也是难以实施的。另外，环境经济政策的制定需要各利益相关方的充分认识和理解，因此在政策制定过程中各利益相关方的参与至关重要。

（6）环境与经济相关领域研究和技术方法储备不足是影响环境经济政策有效性的技术性原因。环境经济政策实施必须建立在对价格进行精确计量的基础上，而由于环保领域相关技术不成熟，不能将环境质量改善和破坏的边际成本和边际收益进行准确计量，造成环境的市场定价往往偏离实际，难以为市场主体所接受。例如，流域生态服务功能价值评估是制定流域生态补偿标准的重要依据，但这项工作实际操作难度很大，得出的结果也往往偏大，下游的补偿者往往对过高的补偿标准持反对意见。

再如，排污权交易政策中环境可承载污染总量难以测定，对此项政策的执行和实施造成决定性的影响。排污权交易是以总量控制为出发点和归宿的，但实际上，环境容量的测定过程是极其复杂而艰巨的，耗资巨大，而且它还需要大量确定地域的环境质量追踪监测数据，这些数据的得来是一个历史的累积过程，需经过几年甚至几十年。另外，还必须对特定污染物在该地域的迁移转化规律进行深入分析，这样才能保证最终确定的环境容量的科学性和客观性。而目前我国在这方面的研究水平还远远不能满足政策实际实施的需求，因此要完善环境经济政策的技术支撑体系，使之能为经济政策的出台提供可行、可信的依据。

第 4 章　我国重点环境经济政策实施效果评估

4.1　财税政策绿色化及效果评估

绿色的财税政策可以通过财税的杠杆作用，影响经济的发展，从而影响环境保护的效果。本研究所指的绿色财税政策主要包括绿色的财政支出政策、税收政策和政府采购政策，从政策的绿色化程度评价及政策运行效果两个方面对每项政府开展研究和分析。

4.1.1　财税政策绿色化程度评估

4.1.1.1　财政支出绿色化程度评价

本节采用以下 3 个指标评价财政支出政策的绿色化程度：

☞ 环境财政支出的绝对规模，即财政支出中用于生态环境保护的绝对量。

☞ 环境财政支出的相对规模，即环境保护财政支出占整个财政支出和 GDP 的比重等相对量。

☞ 环境财政支出政策的覆盖面，即对环境保护财政支出的具体支出对象所涉及的生态环境保护领域或范围情况。

（1）环境财政支出的规模和占比情况。2007 年，政府收支分类进行了改革，环境保护支出口径发生变化，前后不具有可比性[①]，且 2007 年以前的环境保护支出数据难以取得，因此本节只分析 2007 年以后的环境保护支出[②]情况。

从环境财政支出规模看，根据全国财政支出和中央财政支出[③]决算，2007—2014 年，

[①] 根据《2006 年全国财政支出决算表》，2006 年全国财政支出中的环境保护和城市水资源建设支出为 161.24 亿元，该规模远低于 2007 年的环境保护支出。

[②] 目前国内财政有关环境保护的支出科目为"211 节能环保"，包括环境保护和节能、新能源、资源综合利用等。

[③] 中央财政支出数为中央本级支出和对地方返还和转移支付的合计数。

全国环境保护财政支出规模分别为 995.82 亿元、1 451.36 亿元、1 934.04 亿元、2 441.98 亿元、2 640.98 亿元、2 963.46 亿元、3 435.15 亿元和 3 815.64 亿元,年均增长率为 21.15%;中央环境保护财政支出(包括本级支出和转移支付)分别为 782.11 亿元、1 040.30 亿元、1 151.81 亿元、1 443.10 亿元、1 623.03 亿元 1 998.42 亿元、1 803.93 亿元和 2 033.03 亿元,年均增长率为 14.62%[①]。

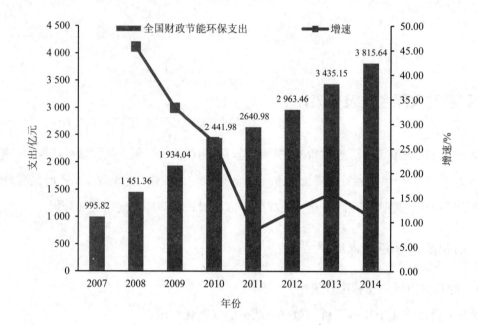

图 4-1 全国财政环境保护支出规模情况

从相对指标看,2007—2014 年,全国环境保护支出占财政总支出的比重在总体上呈现逐渐增长的趋势,由 2007 年的 2.00%增长到 2010 年的 2.72%,2011 年比重有所下降,其后又逐步提高,8 年的平均增速为 2.41%;中央环境保护支出的占比总体上基本保持稳定,近年来有所下降,8 年的平均增速为 1.51%。

与环境财政支出占财政总支出的比重类似,2007—2014 年,全国环境保护支出占 GDP 的比重也总体上呈现逐渐增长的趋势,由 2007 年的 0.37%增长到 2010 年的 0.60%;2011 年比重有所下降,其后又逐步提高到 0.60%,8 年的平均增速为 0.53%;中央环境保护支出占 GDP 的比重也呈现逐步增长趋势,由 2007 年的 0.29%增长到 2012 年的 0.37%,近年来有所下降,8 年的平均增速为 0.33%。

① 2007—2014 年财政支出和环境保护财政支出数据来源于历年全国财政支出决算表(财政部网站)。

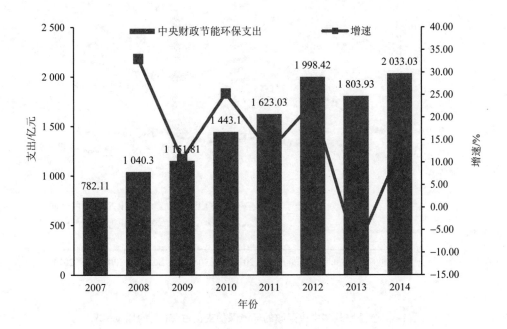

图 4-2 中央财政环境保护支出规模情况

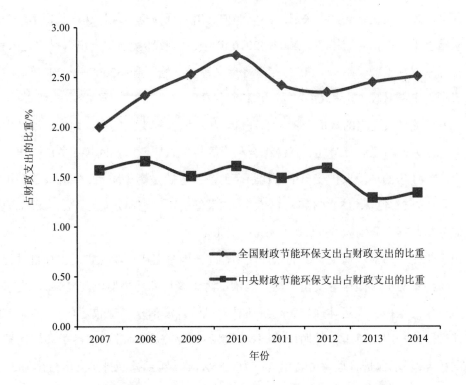

图 4-3 全国财政和中央财政的环境保护支出占财政支出的比重情况

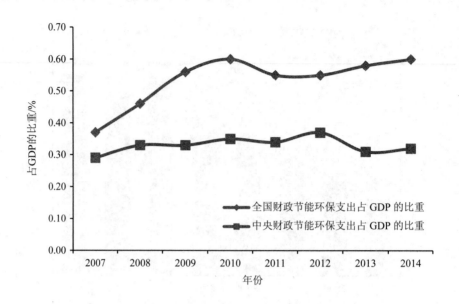

图 4-4　全国财政和中央财政的环境保护支出占 GDP 的比重情况

根据上述分析可知，全国财政环境支出在绝对规模上呈现快速增加趋势，但在具体增速上却呈现逐步放缓趋势；中央财政环境保护支出的规模也呈现快速增长，年均增长率要低于全国水平。在相对规模上，2007—2010 年全国财政环境保护支出占财政支出和 GDP 的比重都呈现逐步增长趋势，2011 年下降后又逐步开始回升；2007—2014 年，中央财政环境保护支出占财政支出和 GDP 的比重相对保持稳定。

（2）环境财政支出的构成及覆盖面评价。从环境保护支出的覆盖面看，涉及生态环境保护的各个方面，还涉及节能、资源综合利用等与生态环境保护间接相关的支出。在具体构成上，2014 年的环境保护支出中占比最高的前三位是污染防治、能源节约利用和其他支出，分别为 28.42%、15.22% 和 9.48%。占比最低的后三位是退牧还草、风沙荒漠治理和环境监测与监察，分别为 0.45%、1.06% 和 1.30%。

由于"211"节能环保支出类的款数较多，进一步对上述环境保护支出项目进行汇总，分别为：污染防治、减排等支出（污染防治、污染减排和环境监测与监察），生态保护支出（自然生态保护、天然林保护、退耕还林、风沙荒漠治理、退牧还草），能源节约等支出（能源节约利用、可再生能源、能源管理事务）。汇总后计算出的各类环境保护支出占比情况如下：环境保护管理事务支出占比为 4.85%，污染防治、减排等支出占比为 37.56%，生态保护支出占比为 21.70%，能源节约等支出占比为 25.00%，资源综合利用占比为 1.41%，其他环境保护支出占比为 9.48%。可以看到，如果不考虑能源节约和管理，以及资源综合利用方面，总体上用于污染防治、减排、生态保护方面的支出合计约占总的环境保护支出的 60%左右。

表 4-1 2014 年各项节能环保支出的规模和占比情况

支出项目	规模/亿元	占总支出的比重/%
环境保护管理事务	185.08	4.85
环境监测与监察	49.37	1.30
污染防治	1 084.54	28.42
自然生态保护	309.31	8.11
天然林保护	170.55	4.47
退耕还林	290.26	7.61
风沙荒漠治理	40.61	1.06
退牧还草	17.03	0.45
能源节约利用	580.65	15.22
污染减排	299.15	7.84
可再生能源	146.62	3.84
资源综合利用	53.78	1.41
能源管理事务	226.69	5.94
其他环境保护支出	361.86	9.48
合计	3 815.50	100

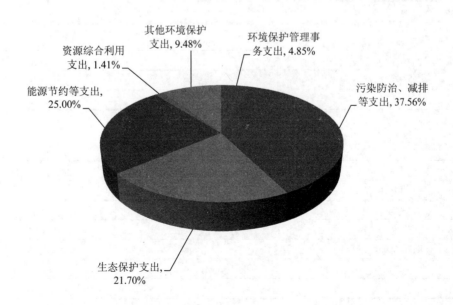

图 4-5 2014 年环境保护财政支出的构成情况

再进一步从环境保护财政支出的项目构成看，2014 年在污染防治项目的主要污染物防治中，支出比重最高的是水体，为 43.50%；其次是排污费支出，为 15.54%；固体废物与化学品为 6.03%；噪声比重较低，为 0.02%。在污染减排项目中，减排专项支出占比最高，达到 62.77%；在自然生态保护支出项目中，农村环境保护和生态保护支出占比较高，分别为 51.39% 和 20.89%。

表 4-2　2014 年污染防治项目支出的规模和占比情况

污染防治项目	支出决算数/亿元	占污染防治支出比重/%
大气	168.50	15.54
水体	471.78	43.50
噪声	0.27	0.02
固体废物与化学品	65.36	6.03
放射源和放射性废物管理	0.52	0.05
辐射	0.06	0.00
排污费支出	178.15	16.43
其他污染防治支出	199.91	18.43
合计	1 084.55	100.00

表 4-3　2014 年污染减排项目支出的规模和占比情况

污染减排项目	支出决算数/亿元	占污染防治支出比重/%
环境监测与信息	40.64	13.59
环境执法监察	16.42	5.49
减排专项支出	187.79	62.77
清洁生产专项支出	8.67	2.90
其他污染减排支出	45.63	15.25
合计	299.15	100.00

表 4-4　2014 年自然生态保护项目支出的规模和占比情况

自然生态保护项目	支出决算数/亿元	占污染防治支出比重/%
生态保护	64.63	23.28
农村环境保护	158.96	57.26
自然保护区	8.71	3.14
生物及物种资源保护	0.46	0.16
其他自然生态保护支出	44.86	16.16
合计	277.62	100.00

（3）财政政策绿色化程度与国外情况的比较。根据 OECD 对环境保护支出的相关统计，1990—2004 年，OECD 国家有关污染减排和控制的财政支出（公共部门支出）占 GDP 的比重，除了部分国家较高或在不同年份的变动外，总体上保持在 0.5%～0.8%。

表 4-5　OECD 国家对污染减排和控制的财政支出占 GDP 的比重情况　　单位：%

国家	1990年	1991年	1992年	1993年	1994年	1995年	1996年	1997年	1998年	1999年	2000年	2001年	2002年	2003年	2004年
加拿大	0.7	0.7	0.7	0.7	0.7	0.7	0.6	0.6	0.6	0.6	0.6	0.6	0.6	—	—
墨西哥	0.3	0.3	0.4	0.4	0.4	0.3	0.3	0.2	0.2	0.4	0.5	0.5	0.5	0.5	0.5
美国	0.6	0.6	0.6	0.6	0.7	—	—	—	—	—	—	—	—	—	—
日本	0.3	—	0.3	—	0.5	0.5	0.5	0.5	0.5	0.6	0.5	0.5	0.5	0.5	0.4
韩国	—	—	0.8	0.8	0.8	0.7	0.8	0.9	0.8	0.8	0.8	0.8	0.8	0.8	—
澳大利亚	—	0.4	0.5	0.5	0.5	0.5	0.6	0.3	0.2	0.2	—	0.2	—	0.2	—
新西兰	—	—	—	—	—	—	—	—	—	—	0.8	0.8	0.7	—	—
奥地利	1.1	1.1	1.1	1.2	0.9	1.4	1.3	1.4	1.5	1.3	0.9	1.1	—	—	—
比利时	—	—	—	—	—	0.5	0.5	—	—	—	—	0.5	—	—	—
捷克	—	—	—	0.5	0.8	0.7	0.7	0.7	0.5	0.5	0.5	0.5	0.3	—	—
丹麦	—	1.3	1.3	1.4	1.3	1.3	1.3	1.4	1.4	1.4	1.4	1.4	1.4	1.4	1.3
芬兰	—	—	—	0.7	0.6	0.5	0.6	0.6	0.5	0.5	0.5	—	—	—	—
法国	0.5	—	—	—	0.6	0.6	0.6	0.6	0.6	0.6	0.6	0.6	—	—	—
德国	—	0.9	0.9	0.9	1.4	1.5	1.5	1.4	1.3	1.3	1.3	1.2	1.3	1.3	—
希腊	—	0.7	0.5	0.5	0.5	0.5	0.5	0.5	0.5	0.5	—	—	—	—	—
匈牙利	—	—	0.2	0.3	0.6	0.4	0.3	0.2	0.5	—	—	0.5	0.6	—	—
冰岛	0.3	0.3	0.4	0.3	0.4	0.3	0.3	0.3	0.3	0.4	0.3	0.3	0.3	0.3	—
爱尔兰	—	—	—	—	—	—	—	—	0.4	—	—	—	—	—	—
意大利	—	—	—	—	—	0.7	0.7	1.0	0.7	0.7	0.8	0.8	—	—	—
卢森堡	—	—	—	—	—	—	—	0.6	—	—	—	—	—	—	—
荷兰	0.9	1.1	1.1	—	—	1.3	—	1.1	1.1	1.2	1.1	1.2	—	1.1	—
挪威	—	—	—	0.5	0.6	—	0.5	—	—	—	—	0.5	0.6	—	—
波兰	—	—	—	—	—	—	—	—	0.8	0.8	0.7	0.7	0.6	0.7	0.8
葡萄牙	0.7	0.6	0.7	0.7	0.6	—	0.6	0.7	0.5	0.5	0.5	0.5	0.5	0.4	0.4
斯洛伐克	4.0	2.3	1.8	1.3	0.8	—	—	—	—	0.5	0.1	0.1	0.2	0.1	—
西班牙	0.6	0.6	0.4	0.5	0.6	0.6	0.5	0.6	0.6	0.6	—	—	—	—	—
瑞典	—	0.8	0.2	0.2	0.2	0.2	0.2	0.2	0.2	0.2	0.2	0.2	—	—	—
瑞士	0.7	—	1.0	0.6	—	0.8	0.9	0.8	0.8	0.8	0.8	0.8	0.7	0.7	—
土耳其	—	—	—	—	—	—	—	0.9	1.1	—	—	—	—	0.9	0.9
英国	0.4	—	—	—	—	—	—	0.4	0.4	0.4	0.4	0.4	0.4	0.4	—

资料来源：OECD 环境数据库。

表 4-6　部分 OECD 国家的环保财政补贴情况

国家	以环保为基本目标的补贴/10^6 美元	以环保为重要目标的补贴/10^6 美元	环保补贴占部门可支配补贴的比重/%	补贴政策与环保的相关程度/%
加拿大	53	297	28	87
日本	859	2 350	39	100
澳大利亚	20	20	4	100
新西兰	6	20	25	100
奥地利	16	33	25	100
比利时	16	68	22	53
丹麦	93	417	44	97
芬兰	29	64	33	97
德国	584	841	52	65
希腊	9	6	7	100
荷兰	275	154	21	100
挪威	95	59	16	100
葡萄牙	3	1	2	100
瑞典	216	397	59	100
英国	120	228	12	97
欧盟	495	483	16	96

资料来源：OECD 环境数据库。

以我国大口径的环保财政支出（包括节能等其他环保相关支出）计算，我国 2007—2011 年的环保财政支出占 GDP 的比重为 0.37%～0.61%。而与 OECD 国家直接有关污染减排和控制的财政支出占比相比，我国环保财政支出的规模处于其下限范围。环保财政支出的比重与一国是否处于污染高峰期相关，从国内目前的污染治理需求看，我国的环保财政支出比重是偏低的。

从整个环境治理投入看，国际经验表明，当治理环境污染的投资占 GDP 的比例达到 2%～3%时，环境质量可有所改善。发达国家在 20 世纪 70 年代环境保护投资已经占 GDP 的 2%～3%，其中美国为 2%，日本为 2%～3%，德国为 2.1%[①]。而 2007—2014 年我国环境污染治理投资占 GDP 的比重年均为 1.53%，以 2014 年为例，环保财政支出占 GDP 的比重为 0.60%，环境污染治理投资占 GDP 的比重为 1.51%，财政支出只占整个环境污染治理投资的约 40%。这在一定程度上也反映出我国财政支出的环保相关程度有待进一步提高。

---

① 苏明，刘军民，张洁. 促进环境保护的公共财政政策研究. 财政研究，2008（7）：20-33.

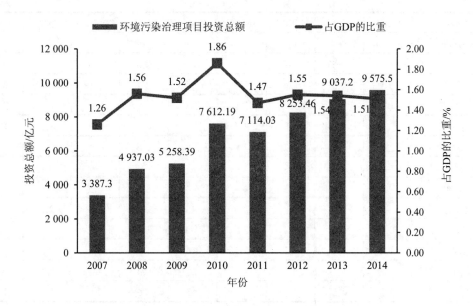

图 4-6　全国环境污染治理投资总额及占 GDP 比重情况

再从有关环境保护的研发看，我国 2014 年全年科学研究与试验发展（R&D）经费支出 13 015.63 亿元，占 GDP 的比重为 2.05%。而目前发达国家 R&D 占 GDP 的比重平均为 3%左右，中国目前 2.05%的水平与其还有差距。其中，用于节能减排领域的研发投入更少。

表 4-7　部分 OECD 国家的环保研发投入占全部研发投入的比重情况　　单位：%

国家	1981 年	1985 年	1990 年	1995 年	2000 年	2002 年	2003 年	2004 年	2005 年
加拿大	1.2	1.9	1.7	3.7	4.5	4.6	4.8	4.4	4.4
墨西哥	—	—	1.4	0.6	1.2	—	—	—	—
美国	0.8	0.5	0.6	0.8	0.6	0.6	0.5	0.5	0.4
日本	—	—	0.5	0.6	0.8	0.9	0.9	0.9	0.8
韩国	—	—	—	—	3.8	4.5	4.4	4.6	4.5
澳大利亚	2.7	1.9	3.1	1.2	2.0	1.9	2.2	2.4	4.2
新西兰	—	—	2.6	3.3	—	—	—	—	—
奥地利	0.4	0.9	1.9	2.5	1.5	1.3	1.7	1.6	1.9
比利时	2.8	2.5	1.0	1.7	3.3	2.7	2.1	1.6	2.3
捷克	—	—	—	—	—	4.0	4.1	4.1	2.9
丹麦	1.8	1.5	3.8	4.4	2.7	2.3	1.9	1.9	1.7
芬兰	0.9	1.5	1.4	2.5	2.3	2.2	2.0	1.9	1.8
法国	0.5	0.5	0.7	1.9	1.7	2.9	3.1	3.0	2.7
德国	1.8	3.1	3.5	3.6	3.3	3.1	3.3	3.5	3.4
希腊	3.1	3.4	2.8	3.6	5.0	3.3	3.9	4.3	4.0

国家	1981 年	1985 年	1990 年	1995 年	2000 年	2002 年	2003 年	2004 年	2005 年
匈牙利	—	—	—	—	—	—	—	—	9.7
冰岛	—	0.1	—	3.4	0.6	0.6	0.4	0.4	0.4
爱尔兰	0.4	0.8	1.2	1.4	1.4	2.4	2.1	0.7	0.9
意大利	1.8	1.0	2.2	2.4	2.3	—	—	—	2.7
荷兰	—	3.2	3.3	3.7	3.6	3.0	2.8	1.9	1.2
挪威	2.9	2.7	3.2	2.8	2.8	2.6	2.4	2.2	2.1
波兰	—	—	—	—	—	—	—	0.1	2.4
葡萄牙	—	—	3.2	4.4	4.4	3.5	3.3	3.7	3.5
斯洛伐克	—	—	—	2.0	1.3	2.7	1.6	2.7	1.0
西班牙	0.7	0.4	4.3	2.6	4.0	1.7	1.9	2.8	3.0
瑞典	1.8	1.5	3.2	2.3	1.4	1.0	1.5	1.8	2.2
瑞士	2.7	—	2.3	—	0.2	0.3	—	0.1	—
英国	1.2	1.3	1.4	2.3	2.3	1.6	1.8	1.8	1.8

资料来源：OECD 环境数据库。

根据上述分析，可以对我国财政支出环保相关程度得出以下几个方面结论：

（1）从 2007 年开始，我国环境保护财政支出的绝对规模都在逐年加大，环保财政投入占 GDP 的比重在总体上呈现逐步上升的趋势。这表明，近年来我国财政支出的环保相关程度在加大，也为财政支出政策的绿色度提高提供了基础。

（2）与国外注重环境保护的发达国家相比，我国环境保护财政支出在相对规模上还偏低。尤其是我国目前处于污染的高发期，对环境投入的需求也同样处于高峰期。同时，从整个环境治理投资和研发费用的角度看，我国的环保财政投入的环保相关程度也同样有待提高。

4.1.1.2 税收政策的绿色化程度评价

不同于环境保护方面使用财政资金，税收政策主要起筹集收入和发挥调节的作用，其在环保相关程度评价指标的设计上也较财政支出政策更为复杂。与环境保护相关税收政策可以划分为约束性税收政策和激励性税收政策两类，对两类税收政策的评价也有所不同。

本节采用以下 3 个指标评价约束性税收政策的绿色化程度：

☞ 环境税收收入规模：环境税收收入是指对相关税基进行的征收，且这种征收有利于促进生态环境保护和绿色发展环境税收收入占税收总收入的比重。

☞ 环境税收收入占税收总收入的比重。

☞ 环境税收收入占 GDP 的比重。

采用以下 5 个指标评价激励性税收政策的绿色化程度：

☞　绿色税收支出规模。

☞　绿色税收支出占税收总支出的比重。

☞　绿色税收支出占税收总收入的比重。

☞　绿色税收支出占 GDP 的比重。

☞　绿色税收优惠政策覆盖面。

（1）约束性税收政策的收入规模和占比情况。从绝对规模看，随着我国税收收入总体规模的较快增长，环境税收收入规模也在不断增长[①]。2000 年我国的环境税收收入规模约为 380 亿元，2014 年增长为 6 008 亿元。其中，环境税收收入规模快速增长的主要原因是机动车消费税和成品油消费税的收入增幅大。

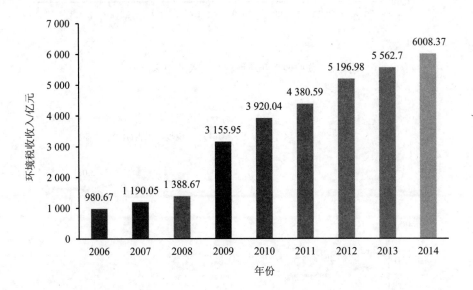

资料来源：《中国统计年鉴》《中国税务年鉴》。2012—2014 年调整国内消费税数据是根据 2011 年比重估算结果，2009 年因燃油税费改革导致成品油消费税增收规模较大（1 653 亿元）。车船税在 2007 年以前是车船使用税和车船使用牌照税的合计数。

图 4-7　环境税收收入规模情况

从相对规模看，环境税收收入占税收总收入的比重也呈现出不断增长的趋势，由 2006 年的 2.82% 增加到 2014 年的 5.04%，9 年间的平均占比为 4.31%；同时，环境税收收入占 GDP 的比重也不断增长，由 2006 年的 0.45% 增加到 2014 年的 0.94%，平均占比为 0.77%。

---

① 环境税收收入的构成为：调整国内消费税收入（国内消费税收入中成品油、小汽车、摩托车、游艇、木制一次性筷子和实木地板的消费税收入合计数）、车船税、资源税和排污费。

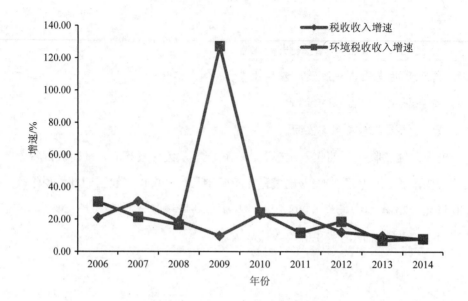

图 4-8 税收收入和环境税收收入的增速比较

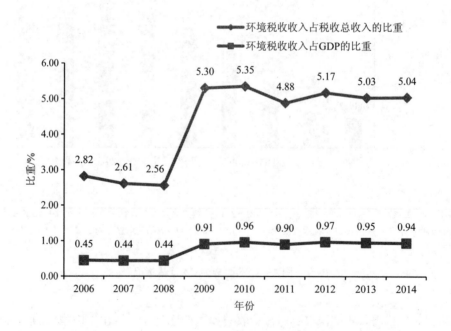

图 4-9 环境税收收入占税收总收入和 GDP 的比重情况

根据上述分析可知，我国环境税收收入在规模和占比上都呈现不断增长的趋势。尤其是 2009 年实施燃油税费改革从而提高了成品油消费税税率后，环境税收收入规模和占比都有显著的提升。再具体对比增速看，环境税收收入的增速在总体上要大于税收收入的增速。这些评价结果表明，我国环境税收在环保相关程度上呈现不断提高的趋势。

（2）约束性税收政策的构成评价。在约束性税收政策中，以成品油和小汽车等为主要征税对象的消费税收入约占整个环境税收收入的 70%，其次是资源税，约占 18%，最低的是排污费，不到 3%。

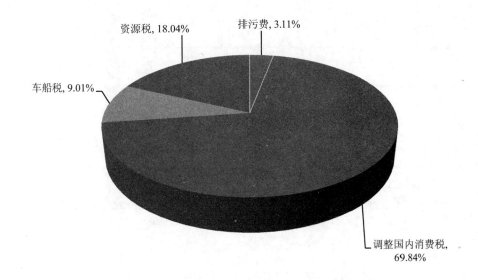

图 4-10　2014 年约束性税收收入的构成情况

消费税。现行消费税政策在环境保护方面的作用主要体现在对成品油、小汽车、摩托车、游艇、木制一次性木筷和实木地板的征税上。对这些产品征收的消费税收入（调整国内消费税）增长较快，由 2006 年的 579.4 亿元增长到 2014 年的 4 196.7 亿元。同时，与 1994 年税制改革后确立的消费税政策相比，2006 年消费税新增了木制一次性筷子、实木地板税目，对小汽车、摩托车按照气缸容量（排气量）实行差别税率；2008 年又调整了乘用车按排气量大小的差别税率；2009 年提高了成品油消费税税额。可以看到，消费税的环保相关程度在逐渐提高。

资源税。现行《资源税暂行条例》规定对原油、天然气、煤炭等矿产品征收资源税。资源税的收入规模增长速度较快，由 2000 年的 63.6 亿元增长到 2014 年的 1 083.8 亿元。同时，从 2004 年以来，政府陆续提高了多个矿产品的资源税税额。新的《资源税暂行条例》自 2011 年 11 月 1 日起施行，其中进行了多方面的改革：①增加了从价定率的资源税计征办法，将油气资源税的从价计征改革推广到全国范围；②调整了油气的资源税税率和焦煤、稀土矿的税额标准;③统一各类油气企业资源税费制度,对外合作开采海洋和陆上油气资源不再缴纳矿区使用费,统一依法缴纳资源税。因此,总体上的资源税绿色化在不断提高。

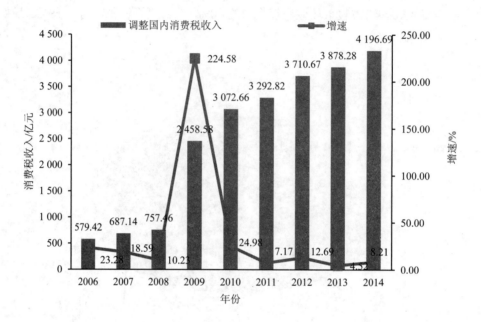

图 4-11　调整国内消费税的收入规模和增速情况

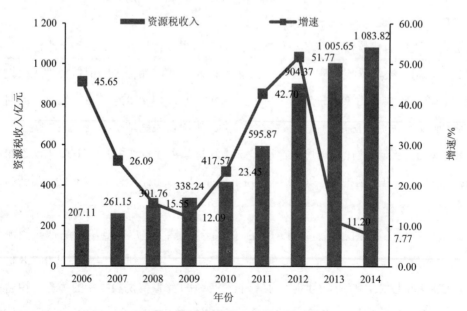

图 4-12　资源税的收入规模和增速情况

车船税。现行车船税对机动车和船舶进行征收。车船税收入也在快速增长，由 2000 年的 23.4 亿元增长到 2014 年的 541.06 亿元。2012 年 1 月 1 日《车船税法》的实行，对乘用车按照排气量大小实行差别征收，提高了大排量乘用车的税额，并将游艇纳入征收范围。因此，总体上的车船税绿色化也在不断提高。

图 4-13　车船税的收入规模和增速情况

（3）约束性税收政策与国外情况的比较。与国外相比，统计资料显示，OECD 国家的环境税收入占税收总收入的比重为 5%～8%（但不同的国家之间差别较大），占 GDP 的平均比重为 2%～2.5%（算术平均数）[①]。即使考虑排污费的收入，我国 2006—2014 年环境税费收入占税收总收入和 GDP 的平均比重分别为 4.31%和 0.77%。以 OECD 国家环境税收入占税收总收入和 GDP 的平均比重作为环保相关程度的参照标准，我国环境税收收入占税收收入的比重与国外相比还有一定差距，与最高占比相差约 3.7 个百分点；环境税收收入占 GDP 的比重差别也较大，与最高占比相差约 1.7 个百分点。这也反映出我国的约束性税收政策，从税收收入规模和整个经济来看，环保相关程度还有待进一步提高。

再以环境税收的覆盖面看，OECD 国家的主要环境税收收入来源于能源产品，能源产品税收收入约占 GDP 的 1.4%；其次是机动车及交通税收，占 GDP 的比重约为 0.5%，其

---

① OECD，Environmentally Related Taxes database，http：/www. oecd. org/env/policies/database.

他环境税收收入的比重较低，约为 0.1%。这种环境税收收入的构成情况，基本与国内消费税中成品油税收入，以及小汽车税和车船税的收入情况类似。

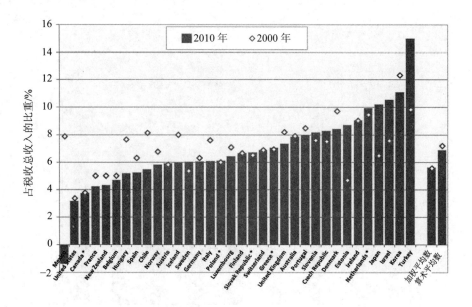

* 表示 2009 年数据。

图 4-14　OECD 国家环境税收入占税收总收入的比重

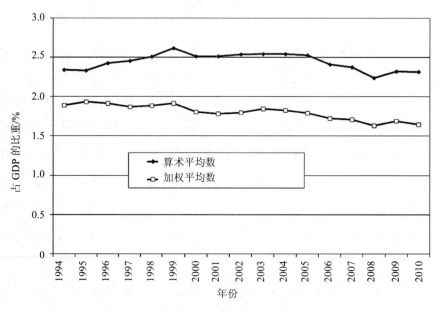

图 4-15　OECD 国家环境税收入占 GDP 的比重

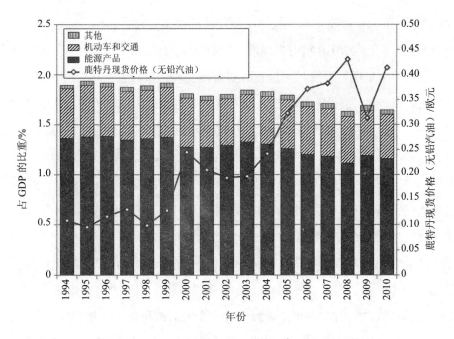

图 4-16 OECD 国家各类环境税种收入占 GDP 的比重

约束性税收政策绿色化程度分析的基本结论：

根据上述分析，可以对我国约束性税收政策的绿色化程度得出以下几个方面结论：①我国 2000 年以来环境税收收入的绝对规模都在逐年加大，环境税收收入占 GDP 的比重在总体上也呈现逐步上升的趋势。这表明，近年来我国约束性税收政策的环保相关程度在加大，这有利于通过税收政策对环境保护进行调控。②与注重环境保护的发达国家相比，我国环境税收收入在相对规模上还偏低。但在环境税收收入结构上，与发达国家基本类似，都是以成品油和机动车税收为主。从加大税收政策的环保调控力度上，我国未来仍然有进一步增加环境税收收入的空间。③如果进一步从与污染物减排的角度看，我国约束性税收政策中还缺乏与污染物减排直接相关的税种，而征收的是排污费。如果以与污染物减排直接相关的约束性税收收入进行评价，我国环境税收中存在着缺位问题，这也意味着环境税收需要进行改革。

（4）激励性税收政策的税式支出规模和比重。由于我国目前还没有建立起规范的税式支出制度，对于已经出台的税收优惠政策，也很少进行成本收益的评估测算和统计分析报告。因此，难以从官方统计中直接取得有关税式支出和绿色税式支出规模的数据。

根据相关统计，2008 年以来我国通过采用直接优惠（包括税收减免、降低税率等）和间接优惠（诸如投资抵免、加计扣除、减计收入、允许计提风险准备等）方式实施的减税措施累计已有 70 多项，涉及十几个税种，每年减税规模达数千亿元。[1]《关于 2009 年中央和地方预算执行情况与 2010 年中央和地方预算草案的报告》中也给出了 2009 年我国实施结构性减税政策的情况，即通过实施各种税费减免政策减轻企业和居民负担约 5 000 亿元。综合上述两个资料，假设除掉税制改革因素带来的减税，2009 年由于实施各种税收优惠政策带来的减收，即税式支出总额约为 2 000 亿元。根据国家税务总局的统计，2016 年我国推行营改增改革减税将超过 5 000 亿元[2]，再加上小微企业减税约 1 000 亿元[3]，合计 6 000 多亿元。综合来看，目前国内税式支出总额将达到约 8 000 亿元的水平，则税式支出占税收总收入的比重约为 6.5%的水平。再假设税式支出中的绿色税式支出所占比例为 10%，则目前国内绿色税式支出占税收总收入的比重约为 0.65%。

根据上述分析可知，我国税式支出的总规模大，占比高，但是环境保护相关的税式支出总量相对较小，绿色税式支出占税式支出总额和税收收入的比重较低。

（5）激励性税收政策的构成和覆盖面情况。企业所得税政策。根据《企业所得税法》的相关规定，在 20 项左右的所得税优惠政策中，与环境保护直接相关的优惠政策有 5 条，间接相关的税收优惠政策也有 4 条。绿色所得税税收优惠政策涉及的范围主要包括：环境保护、节能节水的优惠政策，资源综合利用的优惠政策，其他与环境保护相关的优惠政策（表 4-8）。相对于《企业所得税暂行条例》，《企业所得税法》中有关环境保护的优惠政策的数量和内容都有所增加，也反映企业所得税的绿色化在提高。

表 4-8　企业所得税有关环境保护方面的优惠政策

政策对象	政策内容
环境保护、节能节水项目	企业从事符合条件的环境保护、节能节水项目的所得，包括公共污水处理、公共垃圾处理、沼气综合开发利用、节能减排技术改造、海水淡化等，自项目取得第一笔生产经营收入所属纳税年度起，第一年至第三年免征企业所得税，第四年至第六年减半征收企业所得税
节能服务产业	对符合条件的节能服务公司实施合同能源管理项目，可享受上述节能项目的"三免三减半"政策。对符合条件的节能服务公司，以及与其签订节能效益分享型合同的用能企业，实施合同能源管理项目有关资产的企业所得税税务处理按以下规定执行： （1）用能企业按照能源管理合同实际支付给节能服务公司的合理支出，均可以在计算当期应纳所得额时扣除，不再区分服务费用和资产价款进行税务处理。

① 肖捷. 2008 年以来每年减税规模达数千亿元. 证券日报，2012-03-17.
② 汪康. 2016 年在国务院新闻办公室吹风会上的讲话. 2016-04-12.
③ 国家税务总局办公厅. 数说税收扶持"双创"这一年. 2016-01-28.

政策对象	政策内容
节能服务产业	（2）能源管理合同期满后，节能服务公司转让给用能企业的因实施合同能源管理项目形成的资产，按折旧或摊销期满的资产进行税务处理，用能企业从节能服务公司接受有关资产的计税基础也应按折旧或摊销期满的资产进行税务处理。 （3）能源管理合同期满后，节能服务公司与用能企业办理有关资产的权属转移时，用能企业已支付的资产价款，不再另行计入节能服务公司的收入
环境保护、节能节水专用设备	企业购置并实际使用《环境保护专用设备企业所得税优惠目录》《节能节水专用设备企业所得税优惠目录》规定的环境保护、节能节水等专用设备的，该专用设备的投资额的10%可以从企业当年的应纳税额中抵免；当年不足抵免的，可以在以后5个纳税年度结转抵免
资源综合利用	企业以《资源综合利用企业所得税优惠目录》规定的资源作为主要原材料，生产国家非限制和禁止并符合国家和行业相关标准的产品取得的收入，减按90%计入收入总额。原材料占生产产品材料的比例不得低于《资源综合利用企业所得税优惠目录》规定的标准
环境保护、生态恢复等专项资金	企业依照法律、行政法规有关规定提取的用于环境保护、生态恢复等方面的专项资金，准予扣除。上述专项资金提取后改变用途的，不得扣除
其他方面	（1）国家需要重点扶持的高新技术企业，减按15%的税率征收企业所得税。《国家重点支持的高新技术领域》范围包括节能、环保等方面。 （2）企业发生的公益性捐赠支出，在年度利润总额12%以内的部分，准予在计算应纳税所得额时扣除。 （3）企业开发新技术、新产品、新工艺发生的研究开发费用，可以在计算应纳税所得额时加计扣除。 （4）企业的固定资产由于技术进步等原因，确需加速折旧的，可以缩短折旧年限或者采取加速折旧的方法

资料来源：《企业所得税法》《企业所得税法实施条例》。

增值税政策。现行增值税有关环境保护方面的优惠政策主要表现在鼓励和支持企业积极进行资源的综合利用，此外还涉及节能、新能源和污水处理等方面的优惠政策。与企业所得税相比，增值税作为中性的税收，与环境保护相关的优惠政策相对较少，且变化不大，绿色化基本保持稳定。

表 4-9 现行增值税资源综合利用方面的优惠政策

类别	综合利用的资源名称	综合利用产品和劳务名称	退税比例/%
一、共、伴生矿产资源	油母页岩	页岩油	70
	煤炭开采过程中产生的煤层气（煤矿瓦斯）	电力	100
	油田采油过程中产生的油污泥（浮渣）	乳化油调和剂、防水卷材辅料产品	70

类别	综合利用的资源名称	综合利用产品和劳务名称	退税比例/%
二、废渣、废水（液）、废气	废渣	砖瓦（不含烧结普通砖）、砌块、陶粒、墙板、管材（管桩）、混凝土、砂浆、道路井盖、道路护栏、防火材料、耐火材料（镁铬砖除外）、保温材料、矿（岩）棉、微晶玻璃、U 形玻璃	70
	废渣	水泥、水泥熟料	70
	建（构）筑废物、煤矸石	建筑砂石骨料	50
	粉煤灰、煤矸石	氧化铝、活性硅酸钙、瓷绝缘子、煅烧高岭土	50
	煤矸石、煤泥、石煤、油母页岩	电力、热力	50
	氧化铝赤泥、电石渣	氧化铁、氢氧化钠溶液、铝酸钠、铝酸三钙、脱硫剂	50
	废旧石墨	石墨异形件、石墨块、石墨粉、石墨增碳剂	50
	垃圾以及利用垃圾发酵产生的沼气	电力、热力	100
	退役军用发射药	涂料用硝化棉粉	50
	废旧沥青混凝土	再生沥青混凝土	50
	蔗渣	蔗渣浆、蔗渣刨花板和纸	50
	废矿物油	润滑油基础油、汽油、柴油等工业油料	50
	环己烷氧化废液	环氧环己烷、正戊醇、醇醚溶剂	50
	污水处理厂出水、工业排水（矿井水）、生活污水、垃圾处理厂渗透（滤）液等	再生水	50
	废弃酒糟和酿酒底锅水，淀粉、粉丝加工废液、废渣	蒸汽、活性炭、白炭黑、乳酸、乳酸钙、沼气、饲料、植物蛋白	70
	含油污水、有机废水、污水处理后产生的污泥，油田采油过程中产生的油污泥（浮渣），包括利用上述资源发酵产生的沼气	微生物蛋白、干化污泥、燃料、电力、热力	70
	煤焦油、荒煤气（焦炉煤气）	柴油、石脑油	50
	燃煤发电厂及各类工业企业生产过程中产生的烟气、高硫天然气	石膏、硫酸、硫酸铵、硫黄	50
	工业废气	高纯度二氧化碳、工业氢气、甲烷	70
	工业生产过程中产生的余热、余压	电力、热力	100
三、再生资源	废旧电池及其拆解物	金属及镍钴锰氢氧化物、镍钴锰酸锂、氯化钴	30
	废显（定）影液、废胶片、废相纸、废感光剂等废感光材料	银	30
	废旧电机、废旧电线电缆、废铝制易拉罐、报废汽车、报废摩托车、报废船舶、废旧电器电子产品、废旧太阳能光伏器件、废旧灯泡（管），及其拆解物	经冶炼、提纯生产的金属及合金（不包括铁及铁合金）	30
	废催化剂、电解废物、电镀废物、废旧线路板、烟尘灰、湿法泥、熔炼渣、线路板蚀刻废液、锡箔纸灰	经冶炼、提纯或化合生产的金属、合金及金属化合物（不包括铁及铁合金），冰晶石	30

类别	综合利用的资源名称	综合利用产品和劳务名称	退税比例/%
三、再生资源	报废汽车、报废摩托车、报废船舶、废旧电器电子产品、废旧农机具、报废机器设备、废旧生活用品、工业边角余料、建筑拆解物等产生或拆解出来的废钢铁	炼钢炉料	30
	稀土产品加工废料，废弃稀土产品及拆解物	稀土金属及稀土氧化物	30
	废塑料、废旧聚氯乙烯（PVC）制品、废铝塑（纸铝、纸塑）复合纸包装材料	汽油、柴油、石油焦、炭黑、再生纸浆、铝粉、塑木（木塑）制品、（汽车、摩托车、家电、管材用）改性再生专用料、化纤用再生聚酯专用料、瓶用再生聚对苯二甲酸乙二醇酯（PET）树脂及再生塑料制品	50
	废纸、农作物秸秆	纸浆、秸秆浆和纸	50
	废旧轮胎、废橡胶制品	胶粉、翻新轮胎、再生橡胶	50
	废弃天然纤维、化学纤维及其制品	纤维纱及织布、无纺布、毡、黏合剂及再生聚酯产品	50
	人发	档发	70
	废玻璃	玻璃熟料	50
四、农林剩余物及其他	餐厨垃圾、畜禽粪便、稻壳、花生壳、玉米芯、油茶壳、棉籽壳、三剩物、次小薪材、农作物秸秆、蔗渣，以及利用上述资源发酵产生的沼气	生物质压块、沼气等燃料，电力、热力	100
	三剩物、次小薪材、农作物秸秆、沙柳	纤维板、刨花板、细木工板、生物炭、活性炭、栲胶、水解酒精、纤维素、木质素、木糖、阿拉伯糖、糠醛、箱板纸	70
	废弃动物油和植物油	生物柴油、工业级混合油	70
五、资源综合利用劳务	垃圾处理、污泥处理处置劳务		70
	污水处理劳务		70
	工业废气处理劳务		70

资料来源：关于印发《资源综合利用产品和劳务增值税优惠目录》的通知（财税[2015]78号）。

表4-10　现行增值税与能源和节能相关的政策情况

政策对象	政策内容
水电	（1）县级及县级以下小型水力发电单位生产的电力，可按简易办法依照3%征收率计算缴纳增值税； （2）装机容量超过100万kW的水力发电站（含抽水蓄能电站）销售自产电力产品，自2013年1月1日至2015年12月31日，对其增值税实际税负超过8%的部分实行即征即退政策；自2016年1月1日至2017年12月31日，对其增值税实际税负超过12%的部分实行即征即退政策
核电	核力发电企业生产销售电力产品，15年内按一定比例返还已入库增值税。前5年返还比例为75%，第6年至第10年为70%，第11年至第15年为55%
风电	自2015年7月1日起，对纳税人销售自产的利用风力生产的电力产品，实行增值税即征即退50%的政策
光伏发电	自2013年10月1日至2015年12月31日，对纳税人销售自产的利用太阳能生产的电力产品，实行增值税即征即退50%的政策

政策对象	政策内容
合同能源管理项目	符合条件的节能服务公司实施合同能源管理项目中提供的应税服务免征增值税

资料来源:《关于简并增值税征收率政策的通知》(财税[2014]57 号)、《关于大型水电企业增值税政策的通知》(财税[2014]10号)、《关于核电行业税收政策有关问题的通知》(财税[2008]38 号)、《关于光伏发电增值税政策的通知》(财税[2013]66号)、《关于将铁路运输和邮政业纳入营业税改征增值税试点的通知》(财税[2013]106 号)、《关于风力发电增值税政策的通知》(财税[2015]74 号)。

根据上述分析,可以对我国激励性税收政策的绿色化程度得出以下几个方面结论:①从与环保相关的激励性税收政策制定的数量和税式支出的规模上看,显然"十一五"以来激励性税收政策的环保相关程度在加大,说明政府运用激励性税收政策的力度在增强。②在整个税式支出规模中,与环保相关激励性税收政策的比重还有待提高。其他与环保不相关的税收优惠政策,在一定程度上会影响环保税收激励政策的效果和作用。

4.1.1.3 政府采购政策的绿色化程度评价

政府采购也属于财政支出的范畴,其是从财政支出性质角度进行的划分,即转移性支出和采购性支出。由于政府在相关商品和劳务的采购中会涉及有关环境保护产品、节能产品等,因此政府在此类有利于环境保护的产品和劳务方面的采购就被称为绿色政府采购。

政府采购政策绿色化程度的评价指标构建与财政支出政策类似,其绿色化程度的评价指标可以从政府采购中用于资源节约和生态环境保护等相关的采购规模来反映(绝对量);同时,还需要从相关绿色政府采购占同类产品采购支出、政府采购支出、财政支出和 GDP的比重(相对量)来反映。此外,还可以从政府采购涉及的节能环保产品采购对象范围进行分析。

本节采用以下指标评价政府采购政策的绿色化程度:

☞ 绿色政府采购规模。

☞ 绿色政府采购支出占同类产品采购支出的比重。

☞ 绿色政府采购支出占政府采购支出的比重。

☞ 绿色政府采购支出占 GDP 的比重。

☞ 绿色政府采购政策的覆盖面。

(1)绿色政府采购政策规模及占比。从国内来看,目前实施的绿色政府采购范围主要是对节能、节水和环境标志产品的采购,是有关节能产品、节水产品和环境标志产品的政府采购支出。

在绝对规模上，根据有关部门的统计，我国 2007 年[①]、2009 年[②]和 2010 年[③]的绿色政府采购支出（用于节能、节水和环境标志产品的采购支出）分别为 164.00 亿元、302.10 亿元和 700.00 亿元，"十一五"时期的绿色政府采购支出总额为 2 726.00 亿元[④]。2013 年全国强制和优先采购节能、环保产品规模分别达到 1 839.1 亿元和 1 434.9 亿元，比 2012 年同期分别增加 558.4 亿元和 495.3 亿元[⑤]。2014 年全国强制和优先采购节能、环保产品金额分别为 2 100.0 亿元和 1 762.4 亿元，合计 3 862.4 亿元[⑥]。在发展趋势上，绿色政府采购的绝对规模在不断地增加。

在相对规模上，2006 年节能（含节水）产品政府采购金额占同类产品政府采购总金额的比重为 60%左右[⑦]，2007 年节能环保产品政府采购金额占同类产品采购的 84.5%，2010 年节能产品政府采购金额占同类所有产品政府采购总额的 80%，"十一五"时期全国节能环保产品政府采购金额约占同类所有产品政府采购金额的 65%。2013 年全国强制和优先采购节能、环保产品占同类产品的比重分别为 86%和 82%[⑧]，2014 年分别为 81.7%和 75.3%[⑨]。

根据上述数据计算的绿色政府采购支出占政府采购总支出的比重，2006 年、2007 年、2008 年、2009 年和 2010 年分别为 3.52%、4.08%、8.31%和 9.04%；2012 年、2013 年和 2014 年则分别为 15.88%、19.99%和 22.32%。

根据上述分析结果，可知绿色政府采购支出的占比在逐年提高，且增长速度较快，反映出政府采购支出的绿色度在快速增加。

表 4-11　绿色政府采购规模和占比情况

年份	绿色政府采购规模/亿元	政府采购总支出/亿元	绿色政府采购支出占同类产品采购支出的比重/%	绿色政府采购支出占政府采购总支出的比重/%
2006	—	3 681.6	60	—
2007	164.00	4 660.9	84.5	3.52
2008	—	5 990.9	—	—
2009	302.10	7 413.2	—	4.08

---

① 邹声文. 政府"绿色采购"已成中国发展循环经济重要助力. 新华网，2008-12-19.
② 2009 年全国政府采购规模达 7 413.2 亿元. 中国财经报，2010-08-18.
③ 2010 年全国政采突破 8 000 亿元. 中国政府采购报，2011-05-05.
④ 2010 年全国政采规模达 8 422 亿元. 中国财经报，2011-05-31.
⑤ 2013 年全国政采规模达 16 381.1 亿元. 中国政府采购报，2014-07-15.
⑥ 财政部国库司. 2014 年全国政府采购简要情况. 2015-07-30.
⑦ 落实节能产品强采政策，深化政府采购制度改革. 2007-12-14.
⑧ 2013 年全国政采规模达 16 381.1 亿元. 中国政府采购报，2014-07-15.
⑨ 财政部国库司. 2014 年全国政府采购简要情况. 2015-07-30.

年份	绿色政府采购规模/亿元	政府采购总支出/亿元	绿色政府采购支出占同类产品采购支出的比重/%	绿色政府采购支出占政府采购总支出的比重/%
2010	700.00	8 422.0	80	8.31
"十一五"	2 726.00	30 168.6	65	9.04
2011	—	11 300.0	—	—
2012	2 220.3	13 977.7	—	15.88
2013	3 274.0	16 381.1	86、82	19.99
2014	3 862.4	17 305.3	81.7、75.3	22.32

注：2007 年和 2010 年的绿色政府采购支出只是节能（节水）产品的采购支出。2013 年和 2014 年的政府采购支出占同类产品采购支出的比重分别为节能和环保产品。

而与其他国家的绿色政府采购相比，以欧盟为例。欧盟政府消费总额占欧盟 GDP 的 16%以上，年公共购买力约为 1 万亿欧元。欧盟委员会于 2004 年发布了《政府绿色采购手册》，指导成员国采购决策，并成立了欧洲绿色采购网络组织（EGPN），建立了采购信息数据库，推动成立城镇绿色采购团，目标是到 2010 年政府采购总额的 50%实现绿色公共采购。从目前来看，绿色政府采购占欧盟各国政府采购支出的平均比重达 19%。其中，瑞典达 50%，丹麦 40%、德国 30%、奥地利 28%、英国 23%，均超过了欧盟的平均值[①]。可以看到，我国现行绿色政府采购 22.32%的占比水平，已达到了部分欧盟国家的水平，但与高占比国家相比还有一定的差距，这也表明我国政府采购的绿色化程度还有待进一步提高。

（2）政府采购政策绿色度的范围评价。从绿色政府采购的对象范围分析，2004 年财政部和国家发改委出台的《节能产品政府采购实施意见》，并公布了《节能产品政府采购清单》。第一期的《节能产品政府采购清单》包括 6 类节能产品和 2 类节水产品，而第二十二期《节能产品政府采购清单》包括 24 类节能产品和 6 类节水产品。

2006 年财政部、国家环保总局联合印发了《关于环境标志产品政府采购实施的意见》，发布了《环境标志产品政府采购清单》。第一期《环境标志产品政府采购清单》包括 14 个产品种类，有 81 家入选企业和 856 种产品型号；第二十期《环境标志产品政府采购清单》包括 37 个产品种类。

可以看到，政府采购对节能（节水）和环境标志产品的采购范围在不断地扩大，也反映了政府采购的覆盖面和绿色化在增加。

---

① 林初宝. 实行政府绿色采购制度是大势所趋. 2009-12.

表 4-12　节能产品政府采购清单的范围变化

产品类型	第一期《节能产品政府采购清单》	第二十二期《节能产品政府采购清单》
节能产品类	（1）空调机；（2）冰箱；（3）荧光灯；（4）电视机；（5）计算机；（6）打印机	（1）计算机、（2）计算机网络设备、（3）输入输出设备、（4）投影仪、（5）多功能一体机、（6）乘用车（轿车）、（7）客车、（8）专用车辆、（9）摩托车、（10）泵、（11）制冷空调设备、（12）电机、（13）变压器、（14）镇流器、（15）电源设备、（16）生产辅助用电器、（17）生活用电器、（18）照明设备、（19）电视设备、（20）视频设备、（21）饮食炊事机械、（22）铅压延加工材、（23）窗、（24）玻璃。（具体产品需要有节字标志认证证书号）
节水产品类	（1）便器；（2）水龙头	（1）便器、（2）水嘴、（3）便器冲洗阀、（4）水箱配件、（5）阀门、（6）淋浴器。（具体产品需要有节字标志认证证书号）

资料来源：关于印发《节能产品政府采购实施意见》的通知（财库[2004]185 号）；财政部 国家发展改革委关于调整公布第二十二期节能产品政府采购清单的通知（财库[2016]23 号）。

表 4-13　环境标志产品政府采购清单的范围变化

产品类型：第一期《环境标志产品政府采购清单》	产品类型：第二十期《环境标志产品政府采购清单》
（1）轻型汽车：执行标准 HJ/T182—2005；（2）复印机：执行标准 HJBZ40—2000；（3）打印机、传真机及多功能一体机：执行标准 HJ/T302—2006；（4）水性涂料：执行标准 HJ/T201—2005；（5）人造木质板材：执行标准 HBC17—2003；（6）木地板：执行标准 HBC17—2003；（7）家具：执行标准 HJ/T303—2006；（8）彩色电视机：执行标准 HJBZ 33—1999；（9）轻质墙体板材：执行标准 HBC 19—2005；（10）塑料门窗：执行标准 HBC 14—2002；（11）白乳胶：执行标准 HBC 18—2003；（12）建筑用塑料管材：执行标准 HJBZ 39—1999；（13）建筑陶瓷 执行标准 HJ/T 297—2006；（14）卫生陶瓷 执行标准 HJ/T 296—2006	（1）计算机设备、（2）输入输出设备、（3）投影仪、（4）多功能一体机、（5）文印设备、（6）乘用车（轿车）、（7）生活用电器、（8）电视设备、（9）床类、（10）台、桌类、（11）椅凳类、（12）沙发类、（13）柜类、（14）架类、（15）屏风类、（16）水池、（17）便器、（18）组合家具、（19）家用家具零配件、（20）棉、化纤纺织及印染原料、（21）复印纸（包括再生复印纸）、（22）鼓粉盒（包括再生鼓粉盒）、（23）人造板、（24）水泥熟料及水泥、（25）水泥混凝土制品、（26）纤维增强水泥制品、（27）轻质建筑材料及制品、（28）建筑陶瓷制品、（29）建筑防水卷材及制品、（30）其他非金属矿物制品、（31）墙面涂料、（32）防水涂料、（33）其他建筑涂料、（34）门、门槛、（35）涂料（除建筑涂料外）、（36）密封用填料及类似品、（37）塑料制品。（具体产品需要有中国环境标志认证证书编号）

资料来源：《关于环境标志产品政府采购实施的意见》（财库[2006]90 号）；《财政部 环境保护部关于调整公布第二十期环境标志产品政府采购清单的通知》（财库[2016]24 号）。

与国外绿色政府采购涉及的采购对象范围相比，欧盟的《政府绿色采购手册》涉及范围很广，包括购买节能型计算机、节能建筑、环境可持续的木制办公设备、可循环再造纸、电动车，采用环境友好型交通模式，消费可再生能源电力，使用环境友好型空调系统等。我国目前的节能、节水和环境标志产品的政府采购范围已大大扩展，但对部分绿色服务的采购还有待进一步扩展。

4.1.2　政策运行效果

4.1.2.1　环境财政政策的运行效果评价

根据国内的相关统计，"十一五"期间我国中央财政拿出 2 000 亿元用于节能减排方面的投资，在多项财政政策的全力支持与带动下，各级政府和企业也相应增加了投入，带动了将近 2 万亿元的社会投资[①]。"十二五"期间，国内节能减排的也将计划投入 2.3 万亿元[②]。同时，从"十一五"环境保护的主要污染物减排 10% 的约束性指标看，"十一五"期间二氧化硫、化学需氧量排放总量分别下降 14.29% 和 12.45%，二氧化硫减排目标提早一年实现，化学需氧量减排目标提早半年实现。"十二五"期间，我国化学需氧量和二氧化硫减排目标为 8%，氨氮和氮氧化物减排目标为 10%，主要污染物减排的目标提前半年达到。简单从两者关系来分析，这表明包括环境财政支出政策在内的环境财税政策取得了较好的环保效果。但实际上，污染物减排和生态环境的改善是包括环境财税政策在内的环境经济政策、行政手段、环境标准等多方面作用的结果，"十二五"期间污染物减排目标的实现还与煤炭等能源消费总量的下降有关，因而难以将其主要归因于环境财税政策。

从政策执行的效率来看，环境财政支出政策的效果还将进一步缩小。下面将以两个案例说明环境财政支出在效率上存在问题，这也会在很大程度上影响其环境效果。

（1）从节能减排专项资金的使用情况看。根据国家审计署的 2011 年第 11 号审计结果公告，审计署对河北、山西、内蒙古、辽宁、吉林、黑龙江、江苏、浙江、安徽、福建、山东、河南、湖北、湖南、广东、广西、重庆、四川、贵州、陕西 20 个省、自治区、直辖市（以下简称 20 个省份）电力、钢铁和水泥等行业 2007—2009 年节能减排情况进行了审计调查。审计结果表明，由于政策设计和管理等方面的原因，节能减排专项资金存在着被套取、挪用等问题，这降低了节能减排专项资金的使用效率。

（2）从合同能源管理财政奖励资金的使用情况看。根据 2010 年 4 月的《关于加快推行合同能源管理促进节能服务产业发展的意见》，2010 年 6 月财政部与国家发展改革委联合印发了《合同能源管理财政奖励资金管理暂行办法》（财建[2010]249 号），2010 年安排中央财政资金 12.4 亿元，对采用合同能源管理方式为企业实施节能改造的节能服务公司给予支持。但随后，国家发改委、财政部 2011 年 7 月 26 日下发《关于进一步加强合同能源

---

① 新华社. "十一五"期间中央财政投资 2 000 亿元用于节能减排，2010-11-22.
② 国家发改委. "十二五"时期节能减排重点工程投资达 2.3 万亿元. 2013-07-30.

管理项目监督检查工作的通知》（发改办环资[2011]1755号），指出各地合同能源管理项目存在多方面问题。该通知要求，各地节能主管部门会同财政部门，立即组织对本地区已支持的合同能源管理项目进行自查。并决定对把关不严、审查失职的地区，暂停安排该地区合同能源管理项目财政奖励资金；对弄虚作假套取财政奖励资金的节能服务公司，将收回该公司所有合同能源管理项目奖励资金，并取消其节能服务公司备案资格；对节能量审核明显失职的第三方审核机构，将取消其审核资格。

专栏 4-1 节能减排专项资金的审计结果

相关企业执行的节能减排总体效果明显，国家财政投入的资金管理使用没有出现重大违法违纪问题。但存在几个方面问题：

（1）节能减排专项资金管理使用不够规范。长沙绿铱环保科技有限公司、内蒙古昊升热力有限责任公司等11家企业挤占、挪用专项资金0.57亿元；徐州中科玻璃有限公司、渭南市宇洁环保有限责任公司等14家企业采取编造虚假申报资料、多头重复申报等手段，套取专项资金0.86亿元；陕西渭河煤化工集团有限责任公司、马鞍山市王家山污水处理厂等15家企业因有关部门审核不严，多得节能减排专项资金0.62亿元。

（2）违规建设高耗能、高污染项目问题没有完全杜绝。如2002年以来，山东天源热电有限公司、三门峡慧能热电有限责任公司和泰州市新浦化工热电厂等42家企业违规建设火电项目44个，涉及装机容量939万kW。

（3）淘汰落后产能工作不够彻底。如截至2009年年底，鄂尔多斯市东胜发电厂和大唐陕西发电有限公司户县热电厂等8家企业存在多报关停装机容量、淘汰落后产能设备处置不彻底等问题，涉及装机容量49.25万kW。

专栏 4-2 合同能源管理财政奖励资金项目申报问题

从审查情况看，财政奖励的合同能源管理项目主要存在以下问题：

（1）节能量计算不正确，部分项目节能量明显偏大，个别项目节能量严重失实。

（2）节能量不符合要求。个别项目节能量在100t标煤以下，或1万t标煤以上。

（3）合同签订时间不符合要求。个别项目合同签订时间为2010年6月1日以前。

（4）改造内容不属于支持范围。部分项目如煤炭储运扬尘覆盖技术、搬迁改造、瓦斯发电、太阳能热利用等不属于支持范围。

（5）项目未在项目实施地申报，而是在节能服务公司所在地申报。

（6）部分项目节能服务公司投资比例不足 70%。

（7）财政奖励资金占项目总投资的比例偏高，部分项目财政奖励资金甚至高于项目总投资。

（8）项目技术经济指标明显不合理。个别项目每节约 1 t 标准煤投资达 3.5 万元，有的甚至达 6 万元，与一般节能改造 1 t 标准煤 2 000~5 000 元的投资强度相比，明显偏高，节能服务公司根本无法收回投资。

（9）项目信息不全。有的项目没有填报项目名称、改造内容、节能量等。

（10）部分项目与中央财政节能技改项目重复。

此外，环境财政支出的资金在使用上还有其他一些问题。例如，用于植树造林的资金，不少是只重过程，不管结果。植树是"管种不管活"，从而造成"年年造林不见林"。再如，中央财政投入资金建设的污水处理厂等设施存在着闲置现象，以及一些节能减排治理设施不能正常运转等问题。可以看到，由于环境财政支出政策设计和管理上的各方面原因，导致环境财政投入的资金使用效率不高，并相应影响到环境财政支出政策所预期实现的环境保护目标。

4.1.2.2 税收政策对环境保护的支持效果评价

对约束性税收政策和激励性税收政策，都可以对具体某一项税收政策的环保效果进行评价。在可行的情况下，还可以通过税收 CGE 模型、投入产出模型等分析测算税收政策变动对环保效果以及其他经济运行参数的影响。

本节将主要分析税收政策对环保的负面影响问题。现行税制中的部分税收优惠政策，实际上是不利于生态环境保护的，这样就会对与保护相关的税收政策调控效果产生一定的削弱和抵消作用。

以农业面源污染为例。农业面源污染，是指在农业生产活动中，农田中的泥沙、营养盐、农药及其他污染物，在降水或灌溉过程中，通过农田地表径流、壤中流、农田排水和地下渗漏，进入水体而形成的面源污染。据有关统计，面源污染约占总污染量的 2/3，其中农业面源污染占面源污染总量的 68%~83%。

值得注意的是，现行增值税对农药免征增值税，而化肥在恢复征税政策后仍享受 13%优惠税率，这虽然有利于减轻农业和农民的负担，但不利于农村的生态保护，因为我国农村滥用农药、化肥是造成严重面源污染的一个重要原因。这些不利于环境保护的优惠政策，实际上降低了增值税的环保作用和绿色化。

此外，一些地方政府为了招商引资，放宽了对引进企业自行制定的一些税收优惠政策

（现实中以财政返还的方式实现），也同样会抵消其他地区对污染企业的税收调控效果，污染会出现转移的问题。

4.1.2.3 政府采购政策运行效果评价

政府采购政策的环保作用程度，在效果指标上，主要表现为通过政府采购的节能产品和环境标志产品，间接地起到节能减排的作用。在效率指标上，可以分析单位政府采购支出所能够实现的节能减排效果。

政府采购作为一项节约财政资金和提高财政资金使用效率的政策，需要注意现行政府采购出现的采购价格虚高，降低财政资金使用效率的问题。为此，有必要完善政府绿色采购，合理制定采购标准和加强采购管理。

环境财政支出政策还存在着以下几方面问题：

（1）财政投入力度有待加强。尽管环保相关的财政投入在逐年增加，但与我国未来的环境保护工作的要求相比依然有很大差距。同时，从部分领域来看，财政投入的力度尚有不足。

（2）政策设计有待完善。在环保财政支出的具体手段上，还需要针对环境保护的实际需要制定有针对性的政策手段，并增强制度的完善性，避免财政资金被滥用。

（3）投入绩效有待提高。环境财政资金使用中的问题，表明在进一步加大财政投入的同时，更重要的是加强相关资金的管理，提高资金的使用效率和效果。

（4）通过市场化机制的激励和引导不足。财政支出政策在引导有关环境保护的市场机制形成方面有所不足，尚缺乏以市场机制为主的相关基金和担保机制，没有形成以市场为导向、企业为主体、政策作支撑的节能技术创新体系，也没有形成较为完善的节能环保服务市场，影响到财政支出政策效果的发挥。

4.2 绿色证券的绿色度及效果评估

绿色证券是指企业在参与资本市场活动时，将生态环境要素纳入企业活动的各个环节，企业发行的证券充分体现绿色环保的理念。

我国证券市场"绿色化"始于 2001 年国家环境保护总局《关于做好上市公司环保情况核查工作的通知》的正式发布。2008 年 2 月，国家环境保护总局联合中国证券监督管理委员会等部门在绿色信贷、绿色保险的基础上，推出一项新的环境经济政策——绿色证券。2008 年国家环保总局发布《关于加强上市公司环境保护监督管理工作的指导意见》，被称为"绿色证券指导意见",未来公司申请首发上市或再融资时,环保核查将变成强制性要求;我国的绿色证券政策由此正式出台。其中,绿色证券提出的"三驾马车",分别指上市环保核查、上市公司环境信息披露和上市公司环境绩效评估。但这些都是原则性的框架,要使这些政策真正具有可操作性,还需进一步细化和出台相关的配套制度,特别是要从立法上加以规范。

与"绿色信贷"政策作用于企业的间接融资环节不同,"绿色证券"政策是站在直接融资环节的角度,从源头上对企业的环境污染进行控制,直接限制"两高"产业的发展,并且具有很强的示范效应。目前,构建绿色证券市场是我国环境保护工作的一个突破口,是可以直接遏制"两高"企业资金扩张冲动、防范资本风险的行之有效的政策手段[①]。

绿色证券与绿色信贷同属于绿色金融政策的范畴,并且相较于绿色信贷政策,绿色证券相关政策规范出台时间更早。但是与绿色信贷政策不同的是,地方层面对绿色证券发展的政策响应、配合进度较慢,地方性的政策出台较少,不利于该政策向纵深化、精细化方向发展。此外,在环境绩效评估方面的政策缺失,也为该项政策的整体推进带来了困难。

表 4-14 我国绿色证券重点政策一览

实施范围	颁布时间	政策名称(举例)	颁布机构
国家层面	2003	关于对申请上市的企业和申请再融资的上市企业进行环境保护核查的通知	国家环保总局
	2006	关于共享企业环保信息有关问题的通知	中国人民银行、国家环保总局
	2007	上市公司信息披露管理办法	中国证监会
	2007	首次申请上市或再融资的上市公司环境保护核查工作指南	国家环保总局
	2008	关于重污染行业生产经营公司 IPO 申请申报文件的通知	中国证监会
	2008	关于加强上市公司环境保护监督管理工作的指导意见	国家环保总局
	2009	关于进一步做好金融服务支持重点产业调整振兴和抑制部分行业产能过剩的指导意见	中国人民银行、中国银监会、中国证监会、中国保监会
	2010	关于进一步严格上市环保核查管理制度加强上市公司环保核查后督查工作的通知	环境保护部
	2011	关于进一步规范监督管理严格开展上市公司环保核查工作的通知	环境保护部
地方层面(举例)	2011	关于进一步明确企业上市环保核查内容规程和监管要求的通知	浙江省环保厅

① 潘岳. 谈谈环境经济政策. 求是, 2007(20): 58-60.

4.2.1 股票市场的绿色度评价及分析

股票市场绿色度评价指标体系结合证券投资学原理与环境保护的基本要求，共包括股票市场政策绿色度、上市公司绿色度、投资者行为绿色度以及股票市场运行机制绿色度 4 个方面。其中股票市场政策绿色度分别评估了监管政策、监督政策与激励政策三大政策，上市公司绿色度分别度量了宏观和微观两个层面，投资者行为绿色度综合考察了投资者的直接投资行为与间接投资行为。

本指标体系采用 100 分满分制，根据实证分析结果将股票市场政策绿色度分为 5 个色阶，由高到低分别为绿、蓝、黄、红、黑 5 种颜色，分别对应环保级、Ⅲ级预警、Ⅱ级预警、Ⅰ级预警和整改级五个级别。如图 4-17 所示，第一级为绿色，得分为 99～80 分，可以称为绿色股票市场，表示一段时间内（如 1 年）股票市场绿色度较高，绿色证券政策实施到位，上市公司生产经营朝环保方向发展，投资者关注上市公司环境表现，资金逐渐流向绿色企业。第二、第三、第四级分别为蓝色、黄色、红色，得分分别为 79～60 分、59～40 分、39～20 分，依次为Ⅲ级、Ⅱ级、Ⅰ级预警，程度由轻到重警示这一时间段内股票市场运行中环保因素作用下降，投资者对上市公司环境因素关注不足，大部分上市公司没有体现环境友好型和资源节约型发展、绿色证券政策实施存在障碍与阻力；尤其是当股票市场绿色度处于红色阶时，表明股票市场已经处于不可持续的边缘，政府部门应该引起足够的重视，加大绿色证券政策执行力度，促进股票市场朝着绿色、环保的方向发展。而当绿色度得分为 19～0 分时，股票市场绿色度处于最低级黑色阶，表明股票市场各项指标均不达标，资金流向没有体现环保因素，上市公司没有承担环境责任，全民环保意识低下，此时政府应该立即采取强有力的措施对股票市场进行整改，改变不利局面，提高股票市场绿色程度，否则将严重影响环境治理和环境保护进程，制约产业结构优化升级。

色阶	得分	级别
绿色	99～80	环保级
蓝色	79～60	Ⅲ级预警
黄色	59～40	Ⅱ级预警
红色	39～20	Ⅰ级预警
黑色	19～0	整改级

图 4-17 股票市场绿色度色阶

在建立指标体系、确定数据来源、收集并分析数据（该部分内容简略）的基础上，我们对我国股票市场的绿色度进行了详尽的评估，评估的结果综合反映在我们所设指标体系的各项得分中。从实证结果来看，我国股票市场政策绿色度总得分仅为 47.35 分，处于Ⅱ级预警区域，这正说明我国绿色证券市场的建设还刚刚起步，远远没有达到我们的目标。具体到分类指标，政策绿色度得分为 11.05 分（得分率为 55.25%），市场机制绿色度得分为 13 分（得分率为 43.33%），上市公司绿色度得分为 14.3.分（得分率为 47.67%）、投资者行为绿色度得分为 9 分（得分率为 36.67%）。各项分类指标得分率均不及 60%，我国绿色证券的推进还有很长的路要走，政策体系、市场作用、上市公司和投资者行为等等方面都没有达到股票市场的绿色环保要求。

4.2.1.1 政策绿色度

我国股票市场政策绿色度综合得分为 11.05 分，得分率刚刚过半，仅为 55.25%（表 4-15）。

表 4-15　政策绿色度的指标体系及相关得分情况

一级指标	二级指标	三级指标	总分	得分	得分率/%
政策绿色度 20%	监管政策 11%	证券市场环保准入	2	1.4	70.00
		环境信息披露	2	1	50.00
		持续环保核查	2	0.8	40.00
		绿色再融资	2	0.6	30.00
		环保要求不达标公司的暂停上市或退市规则	1	0.2	20.00
		年报环境信息披露监管	0.5	0.35	70.00
		重大环境事件信息披露备忘录	1	0.75	75.00
	监督政策 4%	中介机构环境诚信管理	0.5	0.15	30.00
		中介机构进行环境监督执行度	1.5	0.9	60.00
		行业自律	1.5	1	66.67
		媒体监督	1	0.7	70.00
	激励政策 5%	绿色环保上市公司融资和再融资条件优惠政策	2	0.8	40.00
		绿色环保上市公司补贴政策	1.5	1.2	80.00
		绿色环保投资项目优惠政策	1.5	1.2	80.00

（1）绿色证券监管政策基本框架逐渐成形。整体来讲，我国绿色证券已经确定了以市场环保准入、环境信息披露和持续环保核查为核心的政策框架体系。根据证监会的要求，公司申请公开发行并上市必须取得地方环保部门关于其环保表现的说明；证监会已经要求重点行业的上市公司定期公布环境报告，号召广大上市公司主动披露环境信息、发布社会责任报告；环境核查工作也逐渐展开。另外，专门针对重大环境事故的信息披露要求也不断趋于严格，证监会和股票交易所要求上市公司在突发性重大环境事故发生的 3 个工作日

内向有关部门和社会公众提供相关信息。

（2）包括退市制度在内的部分制度亟待研究制定和出台。最为核心的无疑是暂停上市和退市制度。中国股票市场发展不久，出于维护证券市场稳定、保护投资者利益等目标的驱动，我国股票市场目前仍然没有出台完善的退市制度。虽然环保准入制度为企业证券上市设置了门槛，但是缺少一个股票市场的出水口来过滤掉那些环保表现很差的企业。如果只有环保准入而没有环保退市制度，那么就很容易产生企业为了上市在短期内"急功近利做环保"，一旦成功上市，该污染还污染，这显然与我们可持续发展的理念是相违背的。绿色再融资政策还需要进一步明确。只有把上市公司每一次再融资与其环保表现联系起来，才能更好地督促上市公司在日常的生产经营过程中关注绿色生产、绿色经营。另外，目前我国的绿色证券政策还缺乏针对证券市场中介机构的制度设计。事实上在我国，股票发行上市实行的是保荐人制度，保荐人在我国是唯一的上市渠道，中介机构（尤其是证券公司）在决定什么样的公司能够上市中发挥着重要作用，中介机构的态度将直接决定拟上市企业在环保方面的质量。相关监管部门应该着力制定相关政策以刺激证券公司将其保荐业务客户向环保企业倾斜。

（3）政策执行不力，发挥的作用有限。尽管我国已经逐步推出环保准入、环境信息披露等一系列绿色证券政策，但是在实践中这些政策远远没有发挥预期的作用。环保要求还未能在上市审核中起到决定性的作用，上市公司环境信息披露质量参差不齐，环保核查到现在也没有实施真正的惩戒措施。造成这一现象的原因有很多，既有来自政府部门本身的矛盾（地方政府和证券监管部门之间的目标不一致、监管部门缺乏专业人才等），也有来自制度本身（如持续环保核查责任不明确、缺乏统一的标准以及相应的惩罚措施）；还有来自中介机构（中介机构在对拟上市或拟再融资企业的尽职调查中未能给予环保部分足够的重视）；更有来自企业本身（环境信息披露更多的时候是作为企业的一项形象宣传工作）。要想绿色证券市场真正地建立并顺畅运行，空有制度是不行的，还需要相关机构和人员坚决贯彻落实，而必要的惩戒机制是政策实施的重要保障。

（4）监督政策执行取得一定成效。我国的环境保护社会监督机制相比于以往已经取得了长足的进步，尤其是随着信息传媒技术的普及，媒体对于上市公司非环保行为的监督正在发挥越来越大的作用。各类行业组织也开始逐步关注行业内上市公司的环保表现，纷纷报道有关内容。信息是市场运行的关键，信息的及时性和充分性是市场有效的根本前提，中介机构、行业自律组织和社会媒体等多渠道的监督机制，帮助投资者更加及时充分地获得上市公司的环保信息，为上市公司环保表现通过二级市场显现出来开辟路径。

（5）激励主要依赖补贴和项目优惠，环保表现与融资成本脱钩。一个成熟的绿色股票市场，能激励上市公司绿色经营的重要一点就是良好的环保表现所"换取"的低融资成本。但是正是由于前述我国证券市场相关政策执行不到位，投资者并未对融资企业的环保表现给予过多的关注、中介机构对融资企业的环保表现的漠视，造成了那些有着优良环保表现的企业并不能获得相对较好的融资优势。

4.2.1.2 上市公司绿色度

上市公司绿色度大部分指标的得分率仅为50%。综合全部指标，上市公司绿色度最终得分仅为11.05，得分率为47.67%。

表4-16 上市公司绿色度指标体系及得分情况

一级指标	二级指标	三级指标	总分	得分	得分率/%
政策绿色度20%	监管政策11%	证券市场环保准入	2	1.4	70.00
		环境信息披露	2	1	50.00
		持续环保核查	2	0.8	40.00
		绿色再融资	2	0.6	30.00
		环保要求不达标公司的暂停上市或退市规则	1	0.2	20.00
		年报环境信息披露监管	0.5	0.35	70.00
		重大环境事件信息披露备忘录	1	0.75	75.00
	监督政策4%	中介机构环境诚信管理	0.5	0.15	30.00
		中介机构进行环境监督执行度	1.5	0.9	60.00
		行业自律	1.5	1	66.67
		媒体监督	1	0.7	70.00
	激励政策5%	绿色环保上市公司融资和再融资条件优惠政策	2	0.8	40.00
		绿色环保上市公司补贴政策	1.5	1.2	80.00
		绿色环保投资项目优惠政策	1.5	1.2	80.00

（1）绿色表现差强人意。首先，清洁资源、能源利用效率不高。300家企业中仅有127家企业和130家企业分别详细说明了自身的原料利用情况和资源利用情况，占比分别为42.3%和43%。其次，污染水平长期高居不下。只有41%的企业通过改进生产流程、引进治理设备使得污染物排放水平达到我国标准，但与发达国家标准仍存在较大差距。这种情况主要是由于我国长期的粗放式发展模式造成的，长期以来，我国企业一直盲目追求做大做强，只注重经济利益而忽略社会效益，结果对环境造成了严重的污染。

（2）环保支出严重不足。114家企业（占比为38%）在报告中详细说明了自身的环保投资及其他环保支出情况，主要是新技术、新设备的引入和对环保设备的维护等。而政府资助则显得更加缺失，只有 69 家企业（占比为 23%）获得了政府方面的环保补贴，而这些企业又往往集中在化工巨头、冶金巨头，其对环境不仅有巨大影响，补贴资金的使用效率也值得注意。实际上，我国企业的环保程度严重落后于发达国家，只有加大投入，不断引进先进技术和生产设备，才能在短时期内赶上发达国家、达到发达国家标准。

（3）清洁生产急需推广。只有 109 家企业所属行业比较环保（占比为 36.3%），而另有很大比重的高污染行业，如金属冶炼、航空运输、化工生产等；尽管大多数企业在主营业务上都做出了适当的环保努力和环保安排，但总体来看，效果并不理想。此外，清洁生产工艺的实施情况也令人担忧。据统计，只有 161 家企业（占比为 53.4%）通过加强生产管理、发展循环经济推行了清洁生产模式，对于剩余企业来说，清洁发展机制还只是停留在理论阶段，并没有付诸实践。

（4）环境披露有待加强。在对 300 家企业的资料进行收集时，发现有些企业虽然按照行业规范发布了主要的环境报告，但报告的内容往往并不完善，关键内容可能一笔带过，有些信息甚至没有出现。例如，"环境事故"一项，仅有 141 家企业做出详细说明，占比不到 50%；又如污染物排放情况，仅有 122 家企业在报告中详细说明了污染物的类型和排放数量，占比同样不足 50%。信息披露的不完善无疑对实证研究造成了一定难度，同时也不利于绿色证券市场的长期健康发展。

4.2.1.3　投资者行为绿色度

（1）问卷调查显示环境信息在投资决策中的重要性一般。通过我们的问卷调查，我们发现个人投资者将上市公司环境因素纳入投资决策，关注度随年龄、收入、学历、投资规模而不同；机构投资者关注上市公司环保问题但很少将其作为判断公司价值的重要指标。目前我国市场上还没有这样的金融工具，能够直观反映环保绩效较优的股票的二级市场表现。我们认为应该着力设计以环保表现为筛选标准的股票指数，只有让投资者看到这类股票的超额业绩，才能激励其在进行投资决策时更多地参考环保表现。

表 4-17　投资者行为绿色度指标体系及得分情况

一级指标	二级指标	三级指标	总分	得分	得分率/%
投资者行为绿色度 20%	直接投资 15%	投资决策中的环境关注度	15	8	53.33
	间接投资 15%	环保基金净申购赎回情况	5	1	20.00

（2）环保基金净申购赎回率明显低于平均水平。在我们的测算中，环保类开放式基金加权净申购赎回率为−57.89%，同期所有开放式基金加权净申购赎回率为 2.71%。也就是

说，环保类开放式基金的申购少于赎回，人们对环保类开放式基金并没有表现出多少偏好，当然这与我国环保类基金刚刚兴起不无关系，但这也反映出现阶段我国投资者对环境保护和上市公司价值的关系还没有给予足够的重视。总体来说，我国的绿色政策正处于发展之中，相关政策不断推出、监督体系不断完善，但是也存在着诸如政策执行不力、投资者不重视环保等问题。距离建立真正意义上的绿色股票市场还有相当大的差距，这也要求我们不断地从薄弱方面入手，加快步伐，全面推进绿色证券市场的建设。

4.2.1.4 市场机制绿色度

绿色证券市场机制的绿色度占总指标的30%，三级指标中企业环境表现的市场反应为10分，非高污染、高排放企业融资额占比得分为3分（表4-18）。

表4-18 市场机制绿色度指标体系及得分情况

一级指标	三级指标	总分	得分	得分率/%
市场机制 绿色度30%	企业环境表现的市场反应	25	10	40.00
	非高污染、高排放企业融资额占比	5	3	60.00

（1）主营业务相对环保的企业占比不低。我们以沪深300指数的成分股为分析对象，考察了每个企业的业务经营情况，我们发现其中业务经营相对环保的数量达到109家，超过样本数的1/3，这一比例并不算低。但是，我们选取的是沪深300成分股，对非所有上市公司，沪深300成分股的选择本身有一定的规则，这也可能对我们所计算的结果造成影响。进一步地研究发现，有必要对整个股票市场所有上市企业进行全面分析，以此得出的结论更具有可信性。

（2）企业环境表现市场反应不显著。我们运用事件研究法，对2007年至今我国股票市场上市公司发生的重大环境事故产生的市场反应进行了异常收益率检验，发现上市公司环境负面信息对其短期（7天）股价产生一定负面影响，但不强烈且相对滞后，对长期（20天）股价几乎没有负面影响；整个市场投机情绪强烈、股票市场有效性不足，环保信息和环境事故难以对股价产生真实、持续的冲击。

价格机制是证券市场最为核心的机制，也是检验市场绿色度的关键一环，目前我国股票市场尚不能有效地通过价格机制反映出上市公司的环保表现。事实上，中国股票市场现在依然存在浓厚的投机情绪，这也是制约二级市场价格长期、稳定地反映环境表现和企业价值的重要障碍。

4.2.2　绿色证券政策存在的主要问题

本研究对我国绿色证券政策存在的问题进行了调研，按照重要性从低到高的排序，对各项问题分别赋予1～6分（6个选项），求得各项问题重要程度平均得分（图4-18）。可以得出，总的来说，受访者认为"上市公司环境信息披露机制不完善"和"上市公司环境绩效评估体系不健全"是现阶段我国绿色证券制度存在的两个最重要问题。

（1）环境法律制度不健全。我国环境法律保障体系还不完善，法律责任不明确，在绿色证券政策具体实施中缺乏法律指导、环境风险评级标准，加之证监会缺乏"绿色证券"的专门人员、机构和制度，降低了绿色证券的可操作性。由于牵涉到各部门利益格局的调整，因此制度建设必然遭遇曲折和反复，而政策制定标准的不连贯性也给企业带来了融资障碍。

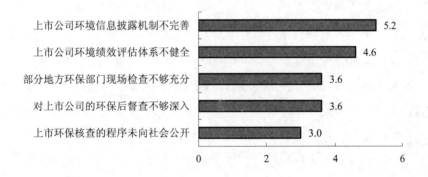

图4-18　现阶段我国绿色证券制度存在的问题重要程度平均得分

（2）缺乏环保核查的多部门联动机制。上市环保核查是拟上市公司进入证券市场的第一道"环保门槛"，虽然此道门槛阻滞了相当一部分污染严重、不符合环保规范要求的企业，但是由于"重经济效益、轻环保效益"观念的普遍存在，仍有相当一部分拟上市公司通过"变通"的方式获得了上市环保准入。

（3）环保部门与金融机构的委托代理问题。环保部门需要通过与中国证监会以及其他金融机构合作才能达到履行职责的目的，比如券商和基金公司很难因为公司无法达标而放弃公司的投融资项目。由于缺乏良好的信息沟通和约束机制，如何克服其中的委托代理问题，形成有效的激励机制，这是我们亟须思考的问题。

（4）资本市场准入机制不成熟，上市公司环保监管缺失。我国尚未建立完善的上市公司环境绩效评估标准以及相关政策办法，使上市公司环境保护核查、企业上市环保准入审查工作并没有一套科学的标准和严格的程序，实施效果也不理想。某些高污染、高排放企业利用投资者资金继续扩大污染或在成功融资后不兑现环保承诺，环境事故与环境违法行为屡屡发生。在国家宏观调控和节能减排政策不断强化的大趋势下，潜伏着较大的资本风险，并在一定程度上转嫁给投资者。保荐机构和保荐人在环保准入上的作用也尚未完全发挥出来。

（5）上市公司环境信息披露机制不到位。目前仅有的一些环境信息披露方面的法律、法规，主要限于首次公开发行股票的企业或重污染企业。而对于已上市公司，环境信息的公开和传导机制不健全，投资者往往处于信息不对称的境地，增加了投资风险。国外已经出台相关的环境信息披露制度，而我国依然缺乏对于环境信息披露形式和内容的严格规范，已有环境信息披露质量参差不齐，难以起到帮助投资者决策的目的。尤其是当前环境信息披露大多是报好不报坏，上市公司只是把环境信息披露作为其形象工程的一部分。从企业的角度来说，绝大多数企业尚未建立完善的环境会计系统和审计系统，难以生产符合决策要求的环境信息，这也是制约我国环境信息披露质量提高的重要因素之一。

（6）缺乏行之有效的环保绩效评估方法以及相应的企业污染数据库。缺乏环境信息数据。首先，多数上市公司缺少完善的环境信息数据搜集和管理体系，既没有标准统一的数据的收集方式和口径，也缺少当年数据与过往数据、目标数据或行业平均水平的对比。由于基础数据来源的限制，环境绩效评估的试点和实证研究存在许多困难，投资者无法通过上市公司披露的绝对数据得出有价值的结论。其次，缺少标准的环保绩效评估标准体系和工具。虽然环境保护部给出了上市公司环境信息大概的披露内容，但具体如何披露，通过何种渠道披露，披露时间范围等问题，都未加以明确，从而也缺少标准的环保绩效评估标准体系和工具。由于上市环保核查只反映了企业上市之初的环保状况，环境保护部出具的环保合规的核查意见，远远无法满足投资者了解标的企业真实环保情况的需求。在缺少对被投资者进行判断的环保标准体系和工具的情况下，不仅投资者对"绿色"概念理解不清，专业的投资机构也没有能力和标准来评估大量的投资标的企业的环保情况；此外，即使企业获得政府批准成功上市后，投资者由于不了解政府的评估标准和未来政策的变化趋势，也无法衡量企业未来一段时间内是否仍能符合"绿色"的标准。因此，投资者很难在做出投资决策之前对环保风险和机遇做出判断。

（7）利益主体错综复杂，政策实施效果难以得到保证。上市公司的融资和再融资行为涉及多方利益主体，除环保部门、监管部门以及证券市场的投资者外，还有依靠上市公司创造财政收入的地方政府等。对地方政府而言，上市公司的盈利和发展状况关乎地方政府的直接利益，地方政府并没有严格执行政策的动力，某些地方政府甚至会与证监会出现相互妥协的情况，来规避绿色证券政策的限制。数据显示，2007 年下半年呈报的 37 家企业中，有 10 家企业的 IPO 或者再融资被叫停，但是到年年底的时候，这些被叫停的企业仅剩下两家，其他企业仍然获得了上市融资的机会，只是时间稍微推迟了而已，并没有实质性的改变。这种情况在绿色证券、绿色保险之前就一直存在，如何使政策达到其应有的效果，还需要进行进一步的探索。

（8）绿色证券政策可能破坏证券市场的稳定。绿色证券政策的实施不仅能影响企业的再融资计划，还会影响企业在证券市场上的表现。如果市场有效，当一个企业的再融资计划由于不满足绿色政策的某些条件而被叫停，必将反映到股票市场上，股价大幅下跌的最终受害者是二级市场上的投资者，这不利于证券市场的稳定性和保护投资者利益。于是，监管部门在政策的取向上就会陷入了两难的境地。2007 年"区域限批"后，大唐国际、华能国际、华电国际、国电电力等上市企业的股价表现都弱于市场，石化、造纸、医药等行业的股市也受到一定影响，给股民带来了投资风险。

4.3　绿色信贷政策评估

绿色信贷政策的实施目标是在国家宏观调控政策的大背景下，根据监管政策与产业政策相结合的要求，推动银行业金融机构积极调整信贷结构，有效防范环境与社会风险，更好地服务实体经济，促进经济发展方式转变和经济结构调整[①]。绿色信贷政策从宏观层面上，符合国家节能减排、信贷结构调整的要求。随着市场经济的不断发展，绿色信贷政策逐渐显示出其政策优势，从国家层面到地方层面，从环保部门到金融监管部门，都发布了相关的政策指导性文件。但是由于国家大的法律环境仍需要进一步健全，绿色信贷政策体系也仍需完善。

表 4-19　我国绿色信贷重点政策一览

实施范围	颁布时间	政策名称（举例）	颁布机构
国家层面	2007	中国人民银行关于改进和加强节能环保领域金融服务工作的指导意见	中国人民银行
	2007	国家环境保护总局关于落实环境保护政策法规防范信贷风险的意见	国家环保总局、中国人民银行、银监会

---

① 潘岳. 谈谈环境经济政策. 求是，2007（20）：58-60.

实施范围	颁布时间	政策名称（举例）	颁布机构
国家层面	2007	中国银监会办公厅关于防范和控制高耗能高污染行业贷款风险的通知	中国银监会
	2007	节能减排授信工作指导意见	中国银监会
	2009	关于进一步做好金融服务支持重点产业调整振兴和抑制部分行业产能过剩的指导意见	中国人民银行、中国银监会、中国证监会和保监会
	2010	关于进一步做好支持节能减排和淘汰落后产能金融服务工作的意见	中国人民银行、中国银监会
	2012	绿色信贷指引	中国银监会
地方和银行层面（举例）	2007	关于推进"绿色信贷"建设的意见	中国工商银行
	2010	支持节能减排信贷指引	中国银行
	2010	2011年度"绿色信贷"政策指引	交通银行
	2008	关于实施绿色信贷促进污染减排的意见	辽宁省环保局、中国人民银行沈阳分行、银监会辽宁监管局

4.3.1 我国银行业金融机构的绿色度评价

（1）评估框架。本研究选定从 5 个维度对银行执行绿色信贷的情况进行评估，分别是绿色信贷战略、绿色信贷管理、绿色金融服务、组织能力建设、沟通与合作。

图 4-19　绿色信贷评估框架

（2）评估指标。本评估建立以下指标体系（表 4-20）。

表 4-20 绿色信贷评估体系与分级

一级指标	二级指标	指标细则
绿色信贷战略	绿色信贷战略	绿色信贷的理念、框架和目标
绿色信贷管理	绿色信贷风险管理政策	和绿色信贷有关的风险管理政策
	绿色信贷管理流程	覆盖信贷流程（环境风险识别、环境风险评估、环境风险控制和监测）的绿色信贷制度
	绿色信贷风险管理措施和标准	绿色信贷风险管理的措施和标准
	"两高一资"项目贷款情况	限制给高污染、高耗能企业或项目贷款的总体情况
绿色金融服务	绿色金融创新政策和机制	绿色信贷和金融创新相结合的政策和机制
	绿色信贷业务和产品	开发绿色信贷产品或业务
	绿色信贷项目投资情况	对环保项目或节能项目等贷款的总体情况
组织能力建设	体系建设	按照绿色信贷的要求，健全组织体系
	人才培养	通过培训或以其他方式提高人员的专业素质和专业能力；充实专业人才，通过招聘以及现有人力的重组和培训，构建专业团队
	学习和研究	密切关注国内政策和相关领域发展趋势，深入研究包括环境保护、低碳经济和循环经济等领域以及其中的热点议题
沟通和合作	与外部机构的合作和交流	就绿色信贷事宜和外部机构进行合作和交流
	信息披露	披露和绿色信贷有关的信息

（3）评估对象。本次评估的对象为 2010 年中国市值排名前 50 位的银行，涵盖政策性银行[①]（3 家）、大型商业银行（5 家）、股份制银行（12 家）、城市商业银行（15 家）和农村商业银行（6 家）。评估参考信息来源于各银行 2011 年度 11 月 30 日前发布的"中国企业社会责任报告"，以及在媒体上发布的与绿色信贷相关的信息。

（4）评估方法。在确定评估对象和各级评估指标后，即可对银行的绿色信贷政策执行情况进行评分。本书采纳的是综合指数评估法。综合评价指数法是采用最普遍的方法，它利用一种规则将数据量纲化为 1，然后区别各个指标的相对重要性，并采用某种方法赋予一定的权数，加权计算得到综合指数，可以适用于很多评价目的。

本研究对各指标赋权的方式是以二级指标为基础，进行平均赋权。为了直观呈现评估结果，采取百分制对银行进行分级。具体分级标准见表 4-21。

[①] 银行属性分类来源于中国银行业监督管理委员会。国家开发银行已不属政策性银行（下文中已标注），在此为便于计算仍包括在政策性银行中。

表 4-21　分级标准

等级	分数范围	等级	分数范围
A+	90 分以上	A	80～90 分
B+	70～80 分	B	60～70 分
C+	50～60 分	C	40～50 分
D+	30～40 分	D	20～30 分
E+	10～20 分	E	10 分以下

（5）评估结果。

表 4-22　评估结果

银行	等级	银行	等级
兴业银行股份有限公司	A	盛京银行股份有限公司	E+
中国工商银行股份有限公司	B+	渤海银行股份有限公司	E+
国家开发银行股份有限公司	B	武汉农村商业银行	E+
上海浦东发展银行股份有限公司	B	中国进出口银行	E+
交通银行股份有限公司	B	大连银行股份有限公司	E+
招商银行股份有限公司	B	宁波银行股份有限公司	E
中国银行股份有限公司	B	富滇银行	E
中国建设银行股份有限公司	C+	江苏银行股份有限公司	E
中国农业银行股份有限公司	C+	成都银行股份有限公司	E
华夏银行股份有限公司	C	中国光大银行股份有限公司	E
中国民生银行股份有限公司	C	恒丰银行股份有限公司	E
中信银行股份有限公司	C	厦门国际银行	E
河北银行	C	锦州银行股份有限公司	E
北京银行股份有限公司	D+	平安银行股份有限公司	E
中国农业发展银行	D	浙商银行股份有限公司	E
深圳发展银行股份有限公司	D	重庆农村商业银行股份有限公司	E
杭州联合银行	D	包商银行股份有限公司	N
徽商银行股份有限公司	D	东莞银行股份有限公司	N
重庆银行股份有限公司	D	广州银行股份有限公司	N
汉口银行股份有限公司	D	哈尔滨银行股份有限公司	N
西安银行股份有限公司	D	昆仑银行股份有限公司	N
广发银行股份有限公司	E+	上海银行股份有限公司	N
杭州银行股份有限公司	E+	天津银行股份有限公司	N
南京银行股份有限公司	E+	佛山顺德农村商业银行股份有限公司	N
上海农村商业银行股份有限公司	E+	广州农村商业银行股份有限公司	N

（6）结论。总体情况。排名前 50 的中资银行中，12%的银行等级在 B 级以上，这些银行已全面执行绿色信贷政策，制定了与绿色信贷有关的战略，且在绿色信贷管理、绿色金融服务、组织能力建设以及沟通与合作方面都采取了行动。但从整体来看，仍有一半以上的银行在落实绿色信贷政策方面情况不佳。其中，42%的银行等级为 E，即在落实绿色信贷政策方面只采取了少量的措施或提出了绿色信贷有关的理念但并未采取任何措施；18%的银行没有任何与绿色信贷有关的信息。

银行评分等级和所属性质的关系。从政策性银行、大型商业银行、股份制银行、城市商业银行和农村商业银行执行绿色信贷政策的情况来看，大型商业银行整体表现良好，5家商业银行中 3 家获得 B 级，两家获得 C 级。政策性银行和股份制商业银行特征不明显，评估结果分布于各个等级。城市商业银行和农村商业银行表现不佳，绝大部分评估结果在D 级以下。

4.3.2　政策运行效果

（1）绿色信贷政策已被广泛接受，成为有效的环境管理手段。地方绿色信贷政策文件的制定和出台范围不断扩大，在对 25 个省、自治区、直辖市的 80 多个地市环保部门的 589份有效调查问卷统计分析后看出，53.3%的受访者认为绿色信贷政策目前在其所在地已经开始实施，认为准备实施的受访者占 20.1%，仍有 23.1%的受访者指出绿色信贷还未正式开始实施，如图 4-20 所示。

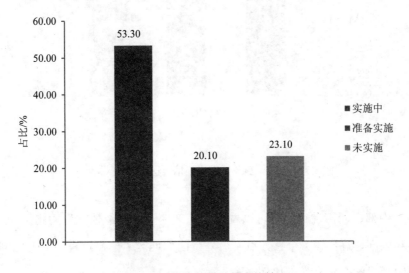

图 4-20　绿色信贷政策实施情况

　　绿色信贷是一个十分具有中国特色的概念，是抵御企业环境违法行为、促进节能减排、规避金融风险的重要经济手段，更加强调国家通过恰当的规制性政策和监管性措施引导银行等金融机构承担和自愿履行更多社会环境责任的一种具体体现。因此中国绿色信贷实施的先决条件是地方政府的意愿和市场经济的完善程度，因此在执行上各地区之间往往存在较大的差异。若把图 4-20 绿色信贷政策实施情况中的"实施中"和"准备实施"的比例合并，比较区域之间实施的差异，可以发现绿色信贷在东部地区"实施或准备实施"的比例明显高于中部和西部地区。

　　目前在各地政府层面开展的绿色信贷工作主要是企业环境信用等级评价和企业环境信息沟通机制的建立。在问卷调查中发现，44.9%的受访者认为已经和当地人民银行征信系统建立了部门间的环境信息交流机制，25.8%正在建立过程中，29.3%的受访者认为还没有与当地人民银行征信系统建立部门间的环境信息交流机制。

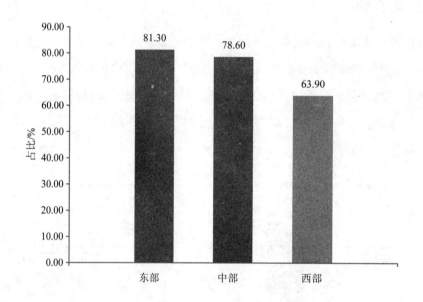

图 4-21　绿色信贷实施情况区域对比

　　对东部、中部、西部进行比较可以看出，东部地区"已经建立"的比例（58.1%）明显高于中部和西部，高出 20 个百分点；另外，西部地区"建立过程中"的比例较高，高于中部；而中部"没有建立"的比例最高。

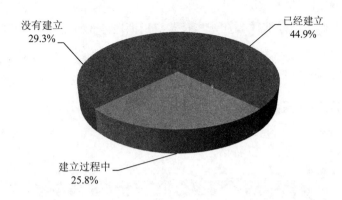

图 4-22　是否和当地人民银行征信系统建立部门间的环境信息交流机制

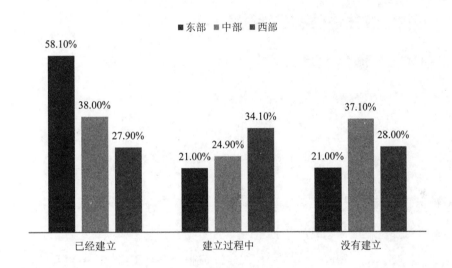

图 4-23　分区域分析当地人民银行征信系统建立部门间的环境信息交流机制的差异

在对信息沟通频次的调查中发现，在与当地人民银行征信系统建立了部门间的环境信息交流机制的地区中，每月报送一次的占 36.5%，每季度报送一次的占 29.9%，以上两者合计占 66.4%。

近年来，在绿色信贷政策推动下，各地方环保部门、银监局与人民银行各分支机构积极建立了企业环境信用等级评价和信用信息交流机制。据不完全统计，目前已有广东等 20 多个省市的环保部门与所在地银监局和人民银行分支机构联合出台了相应的管理办法和实施方案等地方性政策文件。例如，广东省下发了《重点污染源环境保护信用管理试行办法》；河北省制定了《工业企业环境守法信用等级平台实施方案》，还专门建立了企业环境保护信用信息系统；江苏省、浙江省、上海市联合下发《关于印发长江三角洲地区企业环境行为信息公开工作实施办法（暂行）和长江三角洲地区企业环境行为信息评价标准（暂行）的通知》；温州市下发《关于通报企业环境行为信用等级评价结果、推进绿色信贷建设的通知》；沈阳市制定了《沈阳市企业环境信用等级评价管理办法》，江阴市制定了《江阴市环境保护分类评定企业信贷政策指引》等。

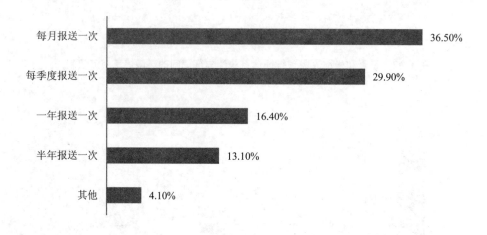

图 4-24　所在地区部门间信息交流的频率

通过将企业的环境行为信息纳入银行征信系统，使金融部门对申请贷款企业的环境行为了如指掌，对那些在征信系统中"挂上号"的环境违法企业和项目进行信贷控制。这些"硬政策"在目前形成了较强的"约束力"，逼迫企业老老实实治污。从某种程度上讲，绿色信贷比以往的环境管理手段更能有效促进企业环境守法，已成为地方环保部门"叫好叫座"的一项环境经济政策。在问卷调查中发现，有 38.6%的受访者认为绿色信贷"贡献很大"，认为有一定贡献的比例为 50.1%，认为没有贡献和贡献很小的总共为 11.3%。对"贡献很大"进行分区域比较，西部地区的受访者认为绿色信贷"贡献很大"的比例达到41%，高于中部的 38.4%和东部的 36.4%（图 4-25）。由此可见，目前绿色信贷真正发挥作用的是其带有行政命令色彩的"约束性"部分，而其利用市场促进节能减排的效用并没有有效地发挥出来。从侧面也可以反映出地方环保部门在运用绿色信贷政策时，主要还是将其当成了以政府部门为主导的行政命令型手段，并没有充分发挥其运用资本市场进行资源有效配置的市场手段。

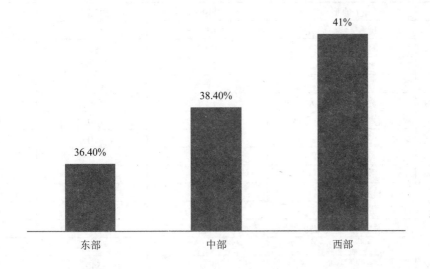

图 4-25 环境经济政策对环境保护贡献很大时分地区比较

（2）"两高一剩"行业贷款得到有效控制。据不完全统计，2010 年，银行业对钢铁、水泥、平板玻璃、煤化工和电石、造船等产能过剩行业的贷款余额虽有所增加（除平板玻璃外），但占贷款总比重为 3.57%，较 2009 年下降了 0.37 个百分点，且贷款增速也远低于行业发展速度，"两高一剩"行业贷款清理、退出力度不断加大（中国银行业协会，2011）。有些银行甚至明确规定对个别行业产能严重过剩的地区不再新增授信额度。中国建设银行已经制定和执行了电力、钢铁、煤炭、纺织、公路、铁路、港口、汽车、航空、房地产、建筑业、煤化工、铝冶炼、焦化、电石、铁合金、水泥、石油石化、电信、电子信息、烟草、城建、铜冶炼等 23 个行业信贷准入及退出标准。2007 年以来，建行在焦炭、钢铁、水泥等行业的贷款余额持续减少，如图 4-26 所示。中国工商银行对一些"两高一剩"行业的贷款余额也在逐年减少，即使在 2009 年信贷超常投放的情况下，国家规定的 8 个产能过剩、污染严重行业的贷款余额比年初还减少了 71.4 亿元。中国银行江苏省分行对钢铁、水泥等行业的项目贷款审批权限上收总行，并且加大对"两高一资"行业贷款利率的上浮幅度，利用价格杠杆等市场化手段进行行业结构调整（胡亮亮，2010）。

表 4-23 部分产能过剩行业贷款统计表

行业	项目	2009 年	2010 年	趋势
钢铁	贷款余额/亿元	4 290.46	4 528.64	↑
	占总贷款余额比重/%	2.26	2.00	↓
	贷款增速/%	—	5.55	
	产量增速/%	—	9.26	

行业	项目	2009 年	2010 年	趋势
水泥	贷款余额/亿元	1 303.78	1 465.20	↑
	占总贷款余额比重/%	0.69	0.65	↓
	贷款增速/%	—	12.38	
	产量增速/%	—	15.53	
平板玻璃	贷款余额/亿元	117.18	104.99	↓
	占总贷款余额比重/%	0.06	0.05	↓
	贷款增速/%	—	−10.4	
	产量增速/%	—	13.5	
煤化工、电石	贷款余额/亿元	650.52	743.31	↑
	占总贷款余额比重/%	0.34	0.33	↓
造船	贷款余额/亿元	395.19	423.63	↑
	占总贷款余额比重/%	0.21	0.19	↓
	贷款增速/%	—	7.2	
	产量增速/%	—	54.6	
合计	贷款余额/亿元	6 757.12	7 265.77	↑
	占总贷款余额比重/%	3.57	3.20	↓

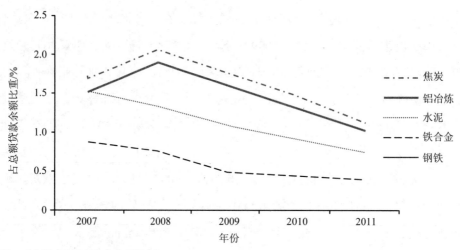

资料来源：《中国建设银行社会责任报告》。

图 4-26　中国建设银行 2007—2011 年"两高"行业贷款

（3）差别化信贷更加严厉，环境违法企业贷款难度加大。银行业金融机构对授信企业和新建项目实施"有保有压、区别对待"政策，对不符合环保要求的企业、项目贷款严格实行"环保一票否决制"，对钢铁、水泥、铁合金、电石等行业均采取名单制管理，严禁对不符合节能减排要求的企业和项目进行信贷投放，特别是对环境违法企业、因污染治理不达标受处罚企业、被各级环保部门重点监管或列入"黑名单"的企业实施逐步退出方案。以湖南省株洲市为例，"十一五"期间，株洲银行业共否决未取得环保达标批准文件的企业贷款申请25笔、金额2.53亿元。对于株洲市公布的30家重点污染企业未新增1家企业贷款。据四川省统计局数据，截至2009年，四川银行业机构共否决67笔环保违法且贷款申请，压缩贷款6.8亿元。又如，中国工商银行江西省分行主动退出环保风险较大的企业，对不符合国家行业准入条件和违反环保要求的企业与项目，一律不发放贷款；对列入"区域限批""流域限批"地区的项目和企业，停止信贷支持；对于列入国家环保系统"挂牌督办"名单和被责令处罚、限制整改、停产治理的企业，逐步压缩和退出融资。近年来，中国工商银行江西省分行累计退出高耗能、高排放企业贷款60多亿元。再如，中国建设银行河南省分行规定：在江、河流域或湖区周边，限制对有水污染物排放企业、项目的信贷投放。2011年，中国民生银行根据环保部公告，对8户实施限贷措施，涉及授信额度1.91亿元。

（4）绿色信贷项目或节能环保贷款项目的贷款总量不断增加。2007年以来，银行逐渐加大对节能减排、新能源等国家政策鼓励领域的支持力度，大致将"工业节能改造、资源循环利用、污染防治、生态保护、新能源可再生能源利用和绿色产业链"列为重点支持项目。由于国家目前还没有形成统一的节能环保贷款情况统计口径，因此缺少全国的总体统计数据。据中国银监会统计，截至2011年年末，仅国家开发银行、中国工商银行、中国农业银行、中国银行、中国建设银行和交通银行6家银行业金融机构的相关贷款余额已逾1.9万亿元。四川省银监局统计，截至2010年6月末，全省节能减排项目贷款余额为1 458亿元，在2007年的基础上增加了590.6亿元，增幅达68.1%。其中，节能项目贷款为412.5亿元，再生能源项目为530.1亿元，清洁生产项目为413.9亿元，环保工程项目为54.1亿元，其他项目为47.4亿元（包括循环经济、废物资源化利用等）。节能、再生能源和清洁生产项目贷款占整个节能减排项目贷款的93%。另据上海银监局统计结果，截至2011年5月末，上海市绿色低碳行业贷款余额为286.04亿元，较年初增加17.78亿元，同比多增7.58亿元，增长9.64%，增速同比上升7.21个百分点；比2008年末增加54.64亿元，增长23.61%。

（5）绿色信贷有效促进了能源、资源节约和污染物减排。2007年以来，银行业不断加大对绿色经济、低碳经济、循环经济的信贷支持力度。通过对传统产业节能减排改造、清洁能源开发利用等项目的贷款，有效地促进了资源的利用，大大减少了污染物的排放。相关数据显示，截至2013年6月底，我国21家主要银行机构的绿色信贷余额为4.9万亿元，贷款比重为8.8%，主要分布在绿色运输和可再生能源及清洁能源项目，其中绿色运输贷款余额为1.6万亿元，占比为32.5%；可再生能源及清洁能源项目贷款余额为9 971亿元，占比为20.5%；共节约标准煤3.2亿t，减排二氧化碳当量7.9亿t，减排二氧化硫1 014万t，节水 9.96 亿 t。又如，兴业银行从 2007 年首笔能效融资项目落地到 2012 年年末，绿色金融融资余额达 1 126.09 亿元，其中绿色金融贷款余额 705.90 亿元，非信贷融资余额 420.19 亿元。所支持的项目可实现在我国境内每年节约标准煤 25 579.06 万 t，年减排二氧化碳 6 683.47 万 t，年减排化学需氧量（COD）88.65 万 t，年减排氨氮 1.51 万 t，年减排二氧化硫 4.36 万 t，年减排氮氧化物 0.69 万 t，年综合利用固体废物 1 501.29 万 t，年节水 25 579.06 万 t。所实现的年减排量相当于关闭了 153 座 100 MW 的火电站。

（6）绿色信贷项目贷款占信贷总规模比例低，不超过 5%。虽然节能环保贷款的规模在逐年增加，但在各银行的信贷总额中，绿色信贷贷款余额占贷款总额的比重依然很小。除带有政策性银行色彩的国家开发银行绿色信贷贷款占到 6%以上外，其他商业银行绿色信贷贷款占信贷总额的比例不足 5%，甚至更低。以中国建设银行为例，2007—2011 年，全行绿色信贷贷款余额从 1 252.12 亿元逐年增加到 2 190.7 亿元，但绿色信贷贷款余额占贷款总额比重在 2007 年为 3.872%，2008 年上升至 4.063%，随后便逐年下降，2010 年其数值降到 3.454%，低于 2007 年水平。再以中国银行为例，2008—2011 年，绿色信贷贷款余额从 1 020 亿元增加到 2 494 亿元，贷款余额翻了一番，但贷款余额占贷款总额只从 3.095%增加到 3.932%，增长十分缓慢。中信银行、兴业银行、中国民生银行和浦发银行绿色信贷贷款余额占贷款总额从 2007—2009 年缓慢上升至 1.26%、2.36%、1.35%和 1.89%。

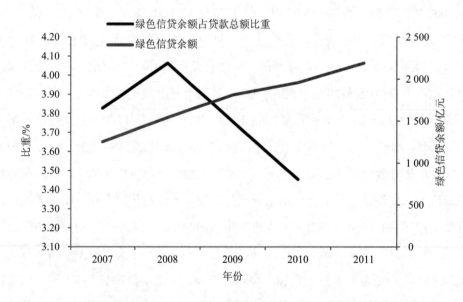

图 4-27　2007—2011 年中国建设银行绿色信贷贷款情况

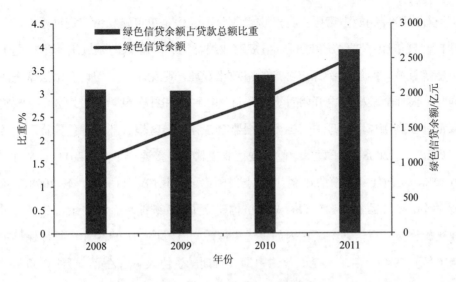

图 4-28 2008—2011 年中国银行绿色信贷贷款情况

表 4-24 2007—2009 年部分商业银行和政策性银行绿色信贷项目贷款情况

银行业金融机构	贷款项目	2009 年年末		2008 年年末		2007 年年末	
		贷款余额/亿元	占贷款总额比重/%	贷款余额/亿元	占贷款总额比重/%	贷款余额/亿元	占贷款总额比重/%
中国建设银行	可再生能源贷款	1 777.42	3.82	1 525.19	4.15	1 236.49	3.90
	环境保护贷款	33.55	0.07	16.24	0.04	15.63	0.05
国家开发银行	环保节能减排贷款	1390	4.80	988	4.37	693	3.43
	其中：流域、城市环境综合治理	538	1.86	308	1.36	193	0.96
	工业污染治理和循环经济	266	0.92	258	1.14	121	0.60
	清洁能源和十大节能工程	586	2.02	422	1.87	380	1.88
中信银行	节能环保贷款	125.21	1.62[*]	92.65	1.74[*]	—	—
兴业银行	节能减排项目贷款	165.83[**]	2.36	33.04[**]	0.66	6.63[**]	0.17
中国民生银行	节能减排重点工程、技术创新、技术改造、产品推广信贷	89.1	1.35	24.46[**]	0.44	—	—
浦发银行	节能环保项目贷款	174.89	1.89	123.44	1.79	60.20	1.31
平均占比		—	1.909	—	1.582		1.23

*表示的是中信银行节能环保贷款余额的对公贷款占比。

**表示绿色信贷项目贷款额，而非贷款余额。

数据来源：上述银行 2007 年度、2008 年度、2009 年度的社会责任报告和年报。

（7）银行风险控制能力增强，资产质量改善。银行业在实施绿色信贷过程中，信贷政策更趋理性，授信操作"保压鲜明"，很多商业银行对客户标识的领域进一步扩充了环境保护与节能等领域，实施环保优秀客户的精细化管理，避免了"一刀切"做法带来的负面影响。同时，银行金融机构也开始对贷款项目进行环境和社会风险等级划分，逐渐将环境风险纳入银行业金融风险管理中。据上海银监会统计，辖区银行业"绿色信贷"业务风控能力逐步提高。自 2008 年开始，绿色低碳行业贷款不良率连年下降。2011 年 5 月末，不良率为 0.79%，又较年初下降 0.08 个百分点，同比下降 0.19 个百分点，较 2008 年年末下降 0.50 个百分点。江西省宜春市银行金融机构建立了《低碳循环企业名录》，对 116 户"名录"企业实施评级、授信、融资在内的促进工程，同时对该 116 户企业进行环保年审。金融机构与 62 家（次）"名录"企业签约中期、长期融资协议 68 亿元，履约率和本息偿还率均达到 100%。

（8）促进新兴市场国家绿色信贷的发展。近年来，中国绿色信贷这一创新性政策也引起其他面临环境挑战的发展中国家政府的关注，在推动其走可持续发展之路方面发挥了重要作用：越南、孟加拉国等国家的政府曾多次派团到中国就绿色信贷政策的模式和经验进行借鉴和学习。2009 年，越南政府以中国绿色信贷政策为模板，制定了环境和社会风险指引，并开发了一系列的相关工具支持银行实施；2011 年，孟加拉国政府在学习中国经验和世界银行国际金融公司的帮助下，也制定了绿色信贷准则，帮助银行划分投资中的环境风险，并设定了具体的行业清单以配合银行的尽职调查。绿色信贷政策在对外交流中也作为推进可持续发展的重要实践被屡次提及。其中，尼日利亚政府在访问中国期间，在获知了中国的绿色信贷的政策后对其表现出极大兴趣，其央行也开始在本国力推环境和社会风险管理政策。

4.4　环境污染责任保险政策评估

环境污染责仟保险制度是发达国家于 20 世纪 70 年代创设并普遍采用的一项经济政策，旨在通过保险手段分散企业环境风险、保障污染受害者合法权益并有效应对环境污染事故。我国环境污染责任保险制度正是在充分借鉴国际先进经验的基础上，针对我国环境污染高发态势，积极应对和处置环境污染事故，及时救助污染受害者而建立的。

4.4.1　我国环境污染责任保险制度实施情况

4.4.1.1　政策体系创新与完善

环境污染责任保险制度，是国际上通行的一项环境法律制度，也是我国实施环境风险管理的重要探索，是保障污染受害者合法权益、提高防范和应对环境污染事故水平的有效市场手段。自 2006 年以来，国务院多次出台相关文件明确要求研究建立环境污染强制责任保险制度。2007 年 12 月，环保部与保监会联合印发了《关于开展环境污染强制责任保险工作的指导意见》，正式启动了环境污染责任保险政策试点工作。

随着试点工作的开展，国家层面以及地方层面与环境污染责任保险相关的法规及政策体系不断地创新与完善。根据其发布部门，可以分为法律、行政法规、地方性法规、地方政府规章等法规体系以及国务院规范性文件、部门规范性文件和地方规范性文件等政策体系，这些法规和政策规范为推动环境污染责任保险奠定了重要基础。

（1）环境污染责任保险法律依据。我国环境污染责任保险制度的法律依据主要来自对环境污染责任的法律规定，相关法律包括《民法通则》中关于民事侵权责任的一般规定，《保险法》对于责任保险的规定，《侵权责任法》四条基本条款，《环境保护法》《水污染防治法》等专项法律相关规定，最高人民法院有关司法解释。

《侵权责任法》（摘录）

第八章　环境污染责任

第六十五条　因污染环境造成损害的，污染者应当承担侵权责任。

第六十六条　因污染环境发生纠纷，污染者应当就法律规定的不承担责任或者减轻责任的情形及其行为与损害之间不存在因果关系承担举证责任。

第六十七条　两个以上污染者污染环境，污染者承担责任的大小，根据污染物的种类、排放量等因素确定。

第六十八条　因第三人的过错污染环境造成损害的，被侵权人可以向污染者请求赔偿，也可以向第三人请求赔偿。污染者赔偿后，有权向第三人追偿。

其中，《侵权责任法》由第十一届全国人大常委会于 2009 年 12 月 26 日通过，2010 年 7 月 1 日起施行。这部法律建立了环境污染侵权责任规则，使可能产生污染的企业无论从履行社会责任角度还是维护企业自身经济利益角度，都必须重视对环境污染风险的管理，

对保护合法环境权益、制裁环境侵权行为、促进社会和谐稳定具有重要意义，为推动环境污染责任保险奠定了重要法律基础。

我国《保险法》是于 1995 年（分别于 2002 年和 2009 年修订）制定施行的，是推行环境污染责任保险制度的重要法律依据。

《保险法》（摘录）

第六十五条 保险人对责任保险的被保险人给第三者造成的损害，可以依照法律的规定或者合同的约定，直接向该第三者赔偿保险金。

责任保险的被保险人给第三者造成损害，被保险人对第三者应负的赔偿责任确定的，根据被保险人的请求，保险人应当直接向该第三者赔偿保险金。被保险人怠于请求的，第三者有权就其应获赔偿部分直接向保险人请求赔偿保险金。

责任保险的被保险人给第三者造成损害，被保险人未向该第三者赔偿的，保险人不得向被保险人赔偿保险金。

责任保险是指以被保险人对第三者依法应负的赔偿责任为保险标的的保险。

第六十六条 责任保险的被保险人因给第三者造成损害的保险事故而被提起仲裁或者诉讼的，被保险人支付的仲裁或者诉讼费用以及其他必要的、合理的费用，除合同另有约定外，由保险人承担。

（2）环境污染责任保险行政法规。在国家层面，环境污染责任保险制度成为国务院重金属污染防治工作方案中的重要政策。在《太湖流域管理条例》中纳入了有关环境污染责任保险的立法条款；在《危险化学品安全管理条例》中明确要求通过内河运输危险化学品的船舶，其所有人或者经营人应当取得船舶污染损害责任保险证书或者财务担保证明。

《太湖流域管理条例》（摘录）

第五十一条 对为减少水污染物排放自愿关闭、搬迁、转产以及进行技术改造的企业，两省一市人民政府应当通过财政、信贷、政府采购等措施予以鼓励和扶持。

国家鼓励太湖流域排放水污染物的企业投保环境污染责任保险，具体办法由国务院环境保护主管部门会同国务院保险监督管理机构制定。

> **《危险化学品安全管理条例》（摘录）**
>
> 　　**第五十七条**　通过内河运输危险化学品，应当使用依法取得危险货物适装证书的运输船舶。水路运输企业应当针对所运输的危险化学品的危险特性，制定运输船舶危险化学品事故应急救援预案，并为运输船舶配备充足、有效的应急救援器材和设备。
>
> 　　通过内河运输危险化学品的船舶，其所有人或者经营人应当取得船舶污染损害责任保险证书或者财务担保证明。船舶污染损害责任保险证书或者财务担保证明的副本应当随船携带。

（3）环境污染责任保险地方性法规及地方政府规章。在地方层面，环境污染责任保险试点工作开展以来，各试点省份先后开展了关于环境污染责任保险的地方立法工作探索，这些地方性法规成为指导地方环境污染责任保险试点工作的主要法规依据。据笔者初步统计，截至 2013 年 10 月底，与环境污染责任保险相关的地方性法规共有 22 部，涉及湖南、浙江、江苏、福建、四川、重庆等 15 个省、自治区、直辖市。另外，昆明市人民政府于2009 年制定的《昆明市危险废物污染防治办法》是目前所知以政府令颁布的唯一一部地方政府规章。

（4）环境污染责任保险国务院规范性文件。2006 年以来，国务院多次出台相关文件明确要求研究建立环境污染责任保险制度。据初步统计，截至 2013 年 10 月底，与环境污染责任保险相关的国务院规范性文件共有 16 部，最早可追溯到 2006 年 6 月发布的《国务院关于保险业改革发展的若干意见》中明确指出，要采取市场运作、政策引导、政府推动、立法强制等方式，发展环境污染责任保险。这些环境污染责任保险的相关规定体现在《国家环境保护"十二五"规划》《节能减排"十二五"规划》《全国主体功能区规划》《服务业发展"十二五"规划》、经济体制改革、环境保护重点工作以及节能环保产业发展等各个国家重点领域规划或工作方案中，为环境污染责任保险制度的推行提供了政策保障。

（5）环境污染责任保险部门规范性文件。在国务院政策文件的指导下，国家各部委也通过发文对环境污染责任保险工作的开展做出了说明。据初步统计，截至 2013 年 10 月底，与环境污染责任保险相关的国家各部委规范性文件共有 28 部，涉及的相关部委有国家发展和改革委员会、工业和信息化部、环境保护部、商务部、科学技术部、中国保险监督管理委员会等。

2007 年 12 月，国家环境保护总局与保监会联合印发了《关于环境污染责任保险工作的指导意见》，对我国开展环境污染责任保险的工作原则、工作目标、实施与保证机制等方面做出了要求，确定了我国推行环境污染责任保险制度的路线图，正式启动了环境污染责任保险政策试点工作。2013年1月，环境保护部和保监会联合发布《关于开展环境污染强制责任保险试点工作的指导意见》（以下简称《指导意见》），推动和指导地方在涉重金属等高环境风险行业开展强制性保险试点工作。

伴随着这些部门规范性文件的出台，环境污染责任保险的配套技术规范也在逐步完善。在风险评估环节，环境保护部先后于2010年、2011年和2013年会同保监会联合发布了氯碱、硫酸和粗铅冶炼3个高环境风险行业企业的环境风险评估指南，为评估企业环境风险、厘定费率水平提供技术规范。在损害评估环节，环境保护部于2011年印发了《环境污染损害数额计算推荐方法》，为保险公司核算污染事故损失提供了基本的技术支撑。

（6）环境污染责任保险地方规范性文件。环境污染责任保险试点工作开展以来，各试点省市先后展开了关于环境污染责任保险的地方立法工作，并开始探索和建立试点相关的政策体系。在各地开展的试点工作中，由当地政府或者环境污染责任保险相关主管部门发布的关于环境污染责任保险试点开展的工作方案或者指导意见，对当地环境污染责任保险试点工作开展的目标、方式、相关部门及其职责、参与企业范围、相关鼓励政策等进行了比较详细的规定，成为指导地方环境污染责任保险试点工作非常重要的政策性文件。据初步统计，截至2013年10月底，与环境污染责任保险相关的地方规范性文件超过500部。各试点省市基本都出台了相关规范性文件。其中，湖南省、云南昆明市和江苏无锡市由当地政府发布了环境污染责任保险试点工作的实施意见或指导意见。云南省昆明市推行环境污染责任保险得到了市委、市政府的大力支持，《昆明市人民政府关于推行环境污染责任保险的实施意见》（昆明市人民政府第51号公告）确定了应当和鼓励投保企业范围及名单。

4.4.1.2 试点成效与承保公司情况

随着国家污染防治力度的不断加大，试点省市对当地环境污染责任保险重点推广领域进行了界定和明确，环境污染责任保险工作得到进一步推广，投保企业数量、保费收入和总承保金额都有了较大幅度增加，环境污染责任保险市场得以初步形成。

（1）地方试点成效。投保企业数量逐步增加。据不完全统计，截至2012年年底，全国已有19个省份开展环境污染责任保险试点工作。试点地区总投保企业超过4 000家，占纳入环境统计企业数（15万余家）的3%以上。保费总收入超过3.3亿元，承保金额近200亿元，比2008年试点之初的保费收入、承保金额增加了近10倍。

整体而言，开展试点的各个省市环境污染责任保险市场发展非常不平衡。截至2011年年底，较早开展环境污染责任保险试点的省份，如浙江、江苏和湖南已经有相当数量规模的企业参与投保；内蒙古、河南、辽宁等省份试点工作开展较晚，基本处于前期工作准备阶段，环境污染责任保险的市场发展刚刚起步，参与保险的企业数量有限。企业污染责任保险在江苏、湖南和云南三省发展最为成熟。截至 2012 年 2 月，江苏省已有 1 154 家企业投保，其保额和保费居全国首位，是目前环境污染责任保险市场建设比较领先的省。湖南省的投保企业数居全国第二位，截至 2011 年年底，该省已有 592 家企业投保。云南省的环境污染责任保险发展也取得了一定成果，有 115 家企业投保，其他省份投保企业较少。

从试点省市的地方工作实践来看，现阶段纳入环境污染责任保险试点的企业主要是位于环境敏感区域，如水源保护的污染企业以及高污染高风险企业，主要集中在危险化学品相关、危险废物处置相关、重金属污染相关的企业。另外，具有准强制性质的船舶污染责任保险发展势头也比较迅猛，主要在江苏和上海得到了推广。浙江、湖南、广东等省份推行的强制环境污染责任保险主要集中在化学品污染和重金属污染这两种污染相关的行业。江苏无锡市、云南昆明市等试点成效比较显著的城市投保行业主要集中在太湖流域、滇池流域等环境敏感区域。2013 年 1 月以来，《指导意见》的发布，极大地推动了地方试点工作。内蒙古、甘肃、陕西、新疆等西部省份相继启动强制保险试点工作。投保企业数量继续扩大。如甘肃省首先在涉及危险化学品生产、易发生污染事故、重金属冶炼等六大类高危行业和重点区域的各级重点监控的 1 400 余家企业开展试点工作，并纳入环境突发事件应急工作体系。

（2）赔付情况。投保企业一旦发生污染事故，大多能得到保险公司及时的服务，避免了污染事故进一步群体性事件的发生，充分体现了保险的社会保障功能。据不完全统计，截至 2012 年年底，全国投保企业共发生 80 余起污染事故，均较为及时和顺利地获得保险公司理赔。

据中国人民人寿保险股份有限公司最新数据，截至 2013 年 4 月，在该公司投保的企业共发生 41 件污染事故，已决未决赔付金额为 880 余万元。其中，2012 年 12 月发生的山西苯胺泄漏引发重大突发环境事件中，事故企业山西天脊煤化工集团在人保公司投保了限额为 450 万元的环境污染责任保险。得知污染事故后，人保公司在 10 天内就预付了 100 万元赔偿款，并于 6 月结案理赔时再次赔付 305 万元，合计 405 万元，加上 45 万免赔额，全额赔偿了第三者责任限额和事故清污责任限额，使受污染河道处置清理等工作得以快速展开。随着环境污染责任保险试点省市的赔付案例数量稳步增加，环境污染责任保险分散风险、赔偿和救济受害者的作用已初步显现出来。

（3）保险公司开展环境污染责任保险产品及承保情况。2012 年，我国共有财产保险公司 52 家，其中中资机构 34 家，外资机构 18 家。试点工作开展后，保险公司积极响应和配合，现已有 11 家保险公司陆续开展了环境污染责任保险业务，详见表 4-25。

表 4-25 目前保险公司开展环境污染责任保险产品统计

保险公司	提供的环境污染责任保险产品
人保财险	环境污染责任保险
	高新技术企业环境污染责任保险
	内河船舶污染责任保险
平安保险	内河船舶污染责任保险
	平安环境污染责任保险
	平安环境污染责任险附加场所内清理费用保险
	平安环境污染责任险附加精神损害赔偿责任保险
太平财险	内河船舶污染责任保险
	危险化学品安全责任险（试点省市）
华泰财险	场所污染责任保险
	环境污染责任保险
长安责任保险	环境污染责任保险
	水域船舶污染责任保险
	室内装修装饰工程责任保险
永安财险	内河船舶污染责任保险
都邦财险	污染法律责任保险
	意外渗漏及污染保险
紫金保险	紫金环境污染责任保险
美亚财险	污染法律责任保险
太阳联合保险	可再生能源险（包含污染责任条款）
安信农业农险	危险化学品安全责任

资料来源：根据各大保险公司门户网站整理所得，数据截至 2011 年 3 月。

从表 4-25 可以看出，这 11 家保险公司纷纷开展具有各自特色的环境污染责任保险产品，如长安责任保险的室内装修装饰工程责任保险中涵盖环境污染责任条款，把环境污染责任扩展到建筑工程中。此外，人保财险、太平财险、平安和永安财险组建承保团体共同开发并承保了 2008—2009 年江苏省的内河船舶污染责任保险。

中国人民财产保险股份有限公司是中国环境污染责任保险市场中最主要的承保主体，也是我国责任保险市场上最主要的承保主体，2011 年责任险市场份额约占 43.5%，保费收入为 64.5 亿元。发展也较为完备，主要有环境污染责任保险、高新技术企业环境污染责任保险、内河船舶污染责任保险等险种，主要承担的责任风险为突发性的环境污染事故，也是目前环境污染责任保险市场上最主流的产品，截至 2011 年年底，仅江苏省环境污染责任风险责任限额就达到 77 亿元。

我国环境污染责任保险市场上另一类比较典型的产品是华泰财险推出的"场所污染责任保险"，该险种承保范围为场所内的污染情况，既包括了突发性的污染事故，也包括了之前已经存在污染的情况。对于持续性的污染进行承保主要借鉴国外的发展经验，投保人与被保险人依据企业的环境污染风险大小和周围的环境敏感程度拟定一个较高的免赔额度，并且借助国外保险团队的核保方式和经验，对于投保持续性环境污染的企业要求十分严格，针对性和筛选性太强，并不是十分符合目前我国的国情。

平安集团推出的平安环境污染责任保险与人保财险的环境污染责任保险类似，也只是针对突发性的环境污染事故进行承保，在保单条款中规定将被保险人因污染事故对第三者造成的人身伤亡或直接财产损失进行赔偿；并且对于被保险或第三者及时排除或减轻污染损害所造成的清理、施救费用承担赔付责任。同时，把被保险人的故意行为、核辐射、核污染、噪声、光、振动、电磁辐射及其他放射性污染作为除外责任，把被保险人因从事污染活动导致的渐进性污染作为免除责任。

4.4.2　我国环境污染责任保险政策实施效果评估

4.4.2.1　环境污染责任保险政策体系存在薄弱环节

企业对环境污染责任保险的需求从根本上取决于一个国家环境保护法规和政策体系的完善程度。当前国内相关法规在立法上存在诸多缺陷，针对环境污染事故的赔偿和处罚标准过低，缺乏有效的事故责任追究制度，社会惩治氛围尚未形成，而且国内推行环境污染责任保险的基础工作还比较薄弱，政策支撑体系也不完备，这些都成为制约我国环境污染责任保险发展的关键因素。

（1）法律依据缺乏，法制保障不足。现阶段我国的环境污染责任保险工作是在缺乏立法的基础上开展的，目前还没有国家层次的法律法规对环境污染责任保险进行有关规定。从环境污染责任保险的长期发展来看，缺乏国家层面的法律支持，环境污染责任保险在地方试点过程中掣肘很大，难以推进地方立法，并且在资金支持和政策优惠上也受到诸多限制。虽然部分政策文件和地方立法对环境污染责任保险做出规定，能在一定程度上保障环境污染责任保险在特定区域和范围内实施，但均以鼓励性、原则性规定为主，缺乏明确、具体的国家层次的法律法规依据。

近年来，我国环境污染事故呈高发态势，特别是重金属污染事件频发，严重威胁人民群众的身心健康，探索在涉重金属等高环境风险领域建立环境污染强制责任保险制度，健全环境污染责任保险制度势在必行。以 2012 年环境保护部政策研究中心开展的一项针对政府部门、保险公司、企业的问卷调查结果表明，对企业参保缺乏制度约束或者缺乏投保的法律依据，是影响环境污染责任保险推进的主要原因之一。美国将环境污染责任保险作为工程保险的一部分，还针对有毒物质和废物的处理可能引起的损害责任实行了强制保险，其丰富的环境保险产品和活跃的环境保险市场得益于美国严格的环境立法。相关经验也表明，如果没有相应的环境立法，或者环境立法对污染者的责任规定过轻、过松，都不会对环境污染责任保险产生有效需求。

因此，在相关环保立法中明确加入环境污染责任保险的内容，是当前我国环境污染责任保险制度完善的关键。同时，考虑到立法过程较长，还需要从制度层面探索建立和实施环境污染强制责任保险制度，尽快出台高环境风险企业强制保险政策指导意见和实施细则，明确高环境风险企业范围、划分依据和标准，明确投保程序和要求等，为国家制定相关法律积累经验。

（2）企业违法成本过低，污染责任追究力度不足。环境污染责任保险的发展与污染责任追究和赔偿法律制度的发展密切相关。强而有力的污染责任追究和赔偿法律为环境污染责任保险制度的建立提供了条件，促使责任人寻求规避风险责任的途径，从而促使适应这一需求的环境污染责任保险取得进一步的发展。然而当前我国在环境污染损害赔偿责任方面的法律规定并不明确，现行的民事救济制度存在环境侵权损害赔偿法律制度不够完善、环境侵权责任认定困难、履行环境侵权损害赔偿责任困难、行政执法及违法处罚力度不足，以及对环境犯罪的刑事打击不够等多个方面的缺陷，发生污染事故后，在民事赔偿范围内，企业大多只承担了污染事故造成的部分直接经济损失和事故应急处置费用，并未承担巨额的土地、地下水、海洋等生态环境损害和生态破坏的恢复费用，企业实际承担的经济性赔偿责任较低。在刑事处罚上，由于环境犯罪入罪门槛低，司法打击不力等多方面原因，一些涉嫌严重环境犯罪的重大环境污染案件未被追究刑事责任，部分企业负责人环境法律意识淡薄，环境事故风险防控意识低，部分地区和行业环境污染事故频发，对公众健康和环境安全造成重大损失。同时，行政处罚数额较低，对企业的威慑和惩治力度不足。这些导致了大部分企业不愿意将环境风险管理纳入经营成本之中，缺乏投保的根本动力。

另外，已有的环境污染责任保险政策体系只对企业是否投保作了限制，对企业投保额并没有过多要求，由于企业缺乏对环境污染责任保险的认识，一般不会考虑根据自身环境风险水平、发生污染事故可能造成的损害范围等因素，投保足以赔付环境污染损失的责任限额，实际投保时只会选择较低或最低的保险档次，环境风险保障依旧很低。因此，需要从政策层面对污染责任追究和赔偿制度、企业环境风险评估、企业投保环境污染责任保险最低投保额以及对投保企业的激励措施等方面进行限定和完善。

（3）基础工作薄弱，技术支撑不足。环境污染责任保险的推广需要有效的技术支持，包括如何确定企业环境风险、评估污染损害、确定赔偿标准等。目前环境污染责任保险的推广还面临着许多技术性问题，虽然国家已经在风险等级评估、环境损害鉴定等方面做出了一些努力，但是尚未建立全面的环境风险评估方法、污染损害认定和赔偿标准等。由于缺乏环境风险评估方法，环境风险的识别和量化难度很大，而且行业和企业间的差异也比较大，在诸多基础信息不清楚的情况下，保险公司很难根据企业环境风险进行精细化的保险费率厘定。此外，由于缺乏国家环境污染损害认定和赔偿标准，保险公司从保护自身利益的角度出发制定赔偿条款，导致大多保险产品出现赔偿范围窄、免责条款过多等问题，削弱了它的公益性，盈利性的特征过于明显，并进一步导致企业认为环境污染责任保险无用而不愿购买。

基础工作薄弱，技术支撑不足，已经严重影响到环境污染责任保险的推广程度和政策目标。因此，有必要出台适用于环境污染责任保险的环保标准、环境风险评估准则、污染损害赔偿标准、污染场地清理标准和指南等文件，为评估企业环境风险、环境事故经济损失，科学厘定保险费率，建立健全环境风险防范和污染事故理赔机制等提供成熟的技术支撑体系。

4.4.2.2　环境污染责任保险政策实施中存在的问题

（1）保险产品不尽合理，环境风险防范不足。一些地方在推行环境污染责任保险时，没有真正将风险防控和环境管理目标与保险产品设计紧密结合在一起，追求形式和数量大于效果。现有的环境污染责任保险产品主要来源于模仿或借鉴国外成熟保险产品，由于缺乏环境污染风险评估及损害鉴定的相关标准和规范，保险公司考虑到没有处在"大数法则"下运营的保险产品难以平衡保费收入和赔付支出，担心出单后风险过大。加之当前环境污染的现实状况，如一些环境污染恶性事件频发，损失后果较为严重，保险公司在确定保险金额和拟定费率时较为谨慎，保额较低，保险责任范围较窄。我国各地大多采取人保财险或中国平安的保险条款，根据这两家国内最大保险公司的环境污染责任保险条款，一些条款规定不够合理，如第三者责任仅限于承保区域 1 km 范围内，被保险人未能在保险事故发生后的 72 h 内发现的损失、费用和责任以及因暴雨等自然灾害引起的污染事故等不予赔偿，环境污染事故一旦发生上述条款显然不利于损害赔偿。同时，由于环境污染事故损失往往数额较高，其他国家普遍采用了责任限额规定，我国现行保险条款不仅有责任赔偿限额规定，还有清污费用要低于责任限额 50%的规定，属限额之限额。清污主要指对被污染环境的清理，污染发生后此项费用往往较高，但依据目前条款，保险公司在此项上可支付的赔偿非常有限。

另外，从我们对山西长治苯胺泄漏事件调研时与天脊煤化环保能源管理部工作人员座谈得知，保险公司只在 2011 年首次向该企业推销环境污染责任保险时找过该部门一两次，在购买了保险后从未见过保险工作人员来进行风险管理服务，续保也未通过企业环保部门，而直接通过财务部门办理。企业环保人员对环境污染责任保险及作用并不了解，购买该保险只成为完成环保部门的要求，而非将保险作为进行环境风险管理的工具。该公司于 2012 年 10 月购买当年保险，距事故发生仅两个月，如在承保前保险公司及企业能请环境风险专家对企业进行必要的环境风险评估，及时发现导致事故的金属管质量及雨水阀门未关闭等隐患与不足，本次苯胺泄漏污染事故应当是完全可以避免的。保险公司风险管理服务意识不强，违背了"保险公司要指导投保企业开展环境事故预防管理，提高企业环境事故预防能力"政策制定的初衷，不能真正起到运用保险工具防范环境风险的作用。

（2）参保企业获益低，投保动力不足。保费高、赔付条款苛刻、赔付率低、投保企业少是当前我国环境污染责任保险的主要特点。当前我国许多地方采用的是中国人保环境污染责任保险条款，其条款规定"承保区域"为保险地址 1 km 范围内，保险期限为 1 年。这对水、大气等污染事故往往会造成下游或周边较大范围污染影响来说，大部分污染损害都难以得到赔付。此外，人保条款规定了 600 万元的赔付总限额，还就人身伤亡、医疗费用、财产损失、清污费用等分别规定了分项赔偿限额，其中医疗、财产费用限额只有 2 万～3 万元。从这一保险责任来看，保险公司的利益得到了最大化，而参保企业的收益很低，一旦出现事故，投保企业所获赔偿非常有限，难以起到环境风险防范和转移的作用，企业投保积极性也会受到影响。另外，当前的大部分环境污染责任保险中只承保突发意外环境污染事故所导致的赔偿责任，而将渐进性污染列为除外责任。一些地区将重金属行业列入强制保险范畴，但由于目前中国人保、平安保险等大型保险公司均未开发针对渐进性污染的保险产品，这些地区将保突发意外环境污染事故的保险产品用在渐进性污染事故上。重金属污染具有长期性、累积性特征，企业即使购买了此类保险，当出现血铅等渐进性污染事故后也难以得到必要的保险赔偿。

以 2012 年本项目开展的一项针对企业投保意愿调查，表明企业普遍对环境污染责任缺乏认识和了解，有 70%以上的被调查企业对环境污染责任保险完全不了解或只知道一些，大多数被调查企业没有主动参保的意愿，即使被强制投保，约 80%的被调查投保企业也只愿意支付 5 000～50 000 元保费，按保险费率 2.5%计算，其全部保额最多也只能达到 20 万～200 万元，而环境污染事故一旦发生，损失往往巨大，少则上百万元，多则千万元甚至上亿元，环境风险保障依旧很低。究其原因，企业投保动力不足，主要是认为自身不会发生事故，即使发生事故也会因赔付条款苛刻不能得到有效的赔偿。参保企业获益低，投保动力不足，要解决这种问题，不但需要完善现行法律政策，还需要引导保险公司优化产品，完善促进企业投保的保障措施等，多措并举，更好地发挥保险机制社会管理作用，实现环保部门、保险公司和企业的"多赢"。

专栏 4-3 企业投保环境污染责任保险意愿调查

调查对象为湖南和云南两地环境污染责任保险相关政府部门（环保部门和保监部门）、保险公司、保险经纪公司和企业，调查共回收打分表 78 份，受访企业主要为有色金属冶炼和化工企业，还包括机械加工、水泥、环境工程、汽车等企业。

我国环境污染责任保险发展面临问题的打分清单

我国环境污染责任保险发展面临的主要问题
1. 现阶段保险市场发展还不成熟
2. 单个保险公司难以独立承担赔偿责任
3. 污染事故不是偶然，而是必然
4. 公众缺乏环境意识，尤其缺乏索赔意识
5. 环保部门对环境污染责任保险工作的认识不够全面
6. 环境责任保险法律依据不充分
7. 环境责任保险为自愿性保险，对企业参保无制度约束
8. 缺乏有效的环境污染事故责任追究制度，企业自身缺乏参保动力
9. 缺少污染赔偿方面的具体法律法规
10. 环境污染责任保险工作机制滞后
11. 环境纠纷解决机制不健全
12. 环境事故勘察与责任认定机制尚不明确，环境事故赔付率低
13. 目前环境保险制度缺少具体详细的实施细则，权益和风险相匹配的保险原则体现得不充分，落实缺少保障
14. 环境责任保险对投保企业的鼓励措施不够，现行的政策不足以解决企业的担心和困难

15.	对参与环境污染责任保险的保险公司的政策支持不够。保险业整体税负偏重，严重影响了保险公司的自我积累能力
16.	环境污染对人体健康损害赔偿无据可依，难以对排污者构成压力
17.	保险公司缺乏参保企业相关数据，难以合理厘定费率
18.	保险公司与风险评估相关技术，难以根据风险状态厘定合理费率
19.	对环境事故赔偿标准、各个行业环境风险评估标准等技术规范尚未完全建立，使环境污染责任保险在推行中有很多不确定因素
20.	企业环境保险意识淡薄
21.	企业认为自身不会发生事故，有侥幸心理，没有投保的积极性，保险意识不强
22.	一些企业将环境污染责任保险与安全生产责任保险混淆
23.	中小企业经济效益一般，资金缺乏，难以购买保险
24.	拥有经济实力的大型企业对该保险能否满足环境风险保障需求存在疑虑
25.	环境保险给企业带来了经济负担，影响了企业的市场竞争力
26.	投保企业和保险公司相互缺乏必要的沟通和信任
27.	保险公司不愿意承接环境污染责任保险
28.	保险公司认为环境污染责任保险的风险太大，难以盈利
29.	保险公司能力有限，难以对参保企业的环境行为进行监督和约束
30.	环境污染责任保险市场缺乏第三方的参与与监督
31.	目前的污染责任保险费率较高
32.	环境污染保险责任范围过窄
33.	保险产品针对性不强，专业化水平低
34.	目前的污染责任保险费率是按行业划分的，不是按照污染风险等级确定的保险费率
35.	目前的环境保险索赔时效过短
36.	环境污染责任保险金额规定过死

（3）行政色彩浓厚，政策持续性不强。作为一项利用市场机制的经济政策，当前我国推行环境污染责任保险的环境并不理想，目前各地推动责任保险主要靠行政手段，一些地方将企业购买环境污染责任保险与办理环评、排污许可证年检、出具环保守法证明等行政审批挂钩，短期内试点推动效果比较显著，然而一旦企业提起行政复议，政府部门可能会处于行政违法的不利境地。

另外，环保部门对保险产品是否能满足环境管理要求关注较少，更关心的是购买保险的企业数量，追求形式和数量大于效果。由于一些地方环保部门追求投保企业数量，在没有法律支持的情况下，反复游说或强迫企业购买保险，或强性摊派，政府部门成为保险推销员，影响了政府形象，也影响了保险制度的可持续性发展。即使有些企业购买了环境污染责任保险，也不是出于转嫁风险的需求，而是为了给政府部门"面子"，或担心被找麻烦。这就违背了这项政策的初衷，政策也难以持续。

4.5　排污收费政策评估

4.5.1　政策背景

排污收费是指向环境直接或间接排放污染物的排放者，根据其排放污染物的数量和类型向政府或者其代理缴纳的费用（王金南，1997），其目的是促进排污者进行污染治理。排污收费政策是包括排污收费的立法、排污费征收以及排污费资金的使用与管理等规定的总称。排污收费政策是我国环境管理的一项基本制度，也是我国最早实施的环境经济政策。我国于1978年首次试点实施"排放污染物收费制度"政策，1982年，国家出台了《征收排污费暂行办法》，然而排污收费标准太低，同时排污费返还企业，对污染企业产生的激励作用不足。

4.5.2　政策体系

排污收费政策直接体现了"庇古理论"中的"排污者付费"原则，在促进我国工业污染防治中发挥了重大作用，也是迄今为止政策体系较为全面、发展较为成熟的一种经济手段。

表 4-26　排污收费制度的政策体系

	年份	法律名称	颁布机构
行政法规	1988	污染源治理专项基金有偿使用暂行办法	国务院
	2003	排污费征收使用管理条例	国务院
部门规章	2003	排污费征收标准管理办法	国家发展计划委员会
	2003	排污费资金缴使用管理办法	财政部、国家环境保护总局
	2003	关于排污费征收核定有关工作的通知	国家环境保护总局
	2003	关于环保部门实行收支两条线管理后经费安排的实施办法	财政部、国家环境保护总局
	2004	排污费征收季报表（试行）	国家环境保护总局
	2005	污染源自动监控管理办法	国家环境保护总局
	2007	排污费征收工作稽查办法	国家环境保护总局

排污收费政策的目标是污染者承担相应的外部成本，促使污染者采取措施控制污染。我国的排污收费政策是在全国范围内，对污水、废气、固体废物、噪声、放射性等多种污染物的各种污染因子，按照标准收取费用。国外尚未见到收费如此之广、收费种类和收费因子如此之多的政策。

在我国的环境经济政策体系中，排污收费的经济色彩很浓，包括收费、罚款、财政、金融等多种经济手段的使用。我国排污收费的法规体系由 4 个层次组成，全国人大颁布的法律，国务院制定的行政法规，各省、自治区、直辖市制定的地方性法规，地方政府部门的地方行政法规，体系相对完整。

4.5.3 政策运行效果

为环境保护提供了监管手段。排污费的本质就是增加企业的排污成本，通过经济的手段调整企业的环保行为，以实现环境补偿的目的。环境补偿以环境损害和健康损害为基础，分为欠量补偿、等量补偿和超量补偿 3 种形态。目前的排污收费属于欠量补偿形态，也是环境税的初级阶段。

在初级阶段，环保部门对现有企业的监管就是要确定企业的环境行为是否达到规定的环保要求，这就需要环保部门及时准确地了解企业的排放情况。经过 30 多年的实践，目前排污收费制度已经建立了一套比较科学合理的排污核定体系，不仅为排污收费提供支持，也为我国环境管理提供支持。原国家环保总局印发的《关于排污费征收核定有关工作的通知》（环发[2003]64 号）规定，对污染物的种类、数量核定按照下列顺序进行：自动监控仪器的监测数据、监督监测数据、物料衡算方法计算所得物料衡算数据以及环境监察机构采用抽样测算的办法核算的排污量。目前常用的核定污染物种类和排放量的方法主要有 3 种：实测法、物料衡算法和产排污系数法。通过这 3 种方法，环保部门可以比较准确地核定企业的排污情况。

各级环保部门在加强环境监督执法的过程中，十分重视排污收费手段的运用，如近几年开展的环保专项行动中，各地基本上都采取了追缴违法排污者排污费、加大惩罚力度的做法；《水污染防治法》也将排污收费规定为计算罚款金额的基数；在企业上市环保核查、环保专项资金安排等工作中都将是否足额缴纳排污费作为前置条件等。这些具体实践表明，排污收费在促进污染减排和筹集环保资金方面发挥经济调节作用的同时，越来越多地发挥直接的监管执法的作用。

排污收费加强了环保部门与企业的联系和沟通，有利于疏通环境监管的渠道。环保部门要准确确定企业的排污量，不仅需要建立一套核定体系，还需要定期来到企业进行核查；同时，企业因为需要缴纳排污费，也会欢迎环保部门核查，这样排污收费就会成为环境监管的抓手。

排污费资金量实现较大幅度的增长。2010 年全国（除西藏外）共向近 49 万户排污单位征收排污费 188 亿元，与 2009 年相比，金额增加 24 亿元，增幅 14.6%。26 个省份实现正增长，广西壮族自治区、新疆维吾尔自治区、内蒙古自治区等中西部地区增幅最大，分别为 86%、56%、42%。主要原因为：①各地规范排污费征收行为，加大排污费征收稽查力度，如安徽 2010 年排污费稽查总额就为 6 000 万元，占增收额的一半以上；②截至 2010 年，共有 11 个省份提高了二氧化硫等排污费征收标准，二氧化硫排污费征收额增长幅度较快，如广西壮族自治区直收的二氧化硫排污费就达 1.6 亿元，与 2009 年同期相比增加了 8 300 万元，增长 108%；③经济回暖，在企业扩建、增产情况下，各级环保部门加大征收力度，如内蒙古自治区仅 30 万 kW 以上火电企业就新增 5 户，多收排污费近 1 亿元。

为企业治理污染开辟了资金渠道。排污收费为企业治理污染提供一定的资金支持。尽管治理污染是企业本身的责任，但是通过排污收费等筹集资金不仅能直接为一些企业的污染治理、清洁生产和循环经济项目提供资金，而且也可以引导和带动企业投入环保。《排污费征收使用管理条例》实施前，1979—2003 年，排污费用于污染治理的资金为 392.5 亿元，占使用总额的 62%，涉及项目总数为 36.7 万个。

2003 年以后，排污费征收适用管理体制发生了重大改变。根据 2003 年实施的《排污费征收使用管理条例》，排污费必须纳入财政预算，列入环境保护专项资金进行管理，主要用于重点污染源防治，区域性污染防治，污染防治新技术、新工艺的开发、示范和应用以及国务院规定的其他污染防治项目的拨款补助或者贷款贴息。中央本级 6 年来共安排污染源治理、区域流域污染防治、新技术工艺推广项目 793 个，补助地方和企业的资金就达到 40.6 亿元。这些数据表明，实行排污收费制度、促进了排污单位防治污染，产生的效益是多层次、全方位的，如果再考虑改善环境、保护资源、维护人民群众身体健康等间接效益，实施排污收费制度所产生的综合效益将会更大。

推动了环保公共财政体制的建设。根据《排污收费征收使用管理条例》的规定，排污费的征收、使用和管理严格实行收支两条线，征收的排污费一律上缴财政，纳入财政预算，列入环境保护专项资金进行管理，全部用于污染治理。环保执法资金由财政予以保障，从制度上堵住挤占、挪用排污费等问题的发生。特别是 2006 年财政部在政府预算支出科目中首次增加了"211 环境保护"科目，以及自 2007 年以来设置的 8 项环保专项资金政策，使污染治理资金有了专门渠道，基本结束了"吃排污费"的历史。

4.5.4 政策存在的主要问题

本研究对我国排污收费政策存在的问题进行了调研，按照重要性从低到高的排序，对各项问题分别赋予1～6分，求得各项问题重要程度平均得分（图4-29）。可以看出，总的来说，受访者认为"排污收费执法队伍能力建设不足"和"排污收费标准低"是现阶段我国排污收费制度存在的最重要的两个问题。

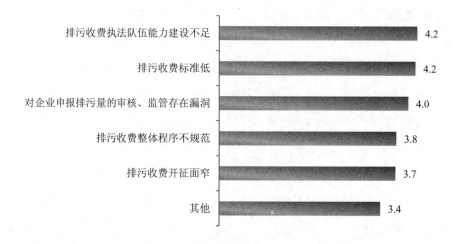

图4-29　现阶段我国排污收费制度存在的主要问题重要程度平均得分

排污收费执法队伍能力建设不足，排污费征收效率不高。按照现行的排污费征收制度，排污费征收额测算的基础是排污者申报和环保部门核定，而目前在一些地方主要依靠排污者申报，申报数据的可靠性、准确性、真实性难以保证，谎报、瞒报现象较为严重。排污收费是一项政策性强、涉及面广、专业技术含量高的执法性工作。各地的环境执法部门主要负责排污收费工作，由于这支队伍组建时间短、从业人员偏少，且来自不同的岗位，相关的专业知识参差不齐，较严重地影响了收费工作的开展。一些地方由于排污收费公示、稽查制度执行不到位，加之地方保护主义，使"协商收费""人情收费"现象时有发生。另外，属地征收，加大了市、县环境保护部门的执法任务。而同时由于环保事业经费没有及时落实，少数地方的队伍装备也相对滞后，特别是一些经济发展相对落后的地区，环境管理部门经费保障不足，存在变相"吃排污费"现象，执法能力受到影响，难以适应新形势下的环境监察工作需要。以上原因导致排污费在实际征收过程中，少缴、欠缴、拖缴现象甚为普遍。

排污收费标准偏低。30余年来我国排污收费制度经过多次改革，排污收费标准几经上调，但至今仍与企业的治污成本相差甚远，这在很大程度上降低了排污收费制度原本应该发挥的功效，并间接导致了不少排污企业"缴费积极、治污消极"的尴尬局面的长期存在。考虑到我国经济社会发展水平及排污者的承受能力，已实施的《排污费征收使用管理条例》所确定的排污费征收标准仅为污染治理设施运转成本的一半左右，某些项目甚至不到污染治理成本的10%。

对企业申报排污量的审核、监管不到位。首先，自动监控仪器监管不力，难以提供可靠监测数据。按照《排污费征收使用管理条例》和《关于排污费征收核定有关工作的通知》的规定，自动监控仪器监测数据是核定污染物排放数量的第一依据。然而实际中，由于自动监控仪器的安装、运行和维护经费主要由排污单位自筹，导致排污单位缺乏积极性，甚至出现人为破坏监控仪器现象，再加上环保部门监管力度不够、把关不严、缺乏定期对比监测等，导致自动监控仪器监测数据与监督性监测数据、物料衡算数据和抽样测算系数数据相比，差异较大，很难将其作为污染物排放情况的核定依据。其次，排污费使用不规范，截留、挪用等问题突出。目前，受客观条件的制约，我国排污费的征缴工作主要是由环保部门代财政部门来完成。在这种代征模式下，出于部门利益的考虑，同时也由于缺乏足够的监管，一些地区的环保部门往往违规设置排污费收缴过渡账户，即在征收排污费后，并不及时、全额上缴财政，而是用于自身建设，甚至挪用部分排污费用于提高人员福利、改造办公楼宇等。大量排污费长期游离于财政监管之外，直接影响了环保资金的收入总量，制约了政府治理污染的能力。据报道，审计部门经对某省11个市、86个县区排污费分配使用情况的审计调查，发现有79个市、县财政部门存在违反规定安排环保部门自身建设经费的问题，占调查市、县总数的81%；有56个市、县环保部门将污染治理资金3 457万元挪用于本部门经费支出，占拨付环保部门污染治理资金总额的50%。

排污收费整体程序不规范。目前，有些地方环保部门排污费征收管理人力不足，人员素质较差，征收随意性强，管理工作薄弱，导致漏征、少征的现象较为普遍。主要表现在：①排污申报登记工作不到位，部分地区未按规定开展排污申报登记工作，排污收费与申报登记脱节，不能准确地反映各期应征排污费。②各县（市）环境监察机构重收费、轻监管，对重点污染企业监督检查不到位，对重点企业的污染物排放情况掌握不足，对排污申报登记工作重视不够，对企业的排污申报登记审核不严，排污量核定不准，造成少征或漏征。③部分县（市）存在"协商收费""人情收费""硬性定费"等情况。④个别市县环保部门会计基础工作薄弱，管理混乱。

4.6 排污权交易政策评估

4.6.1 政策背景

排污权交易是通过创建市场来控制污染的手段。排污权交易是通过创建市场，有效配置污染削减责任（容量资源），以降低污染控制的社会成本的市场化手段。其理论基础来源于科斯的排污权交易思想（Coase，1960），主要思想是在满足环境质量要求的条件下，明晰污染者的环境容量资源使用权（排污权），允许污染者在市场上像商品一样交易排污权，实现环境容量资源的优化配置，只要污染源间存在边际治理成本差异，排污权交易就可能使交易双方都受益[①]。

我国初步建立了排污权交易试点。我国在 20 世纪 90 年代初引入了排污权交易制度，最初是为了控制酸雨。1991 年，16 个城市开展了大气排污许可证制度的试点工作；1994 年，包头、开远、柳州、太原、平顶山、贵阳开展了大气排污权交易的试点；2001 年 4 月，国家环保总局与美国环保协会签订了《推动中国二氧化硫排放总量控制及排放权交易政策实施的研究》合作项目，并于同年 9 月在江苏南通顺利实施中国首例排污权交易试点，标志着我国排污权交易政策进入试点探索阶段。2002 年 3 月，国家环保总局下发《关于开展"推动中国二氧化硫排放总量控制及排污交易政策实施的研究项目"示范工作的通知》，继而在山东、山西、江苏、河南、上海、天津、柳州等省市，建立二氧化硫排放总量控制及排污权交易的试点。

4.6.2 政策体系

排污权交易是通过市场促进节能减排的重要手段。与传统的排污收费制度不同，排污权交易制度作为一种以市场为基础的经济政策手段，其最根本的目标是以经济、灵活的方式促进排污者的节能减排。具体来说，包括以下两个方面：①通过市场机制的调节，使污染减量更多地由边际减排成本较低的排放源实现，从而降低总量控制的社会总成本，实现社会环境资源的优化配置；②通过交易，为排污者提供实现减排目标的新途径，排污者能灵活配置内部资源，并能更好地实现国家的排放控制目标。

---

① 马中，Dan Dudek，吴健，等. 论总量控制与排污权交易. 中国环境科学，2002，22（1）：89-92.

表 4-27 我国排污权交易重点政策一览

实施范围	颁布时间	政策名称（举例）	颁布机构
国家层面	2007	选择电力行业以及太湖流域开展排污权交易试点	财政部、原国家环保总局
	2008	关于同意天津市开展排污权交易综合试点工作的复函	财政部、环境保护部
	2009—2010	批准浙江、湖北、湖南、山西等省市开展二氧化硫、主要污染物排污权交易试点	财政部、环境保护部
地方层面（举例）	2009	浙江省人民政府关于开展排污权有偿使用和交易试点工作的指导意见	浙江省人民政府
	2010	江苏省太湖流域主要水污染物排污权交易管理暂行办法	江苏省环保厅、财政厅、物价厅
	2012	湖北省主要污染物排污权交易办法	湖北省人民政府

我国排污权交易政策体系仍在探索之中。从排污权交易的政策体系上看，"十一五"期间，我国排污权交易政策得到进一步的发展，交易标的由传统的 SO_2 向主要水污染物等进一步扩展。但是，我国的排污权交易政策依然主要建立在探索、试点的基础上，在市场机制的建立等方面依旧不是很完善。"十一五"期间，在国家出台的各项环境经济政策中，排污权交易政策所占比重仅为 4%；在地方出台的各项环境经济政策中，排污权交易政策所占比重仅为 2.6%[①]。可见，排污权交易在环境经济政策体系中的重视程度依旧不够。

4.6.3 政策运行效果

"十一五"期间排污权交易政策取得较大突破。"十一五"期间，我国过半省份已经开展了排污权交易试点，在具体实施机制方面进行了较多探索，特别是在若干地区已经形成了较为成熟的制度体系和排污权交易机构（浙江、北京、上海、天津、湖南、云南、陕西在"十一五"期间相继成立交易机构），并完成了多项交易案例。2007 年 11 月 10 日，国内第一个排污权交易中心在浙江嘉兴挂牌成立，标志着我国排污权交易逐步走向制度化、规范化和国际化。总的来看，当前我国排污权交易已进入试点深化的阶段，特别是在"十一五"期间取得了较大突破，众多试点省份已初步构建起了排污权交易政策框架。

排污权交易强化了利益相关者对环境资源价值的认知度。通过开展排污权的有偿使用，建立市场化激励和约束机制，改变了长期以来"环境廉价、资源无价"的局面，提高了排污企业生态环境理念和社会责任意识。使企业充分认识到环境资源的稀缺性，有利于促进

[①] 环境规划院. 重要环境信息参考. 2012（115）.

企业进一步珍惜环境资源，提高环境资源利用率，促使企业从"末端治理"向"源头控制"转变，最终达到污染减排、总量控制的目标。

排污权交易机构逐渐增多，市场逐步打开。从试点体制、制度建设来看，经过"十一五"期间的试点实践，我国已有 19 个省份相继开展或准备开展排污权交易试点（其中江苏、浙江、湖北、湖南、山西、内蒙古、天津、重庆七省份为环保部批准的国家试点省份）。各试点省份先后出台了围绕排污权交易展开的各项政策规定；同时，各地方的交易机构也应运而生，为排污权交易构建了体制基础。

4.6.4　政策存在的主要问题

本研究对我国排污权有偿使用与交易政策存在的问题进行了调研，按照重要性从低到高的排序（图 4-30），对各项问题的重要程度进行排序。有 61.2%受访者认为"排污权交易的法律依据不健全"的重要性排在首位，远高于其他问题，集中度高。

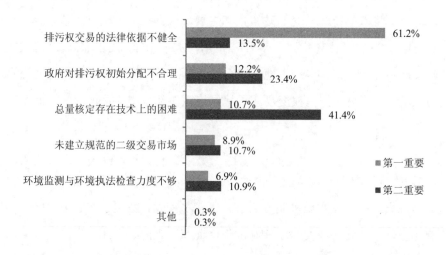

图 4-30　现阶段我国排污权有偿使用和交易制度存在的主要问题排序（前两名）

排污权交易政策缺乏统一的法律基础。从国家层面来说，虽有相应的排污许可证制度法规，但没有写入《环境保护法》，总体层级不高而且缺乏体系化，没有完善的法规加以配套实施，而直接规定排污权交易行为的法律规范还是空白。《大气污染防治法》《水污染防治法》等虽已提到了排污总量控制及排污许可证制度，地方也陆续开展了 20 年的排污交易试点，但依然没有国家层面上的排污权交易法律法规，甚至也没有一个排污交易技术指南。如排污权内涵、排污交易规则、交易主体的权责利、交易纠纷裁决、交易行为的税收优惠等激励措施，以及排污权折旧、排污权作为资产抵押、监管程序、违法责任、排污权交易试点政策的法律授权等问题均没有解决。

从各省份地方实施排污指标有偿使用和排污权交易的实践来看，部分地区虽然根据各自情况制定了交易办法，但由于缺乏法律效力的约束，执行困难，也容易引发排污企业的抵触心理。存在排污交易的法律基础十分薄弱、法律依据不充分的问题，尤其是排污权有偿取得的法律基础十分薄弱。一些试点地区在该方面做了一些尝试性工作，形成并通过了排污权交易的地方法规文件。而其他大部分试点地区排污权交易的实践工作缺乏法律基础，试点工作具有很大的盲目性，导致许多政策属于"违法"操作，一些政策甚至由于受到较大的抵触而难以深入下去，从而阻碍排污交易政策的落实。地方实践走在较前的省、市均希望国家能及时出台有关排污权有偿使用和排污权交易的具体规章制度。

排污权初始分配不合理。企业排放配额分配方法虽然取得了一些经验，在分配方法的公平性和公正性方面较过去都有较大改善，但依然存在绩效分配方法没有落实到地方、新污染源的排放配额获取方式不明确、准入标准尚不明确等问题，这些问题都将成为排污交易推行的障碍。我国目前各省之间发展不均衡，污染物减排空间不一致。例如，传统制造业大省，可通过产业结构调整或者更新技术实现减排，空间较大；而以第三产业为主的省份，污染物减排空间相对较小。此外，政府在分配初始排污权时如采取无偿发放政策，新进入企业的指标获取与老企业间存在不公平。如采取有偿发放政策时，大企业可凭借资金囤积排污权，导致小企业无法负担减排压力破产，大企业再通过垄断调高市场价格，影响商品市场稳定。如果采取申报措施，政府根据企业历史排放数据发放排污权，对于已采取限制排放的企业，排放量少，相应获得的排放权也较少，存在不公平。

排污权交易也缺乏一套科学的排污权初始价格形成机制。然而，如何确定排污权有偿使用的环境资源初始价格，体现资源的稀缺性，在试点实践中也存在着较大的争议。初始定价过低，不能体现环境资源对排污单位的制约作用；初始定价过高，则又将对试点地区的企业带来过高的负担，更有可能导致政府寻租行为的产生。目前，试点地区排污权有偿使用的初始价格主要由环保、物价、发改等部门决定，作为分配客体的企业对排污权初始配额分配的参与度较低，是政策推行的障碍要素之一。

排污权交易存在总量核定技术上的困难。①我国由于历史原因形成了一系列行政区域，然后行政区域并不等于环境区域，污染物总量控制，必然以环境区域为准，这就导致行政区域与环境区域在实现环境保护、污染物治理上的矛盾。这个矛盾导致总量的计算，分别由不同的环保机构进行，无法保证全部数据的科学有效，况且区域间的环境容量也并非一成不变的。政府间横向沟通的缺失，导致环境信息共享不充分，上级部门在整合统计环境区域信息时，也就无法反映真实的情况。②我国区域差异明显，缺乏专业的计量人才，环境监控实施时间较短，也没有大范围普及，企业还存在瞒报、谎报数据问题，无法获取全部总量控制需要的数据，总量控制需要的明确实施主体和相应的配套政策也没有设计成熟。上述的体制、机制和技术层面的制约因素都对总量控制目标的实现构成影响，排污权交易所需的基本条件还不是很成熟。

政策执行过程的交易成本较高，政府越位现象严重。①排污权交易成本居高不下，制约政策推广实施。排污权交易成本主要包括信息搜寻成本、谈判决策成本、监测执行成本。由于排污权交易市场不成熟，缺乏有效的信息披露机制，实践中普遍存在着交易双方逐个谈判的现象，造成排污权交易市场的基础信息搜寻费用高，环保部门监测与执行费用高，妨碍排污权交易制度的实施和作用的发挥。②我国排污权交易市场运行中政府越位严重，突出表现为政府主导排污权交易市场和地方保护主义盛行等方面。政府通常会提供给买卖双方其所掌握的企业排污以及排污权交易潜在可能性等信息，积极促成协议达成，市场机制在交易过程中的作用微乎其微；政府还在排污权交易市场中负责制定配额价格，极易导致寻租行为；同时，地方政府重视地方的经济发展，可能对企业偷排现象视而不见，帮助企业获得更快的发展机会和更多经济收益。这些政府失灵现象，都严重制约了排污权交易市场的正常运行。

4.7 生态补偿政策评估

4.7.1 政策背景

生态补偿（Eco-compensation）是以保护和可持续利用生态系统服务为目的，以经济手段为主调节相关者利益关系的制度安排。

建立生态补偿机制具有重要性和迫切性。2005 年颁布的《国务院关于落实科学发展观加强环境保护的决定》明确提出："要完善生态补偿政策，尽快建立生态补偿机制。中央和地方财政转移支付应考虑生态补偿因素，国家和地方可分别开展生态补偿试点。"2006年颁布的《国民经济和社会发展第十一个五年规划纲要》要求，"按照'谁开发谁保护、谁受益谁补偿'的原则，建立生态补偿机制。"在党的十七大报告中，胡锦涛总书记明确提出："建立健全资源有偿使用制度和生态环境补偿机制"。由此可见建立生态补偿机制的重要性和紧迫性。

生态补偿是解决"效率"与"公平"的有效手段。生态补偿是解决发展中引发的"效率"与"公平"问题的有效手段，是走出生态"囚徒困境"的重要制度安排，通过建立生态补偿的选择性刺激机制，实现区域内的集体理性[1]。政府通过直接实施重大生态建设工程或项目，不仅直接改变项目区的生态环境状况，而且对项目区人民政府和民众提供资金、物资和技术的补偿，这已成为当前我国生态保护和建设的重要举措。

4.7.2 政策体系

生态补偿机制的本质是将环境的外部成本内部化。建立生态补偿机制，以相关利益主体间的环境利益与经济利益的分配关系为核心，其根本目标就在于将生态保护或破坏的外部成本内部化，调整各领域、各主体之间的权、责、利关系，通过经济激励，促进协调、公平发展。

表 4-28 我国生态补偿重点政策一览

实施范围	颁布时间	政策名称（举例）	颁布机构
国家层面	2006	关于逐步建立矿山环境治理和生态恢复责任机制的指导意见	财政部、国土资源部、国家环保总局
	2007	中央财政森林生态效益补偿基金管理办法	财政部、国家林业局
	2007	国务院关于编制全国主体功能区规划的意见	国务院
	2007	关于开展生态补偿试点工作的指导意见	国家环保总局
	2007	国务院关于促进资源型城市可持续发展的若干意见	国务院
	2008	关于确定首批开展生态环境补偿试点地区的通知	环保部
	2009	矿山地质环境保护规定	国土资源部
	2009	国家重点生态功能区转移支付（试点）办法	财政部
	2010	关于做好建立草原生态保护补助奖励机制前期工作的通知	财政部、农业部
地方层面（举例）	2008	关于印发辽宁省东部重点区域生态补偿政策实施办法的通知	辽宁省财政厅、林业厅、水利厅、环境保护局
	2009	河南省沙颍河流域水环境生态补偿奖励资金管理暂行办法	河南省财政厅、环保厅

---

[1] 梁丽娟，葛颜祥，傅奇蕾. 流域生态补偿选择性激励机制——从博弈论视角的分析. 农业科技管理，2006，5（4）：49-52.

生态补偿政策体系仍需完善。从现有政策体系来看，生态补偿政策体系已初具规模，从中央到地方，都有相关政策条款出台。据统计，"十一五"期间，国家出台的各项环境经济政策中，生态补偿政策所占比重为 6%；地方出台的各项环境经济政策中，生态补偿政策所占比重为 3%[①]。可见，生态补偿政策在"十一五"期间推进的步伐依旧较慢，尤其在国家层面没有出台相关的评价导则和技术指南等相关文件，不利于指导地方政策的研究与出台。

4.7.3 政策运行效果

生态补偿延伸到环境保护的各个领域。自 2007 年原国家环保总局颁布《关于开展生态补偿试点工作的指导意见》（环发[2007]130 号）以来，我国的生态补偿试点紧紧围绕重点生态功能区、矿产资源开发、流域水环境保护和自然保护区 4 个领域开展。具体来说，国家投入大量诸如天然林保护工程、退耕还林（草）工程以及森林生态效益补偿资金等；征收矿产资源补偿费，用于矿产资源的勘察、保护和合理开发，或者用于治理和恢复矿产资源开发过程中的生态环境；实施三江源及青海湖的自然生态系统保护和生态建设规划，包括退牧还草、重点湿地保护、草地综合治理、黑土滩治理、生态移民等十大工程；国家通过中央主管部门投资、地方政府投资和社会性投资，对重点自然保护区进行投资补助。

生态补偿机制地方试点逐显成效。随着国家层面生态补偿机制的逐步建立，地方也在探索相关实践。浙江省是第一个以较系统的方式全面推进生态补偿实践的省份。江苏、湖北、河北、河南、福建、浙江、辽宁、贵州、山西、山东等地均出台了行政辖区跨界断面水质目标考核奖惩办法或流域生态补偿办法等相关政策文件。把流域上下游交界断面行政责任目标考核与生态补偿和污染赔偿结合起来，探索流域上下游共建共享长效新机制，这些省内的地级市甚至市县也纷纷出台了相应的办法，积极开展试点实践。

生态补偿项目为环境保护和污染防治筹集了大量资金。生态补偿可以使生态投资者得到合理的回报，激励人们从事生态保护投资并使生态资本增值，有助于使外部补偿转化为自我发展能力的积累和提高，不但促进了政策对象地区环境质量的改善，还加快了该地区的结构调整、增长方式转变，推动地区社会经济的可持续发展。例如，河南省自 2010 年 1 月 1 日起，已经在全省全面开展流域生态补偿探索，第二、第三季度扣缴的补偿金分别为 715 万元、276 万元。与 2009 年同期相比，河南省的 53 个地表水责任目标断面水质的 COD 浓度平均值下降 10.5%，氨氮浓度平均值下降 12.7%；贵州自 2009 年 7 月在

---

① 环境规划院. 重要环境信息参考. 2012（115）.

清水江流域试行水环境生态补偿政策以来,2010 年已经缴纳污染补偿资金 485 万元,清水江水质得到改善[①]。

4.7.4 政策存在的主要问题

课题组对我国生态补偿政策存在的问题进行了调研,并按照重要性从低到高的排序,对各项问题分别赋予 1～6 分,求得各项问题重要程度平均得分,如图 4-31 所示。可以得出,总体来讲受访者认为"补偿政策缺乏法律依据"和"补偿政策目标、具体内容和基本环节不清晰"是现阶段我国生态补偿制度存在的最重要的两个问题。

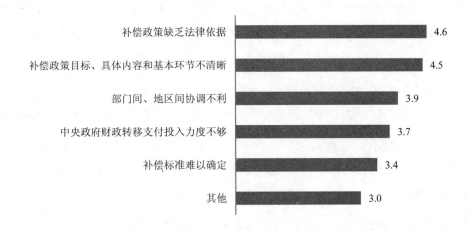

图 4-31 现阶段我国生态补偿制度存在的问题重要程度平均得分

(1)生态补偿的法律依据不健全。我国已建立了完备的资源与环境保护法律体系,许多法规和政策文件中都规定了对生态保护与建设的扶持、补偿的要求及操作办法。但当前的法律法规体系还存在以下问题:对各利益相关者的权利、义务、责任界定及对补偿内容、方式和标准规定不明确。补偿是多个利益主体(利益相关者)之间的一种权利、义务、责任的重新平衡过程,实施补偿首先要明确各利益主体之间的身份和角色,并明确其相应的权利、义务和责任内容。目前涉及生态保护和生态建设的法律法规,都没有对利益主体做出明确的界定和规定,对其在生态环境方面具体拥有的权利和必须承担的责任仅限于原则性的规定,强制性补偿要求少而自愿补偿要求多,导致各利益相关者无法根据法律界定自己在生态环境保护方面的权、责、利关系,导致生态环境保护陷入"公地悲剧"的陷阱之中。一些重要法规对生态保护和补偿的规范不到位。《矿产资源法》规定了"矿产资源开

---

① 环境规划院. 国家环境经济政策试点项目 2010 年度总结报告. 2011.

发必须按国家有关规定缴纳资源税和资源补偿费",并明确要求矿产资源开发应该保护环境、帮助当地人民改善生产生活方式,对废弃矿区进行复垦和恢复,但在财政部和国土资源部联合发布的《矿产资源补偿费使用管理办法》(财建[2001]809号)中却没有将矿区复垦和矿区人民生产生活补偿列入矿产资源费的使用项目。《水法》规定了水资源的有偿使用制度和水资源费的征收制度,各地也制定了相应的水资源费管理条例,但大多没有将水资源保护补偿、水土保持纳入水资源费的使用项目。法规的刚性规定需要一些因地制宜的柔性政策进行补充。由于我国幅员辽阔,东部、中部、西部自然条件和社会发展阶段差异巨大,在生态环境保护方面需要制定因地制宜的梯度政策。而法律的基本原则之一就是"法律面前人人平等",难以实行差别对待,使全国通行的法律法规难以保护"弱势地区"的权益。

(2)补偿政策目标、具体内容和基本环节不清晰。生态补偿应包含四个方面的内容:①对生态系统本身恢复或者破坏的成本进行补偿;②通过经济手段将经济效益的外部性内部化;③对个人或区域保护生态系统和环境的投入或放弃发展机会的损失的经济补偿;④对具有重大生态价值的区域或对象进行保护性投入。我国现行的中央层面的生态补偿性质的政策多以项目的形式对已经遭到破坏的生态环境进行修复和保护,或者对具有重大生态价值的区域、对象进行保护性投入,而对生态效益外部性的内部化和对人或者区域的机会成本的补偿还不够,生态补偿机制不完整。

部门间、地区间协调不力。资源的开发与保护以及生态环境的维护涉及林业、农业、水利、国土、环保等多个行政管理部门,这些部门在维护资源可持续利用与保护生态环境方面具有各自的职责。多部门主导的生态补偿机制,容易导致管理职责交叉,管理主体不明确,资金投入分散,难以形成合力。此外,由于资金管理的分散,财政资金使用过程中缺乏有效的监管,出现了政策落实不到位、资金挪用的现象。

中央政府财政转移支付力度投入力度不够,补偿标准普遍偏低。合理的补偿标准是保证生态补偿政策实施效果的重要前提条件,而我国现行生态补偿相关政策存在补偿标准过低的问题。一方面是由于中央政府的财力有限;另一方面是在补偿标准制定的过程中没有充分听取农民的意见,也没有基于市场的价值规律来决策,造成保护者经济利益的损失,甚至陷入贫困。当保护者的经济利益得不到合理补偿时,他们保护生态环境的积极性和政策的实施效果就难以避免地受到不同程度的负面影响。例如,退耕还林(草)的补偿标准造成退耕农民所获得的经济补偿低于(有的甚至远远低于)农户在同一土地进行农业生产所带来的经济效益,使农民蒙受经济损失,农民不愿意退耕,造成一些地区政策实施不利,开展退耕还林(草)的阻力很大。

4.8 绿色贸易政策评估

4.8.1 政策背景

贸易政策包括国内贸易政策和对外贸易政策，本项目主要以对外贸易政策为研究对象（简称"贸易政策"）。对外贸易政策是指政府根据本国的政治经济利益和发展目标而制定的在一定时期内的进出口贸易活动的准则，它集中体现为一国在一定时期内对进出口贸易所实行的法律、规章、条例及措施等。对外贸易政策主要包括自由贸易政策、保护贸易政策和管理贸易政策，贸易政策是通过具体措施来实施的，具体包括关税措施、非关税措施、出口管理措施等。绿色贸易是指在贸易中通过采取与环境保护相关的措施，预防和制止由于贸易活动而威胁人民的生存环境以及对人民的身体健康的损害，从而实现可持续发展的贸易形式。

实施绿色贸易政策已成为国际趋势。20世纪90年代，随着国际贸易竞争日趋激烈，消除贸易壁垒、促进贸易自由化日趋成为各国的共识，促进贸易与环境保护相协调得到国际社会的高度重视。1994年4月15日，马拉喀什多边贸易谈判部长级会议达成了《贸易与环境的马拉喀什决定》，决定将贸易政策、环境政策和可持续发展三者的关系作为WTO的一个优先事项，并建立一个开放的贸易与环境分委员会，拥有涉及货物、服务和知识产权等各个领域的广泛职能，专门负责协调环保与贸易发展。2001年WTO多哈会议部长宣言明确提出要支持和维持开放的、非歧视的多边贸易体系，同保护环境和促进可持续发展的目标相互支持，并首次将环境议题纳入谈判。2014年，WTO启动了环境产品协定（EGA）谈判。此外，近年来，双边自贸协定越来越多地纳入了环境议题，并建立了独立的环境章节。

优化对外贸易结构已成为国家的战略选择，创新和推动绿色贸易具有良好的政策环境。长期以来，不合理的国际经济贸易秩序使环境污染和生态破坏日趋严重。改革开放以来，我国对外贸易飞速发展，取得了重大成就，成为拉动我国国民经济发展的三大引擎之一。尤其是2001年我国加入WTO之后，我国对外贸易以平均每年20%~30%的速度增长，成为全球对外贸易增长最快的国家。我国加入世贸组织前的贸易总量仅占全球贸易量的4%，而2009年我国在世界货物贸易出口排行榜上首次跃居榜首。与此同时，我国与贸易相关的资源环境问题日益突出。我国对外贸易价值量顺差但资源环境却在产生"逆差"。长期以来，我国以资源环境密集型产品出口为导向的、以量取胜的粗放型外贸增长模式在我国对外贸易中占有较高比重，这一贸易增长模式使我国资源环境付出沉重代价。面对日益严峻的资源环境问题，顺应国际绿色贸易发展趋势，根据科学发展观的要求，加快转变贸易发展方式已成为我国经济发展方式转变的重要内容。《国民经济和社会发展第十二个五年规划纲要》提出优化对外贸易结构的明确要求，即提升劳动密集型出口产品质量和档次，扩大机电产品和高新技术产品出口，严格控制高耗能、高污染、资源性产品出口，同时要有效利用国际资源，优化进口结构，积极扩大先进技术、关键零部件、国内短缺资源和节能环保产品进口。要加快转变外贸发展方式，推动外贸发展从规模扩张向质量效益提高转变，从成本优势向综合竞争优势转变。我国已探索并出台了一系列绿色贸易政策。

4.8.2　政策体系

实行绿色贸易政策的主要目的在于优化贸易结构、降低贸易活动的资源环境代价，促进贸易发展与环境保护相互协调。具体政策目标为：①以保护我国环境为目的，鼓励进口资源环境密集型产品。②根据国际产业梯度转移理论，将一些技术相对落后、资源环境密集型产业转移到发展水平相对低的其他地区。③禁止、限制对本国环境有害的产品进口。④实行出口限制政策，通过征收出口环节资源税、能源税与环境税等手段，限制本国资源外流。⑤扩大绿色产品出口。为达到上述目标，初步探索建立了一套绿色贸易政策体系，其中包括与环境相关的法律法规、政策和技术措施等，总体框架见图 4-32。

我国尚未颁布专门的绿色贸易法律法规，相关规定分散在多项法律法规中，我国绿色贸易政策主要涉及：废物进口管理，化学危险品管理，生态环境管理，生产与销售领域管理，环境保护产品、环保产业管理，控制跨边界污染转移，保护濒危物种、动植物资源和人类健康，控制危险物品物质生产和贸易等。

"十一五"以来，根据国务院节能减排要求，相关部门基于《环境保护综合名录》连续采取了限制"两高一资"产品出口等举措，在优化贸易结构和污染减排方面，取得了积极进展和一定成效。如"十一五"初期，财政部、税务总局、商务部等有关部门 10 批次取消了 1 115 个"两高一资"产品的出口退税，4 批次对 300 多个商品开征出口关税，限制了"两高一资"产品的出口，取得了积极效果。2005 年，国家发改委发布《控制部分高耗能、高污染、资源性产品出口的有关措施》，要求从 2006 年 1 月 1 日起，对部分产品停止加工贸易、调整出口退税并控制部分资源性产品出口数量。2007 年，商务部、国家环保总局出台《关于加强出口企业环境监管的通知》，要求加大对出口企业环境监管的力度，加强出口管理环节企业环保达标审核工作。2014 年商务部联合环保部发布了《对外投资合作环境保护指南》，用于指导企业在对外投资合作中进一步规范环境保护行为，引导企业积极履行环境保护社会责任，推动对外投资合作可持续发展。我国现行绿色贸易政策体系相关政策见表 4-29。

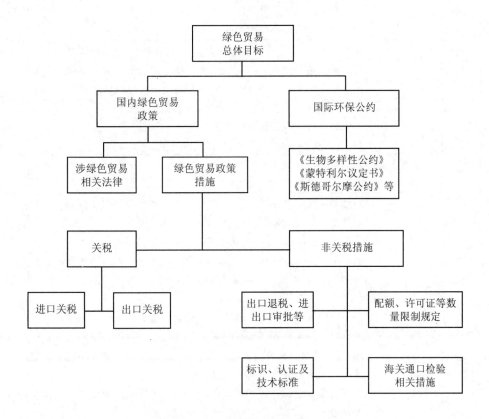

图 4-32 我国绿色贸易政策框架体系

表 4-29 我国绿色贸易政策体系主要政策示例

	类别	主要政策	力度
国家法律法规	法律法规	《对外贸易法》《海关法》《进出口商品检验法》《环境保护法》《水污染防治法》《大气污染防治法》《固体废物污染环境防治法》《海洋环境保护法》《矿产资源法》《野生动物保护法》《清洁生产促进法》等	一般
	行政规章、技术性文件	《财政部、国家税务总局关于调整部分产品出口退税率的通知》《禁止进口货物目录》（六批）、《禁止出口货物目录》（四批）、《中国禁止或严格限制的有毒化学品目录》（二批）等	
	国际环保公约	《生物多样性公约》《斯德哥尔摩公约》《巴塞尔公约》《华盛顿	

类别		主要政策	力度
		公约》等	
关税	进口	降低部分能源、资源性产品进口关税，鼓励进口：2011 年我国对 600 多种资源性、基础原材料和关键零部件产品实施较低的年度进口暂定税率。其中，煤炭、成品油、氧化铝等 26 项资源类产品的税率由 3%～6%降低为 0～3%；合成氨、肥料用硝酸钾、重过磷酸钙等 16 项化肥类产品的税率由 3%～5.5%降低为 1%，尿素等 3 种化肥的关税配额税率降低为 1%	较大
	出口	2008 年《国务院关税税则委员会关于调整铝合金、焦炭和煤炭出口关税的通知》规定，对一般贸易项下出口的铝合金征收出口暂定关税，暂定税率为 15%；将焦炭的出口暂定税率由 25%提高至 40%；将炼焦煤出口暂定税率由 5%提高至 10%；对其他烟煤等征收出口暂定关税，暂定税率为 10%。共 10 批次对 300 多个商品开征出口关税	较大
绿色贸易政策非关税	配额、许可证等	我国对焦炭、煤炭、原油、稀土及部分稀有金属等资源性产品实施出口配额许可证管理	一般
	贸易管制政策（激励类、约束类）：出口退税企业出口环保审查	激励类：2010 年财政部等印发《关于调整大型环保及资源综合利用设备等重大技术装备进口税收政策的通知》。约束类：2007 年《财政部、国家税务总局关于调低部分商品出口退税率的通知》，规定 10 批次取消 1 115 个"两高一资"产品。2009 年，商务部、海关总署公布了《2009 年加工贸易禁止类商品目录》。企业出口环保审查：2002 年，国家经贸委、国家环保总局发布公告，禁止未达到排污标准的企业生产、出口柠檬酸产品。2007 年 10 月，环保部会同商务部发布了《关于加强出口企业环境监管的通知》，联合限制污染企业出口相关产品。实行有毒化学品进出口登记制度、固体废物和危险废物进出口管理制度	
	认证、标志等合格评定标准	无资源环保相关专门规定	弱
	海关通关检验等	无资源环保相关专门规定	弱

4.8.3 政策运行效果

对外贸易一直是我国国民经济的重要支柱，曾是换取外汇的重要途径。为了追求贸易利益，长期以来，我国对外贸易发展走的是一条以量取胜、以资源和环境为代价的道路，对外贸易结构不尽合理。我国对外贸易结构不尽合理体现为"四多"和"四少"，即资源消耗高、环境污染强度大的产品出口多，资源消耗低、环境污染强度小的产品出口少；产业链低端产品出口多，产业链高端产品出口少；传统产业出口多，高新产业出口少；货物贸易出口多，服务贸易出口少。近年来，随着国家不断加大宏观调控力度，特别是加大了能源和资源性产品进出口的调控力度，贸易结构得到了一定程度的调整和优化，对缓解国内资源环境压力起到了一定作用，一些政策效果也日益显现。

2005 年，国家发改委发布《控制部分高耗能、高污染、资源性产品出口的有关措施》，对部分产品停止加工贸易、调整出口退税并控制部分资源性产品出口数量。截至 2007 年12 月，我国出口产品中煤炭、原油出口量下降幅度分别达到 16%和 38.7%[1]，大部分"两高一资"产品出口增速明显放慢。又如连续提高焦炭出口关税措施（出口关税已经提高到40%）取得了明显的成效，我国焦炭出口量大幅减少，直接带来了一些地区环境质量的改善。以钢铁和化工行业为例，研究模拟表明[2]，在钢铁行业，我国实施出口退税率下调政策后，将导致钢铁制品、生铁和铁合金等产品出口数量下降，降低产量规模，进而使得钢铁行业污染排放减少。在化工行业，2007 年下调部分化学品以及塑料、橡胶及其制品出口退税率给我国环境带来较大改善。其中，仅肥料、合成树脂和合成橡胶 3 个行业，工业废水量、COD 和工业废气量分别减少 301.17 万 t、404.5 t 和 44 亿 m^3。目前，合成橡胶、合成树脂及部分化工原料等产品出口退税已基本取消，并大幅下调有机化学品、橡胶和塑料制品等产品出口退税，对我国遏制"两高一资"产品出口、改善环境状况产生积极影响。

从总体上看，我国绿色贸易政策尚处于初级阶段，许多方面有待健全和完善，未来仍有较大发展空间。

4.8.4　政策存在的主要问题

绿色贸易政策制定缺乏统领和指导，政策脆弱且不稳定。贸易政策和环境政策如果相互协调，就可促进贸易的健康发展，而且能促进环境保护；反之，保护环境和贸易发展若没有合作、协调统一，就不可能实现可持续发展。《对外贸易法》是 2004 年修改的，作为我国对外贸易的根本大法，该法的总体目标是促进贸易发展，但该法没有贸易与环境政策相互协调、相互支持，以环境保护优化贸易发展，促进可持续贸易发展等较先进的理念，只做了"为保护人的健康或者安全，保护动物、植物的生命或者健康，保护环境"可以限制贸易的一般性规定，对制订绿色贸易政策、促进可持续贸易发展的统领性和指导性不强。

我国现行贸易政策绿化度不高，绿色贸易政策手段有限，政策效果不够明显，在遇到

---

[1] 原庆丹，胡涛，吴玉萍，等. 绿色贸易转型政策框架及"十二五"重点政策探讨. 环境与可持续发展，2011（3）：13-19.

[2] 资源来源：本项目绿色贸易创新专题组成果。

贸易增长与环境保护相抵触时，有些绿色政策还会作为牺牲。以我国出口退税政策为例，为调整经济结构，防止将资源廉价卖到国外和把污染留在国内，2005年起我国出台了一系列针对"两高一资"产品的出口退税政策。然而，2008年金融危机爆发后，为保增长促就业，我国将已下降的部分纺织、服装等产品的出口退税又提高了。这说明在面对经济利益时，环境与经济的关系有时难以摆正，绿色政策的稳定性、持久性面临挑战。

不符合国际贸易规则，一些绿色贸易政策遭到质疑。为优化贸易结构，促进可持续发展，我国制定了一些绿色贸易政策，如针对焦炭等"两高一资"产品征收出口关税、取消出口退税等。这是我国应对自身经济发展中资源环境问题的需要，但我国以保护资源环境名义利用出口配额、出口关税等措施限制9种原材料和稀土出口的政策被WTO争端解决小组裁定为违反WTO规则。

为了防止资源保护措施变成变相的贸易保护措施，WTO要求成员方对资源产品的进出口实施限制的同时，对国内的生产或消费这些资源的活动也实施限制。从我国原材料和稀土案例可以看出，我国制定和运用绿色贸易政策时：①要熟悉和吃透国际贸易规则，并灵活运用；②绿色贸易政策要与国内环境保护政策协调一致。

我国绿色贸易政策发展不平衡，限制类多、鼓励类少。从表4-30所示的政策类别可以发现，我国绿色贸易政策大多为限制性和禁止性的"大棒"类政策，而"胡萝卜"类鼓励性政策非常之少。当前，我国已将节能环保产业及战略新兴产业作为重点发展领域，随着技术创新能力的提高，我国节能环保产品及高新技术产品的国际竞争力将日益提高，如何有针对性地制定出口鼓励性政策，促进我国有一定竞争能力的节能环保产品、环境标志产品、能源标识产品以及服务贸易进入国际市场是我国绿色贸易政策发展中要解决的重要问题。

我国现行绿色贸易政策范围有待进一步拓展。近年来，我国绿色贸易政策取得了积极进展，但与欧美等发达国家相比，我国现行绿色贸易政策种类少、范围窄。同时，我国目前主要采用加征出口关税、实施出口配额制度等手段，其政策发展空间非常有限，如对焦炭征收的出口关税已达到40%的最高限。因此，要加快促进贸易结构的调整和转变，仍需要从政策和技术手段层面进一步寻找切入点和突破口。

本章以取消出口退税为例，对我国绿色贸易政策存在的问题进行调研，按照重要性从低到高的排序，对各项问题分别赋予1~6分（6个选项），求得各项问题重要程度平均得分（图4-33）。可以得出，总的来说，受访者认为"取消或降低出口退税政策设计不合理"是现阶段我国绿色贸易政策存在的最重要问题。

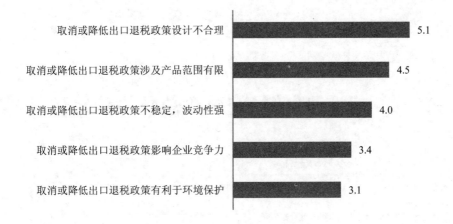

图 4-33　现阶段我国绿色贸易政策存在的问题重要程度平均得分

第5章 我国环境经济政策总体设计定位、框架及政策建议

总体设计是对有关全局问题提出系统解决思路或方案的统称。本项目所开展的环境经济政策总体设计是以我国 30 多年来环境经济政策总体发展为基础,对未来环境经济政策创新与完善的目标、方向和任务等进行比较系统的构建。本项目对环境经济政策总体设计的基本定位体现为:①总体性,环境经济政策创新与完善的思路应具有一定的全局性和宏观性,不重点对某项具体的环境经济政策进行细致的设计;②系统性,通过对现行环境经济政策的系统梳理,尽可能对我国现行环境经济政策现状和未来方向有总体性认识和把握;③继承性,我国环境经济政策经过 30 多年的发展,积累了大量理论和实践经验,环境经济政策总体设计不是脱离现实另起炉灶,而是对现行环境经济政策体系架构和内容的继承并加以完善和创新。因此,本项目将环境经济政策总体设计的核心定位为环境经济政策的优化以及创新与完善。

5.1 我国环境经济政策总体设计的基本定位

我国环境经济政策经历了 30 多年的发展并取得了丰硕的成果,为我国环境保护工作提供了广阔的发展平台,成为推动我国环境保护事业不断向前发展不可或缺的重要手段。当前,我国社会经济发展正处在战略转型的关键时期,经济快速发展,资源环境压力日益突出,市场失灵造成的环境成本无法内部化这一制约因素越来越明显,社会矛盾凸显。与此同时,"十二五"期间我国提出以科学发展为主题,以加快转变经济发展方式为主线,深化改革开放,保障和改善民生的总体战略,对环境保护提出了更高的要求,也为环境经济政策创新提供了重要机遇。环境经济政策逐步成为环境管理工作的主要工具,国内外在环境经济政策领域的创新和试点经验有待我国环境经济政策体系一一消化。我国环境与经济社会发展的新形势和新变化，都要求我国环境经济政策体系进一步完善并不断创新，在已有基础上吸纳理论和实践工作的新成果，满足新时期下环境保护工作的新要求，并成为推动国家经济绿色转型的重要力量。

5.1.1　国家经济体制改革总体要求明确环境经济政策创新方向

"十二五"时期我国经济社会发展面临着新的国际、国内环境和形势，主要表现在：经济结构调整和发展方式转变需要破解深层次体制障碍；城镇化发展进入新阶段后需要克服日益凸显的体制矛盾；社会消费需求结构升级对改革提出新要求；社会转型加速和利益格局分化使改革动力机制发生深刻变化；国际经济格局深刻调整凸显解决深层次体制问题的紧迫性，继续深化经济体制改革具有重要性和紧迫性。

当前，我国仍存在市场体系不完善、市场规则不统一、市场秩序不规范、市场竞争不充分，政府权力过大、审批过杂、干预过多和监管不到位等问题，影响了经济发展活力和资源配置效率。党的十八届三中全会明确指出经济体制改革是全面深化改革的重点，核心是处理好政府和市场的关系，使市场在资源配置中发挥决定性作用和更好发挥政府作用。市场决定资源配置是市场经济的一般规律，健全社会主义市场经济体制必须遵循这条规律，着力解决市场体系不完善、政府干预过多和监管不到位等问题。

深化经济体制改革的基本方向是市场化、法治化和民主化，其目标是建立健全社会主义市场经济体制，深化经济体制改革要处理好以下主要关系。

（1）政府与市场、社会的关系。长期以来，我国在许多方面依然沿袭了计划经济的体制，法制不硬、行政色彩过浓，政府干预市场，甚至代替市场的现象屡见不鲜，市场配置资源作用无法得到充分发挥。在处理政府与市场的关系方面，是应加快政府职能转变，让市场竞争和资源配置更充分地发挥基础作用，还是应强化政府对经济的直接控制力，这是根本方向问题。这个问题搞不清或方向反了，不仅无法最终确立和完善市场经济新体制，而且会对中国经济增长的可持续性和稳定性造成很大障碍。未来改革的方向：①要划清政府与市场的边界，市场机制能解决的，政府就不要干预；当市场失灵，或出现市场解决不了的问题时，如公共产品的提供、外部性等，就需要政府来解决。②市场的归市场，政府的归政府。经济活动应该更多地由市场来进行，而公共物品、社会管理及外部性市场失灵的领域应该由政府来管。在资源配置方面，要发挥市场在配置资源中的基础性作用，政府只起辅助性作用。政府应该偏重于宏观经济管理、市场规则的制定、市场秩序的规范、社会诚信的建立，而市场则在社会主义市场经济体制下实现资源的最佳配置。③政府该退出的领域应该坚决退出，该让出的领域也要坚决让出，不要与民争利，精简机构，建立服务型政府，把无限政府转变成有限政府。

（2）价格与规制的关系①。任何市场经济都存在政府规制，但不适当的规制就会限制市场，甚至扭曲市场。价格是市场经济最重要的信号，没有价格的地方，就没有市场。我国对自然垄断、大部分公用事业及公益性领域均实行了价格规制，包括政府定价及政府指导价两种形式。随着经济形势复杂化，政府对一些竞争性领域的资源、农产品、农资、药品等也采用了各种价格规制措施，我国要素市场上尤其是资源性产品的价格，由政府直接定价或指导定价。这不仅直接影响这些要素的供求，而且会产生衍生性影响，对我国整个市场经济运行造成负面作用，无法真实反映供需、稀缺性和外部性问题。

在资源环境保护领域我国存在严重的市场失灵现象，资源低价、环境廉价、企业排污成本过低，成为污染问题难以从根本上得到解决的最主要原因。改革就是要通过合理定价、市场竞价，将外部化的资源环境成本内部化，真实反映市场供需、稀缺性和外部性问题。

（3）公共产权与私人产权关系。产权制度是市场经济的重要基础。我国现实中遇到的一些问题都直接或间接与产权有关。按照《宪法》及《物权法》的规定，我国的土地、矿山、森林、湖泊、海滩等都实行公有制，属于全民或集体所有，归为公共产权。但如何让市场主体，包括企业和个人公平且有效使用这些公共资源，是一个一直未能很好解决的问题，以致出现机会不均、分配不公，以及资源浪费、环境破坏等现象。

"十三五"期间，破解阻碍经济结构调整和经济发展方式转变的体制障碍将成为我国经济体制改革的重要方面，加快财税体制改革、加强资源环境产权制度探索和价格形成机制改革将成为加快促进经济发展方式转变的重要内容。环境经济政策创新要以此为着力点，重点从经济学的外部性、外部性对资源配置的影响以及外部性内部化手段等，探讨利用经济手段，解决我国长期以来"资源低价、环境廉价"的不合理现象，使绿色环保企业获得更好收益，让"两高一资"企业或产业付出成本和代价。

5.1.2 将破解"环境廉价"难题作为政策创新突破点

党的十八届三中全会审议通过的《中共中央关于全面深化改革若干重大问题的决定》明确提出，建设生态文明必须建立系统完整的生态文明制度体系，用制度保护生态环境。要健全自然资源资产产权制度和用途管制制度，划定生态保护红线，实行资源有偿使用制

---

① 刘尚希. 经济体制改革的总体态势及其着力点. 重庆社会科学，2012（4）：5-13.

度和生态补偿制度，改革生态环境保护管理体制。长期以来，我国环境保护实行以行政命令为主导的政策体系，面临着政策执行成本高、财政压力大、政策执行效率偏低和政策效果难以长期维持等问题。为此，针对当前我国环境管理的新形势和新特点，积极推动环境经济政策创新，具有重要的现实意义。

（1）环境管理领域和对象不断扩展的新要求。当前，环境保护已进入了国家经济建设和社会发展的主干线、主战场和大舞台，环境管理领域也从过去传统的工业污染防治扩展到了农业和农村领域以及生活领域，从以生产环节为主扩展到了生产、分配、消费、流通的全过程。环境管理对象不仅包括工业企业，还涉及农村、服务业以及社会公众，甚至还包括政府部门自身。随着环境管理领域和对象的不断扩展，主要依靠行政手段难以适应管理领域和对象多样化的特点和要求，创新适应不同管理目标和对象的环境经济政策势在必行。

（2）环境管理模式不断创新和完善的新要求。环境问题也是经济问题，成因复杂，头绪繁多，解决环境问题的根本出路在于利用法律、经济、技术和必要的行政手段综合应对。环境管理模式创新要求各种手段有效配合，其中环境经济手段具有一定的政策弹性，又兼具资金筹集等作用，与法律和行政刚性手段相配合，形成"组合拳"，在社会管理、企业、金融、贸易等领域具有较好的调节作用，不容易激化矛盾。

环境经济政策的激励作用具有长期性。通过经济激励，环境经济政策能够长期改变污染者的生产函数，稳定长期地实现环境保护的目标。行政命令手段注重短期内通过行政命令强制改变污染者的生产行为，达到在短期内改善环境的目标，但是这一手段难以在长期内产生效果。

从表 5-1 可以看出，与行政命令相比，环境经济政策具有实施成本更低，能够产生长期效益，综合收益更大等优势。①从费用效率分析方法的角度来看，环境经济政策经济效率更高；②环境经济政策立足于经济系统，利用经济规律解决发展中的环境问题，具有更广阔的发展空间。

表 5-1　环境经济政策和行政命令的对比

评判标准	环境经济政策	行政命令
财政压力	小	大
技术创新	主动	被动
持续时间	注重长期	侧重短期

（3）破解环境管理难点问题的新要求。当前困扰我国环境管理的突出问题是环境执法成本高，违法成本低，致使排污企业宁愿违法排污、交纳罚款，也不愿意进行污染治理。其背后的主要原因就是长期以来，环境成本没有内部化，"资源低价，环境廉价"。因此，环境经济政策创新要探索环境成本内部化的途径，弥补传统的市场经济及经济法制的缺陷，推动在生产、分配、消费、流通的全过程实行对环境资源有偿使用，使外部不经济性内部化，体现"环境有价"。

5.1.3 环境经济政策要依靠政府推动、市场主体和公众参与三位一体合力

对市场经济主体而言，环境经济政策构成了一种"内部约束"力量，其实质是利用经济杠杆调节经济活动与自然资源开发、生态环境保护之间的矛盾，使经济活动带来的外部不经济性降至最低限度，从而使环境资源达到最佳的配置状态。因此，环境经济政策的创新和设计需要以市场为主体，在市场基本规律上构建符合我国市场和经济运行特征的环境经济政策体系。

环境经济政策体系的合理发展从根本上来说还依赖整个社会对环境经济政策认识的提高以及政策保障机制的完善。从实践上来看，与传统的环境管理政策相比，我国有些环境经济政策较为前沿，需要有力的制度保障。如排污权交易、绿色金融等政策无论是政策设计还是具体实施环节都体现一定的市场经济思维，其市场化特征较为明显，需要政府、企业、公众等利益相关者加深对市场化机制的认识，特别需要政府部门在政府职能转变的前提下对环境经济政策有更加清晰的认识和理解。

政府在环境经济政策创新中应发挥引领和指导作用，应积极制定和创新环境经济政策，建立反映市场供求关系、资源稀缺程度和环境损害成本的资源性产品的价格形成机制，健全污染者付费制度。在政策实施中，政府应是裁判员，而非运动员，对于实践已经证明市场能够有效配置资源的领域，政府应当审慎介入，减少行政手段对市场价格和运行秩序的干扰和造成的不公平。因此环境经济政策离不开政府的强力推行以及对市场的规范和监督。

除政府主导外，还要加强公众参与力度。应为此制定有效和完备的环境经济政策创新体系的公众参与制度。我国《政府信息公开条例》已公布施行，这在我国政府决策和政策法规制定的科学性和民主性上是一个质的飞跃。在制定和修订环境经济政策时，需进一步贯彻落实该条例，及时制定切实可行的具体措施，将会极大提高公众参与环境经济政策的程度，发挥公众及社会团体环境保护监督和参与作用。

在环境经济政策创新中，政府、市场和公众三者缺一不同，三者必须有机协调与相互

配合，构成"三位一体"的合力。

5.1.4 国内外环境经济政策先进理念和实践经验值得借鉴

在过去的 30 余年中，国际上环境经济政策的研究与应用发展非常迅速，如气候变化领域的 CDM 机制、排放贸易、碳税等政策。国外环境经济政策与手段广泛应用在污染治理、绿色生产和消费、自然资源保护等领域，很多发达国家或市场经济国家越来越倾向于在环境保护方面引入更多的经济手段以及自愿与信息公开手段。

环境经济政策在国外成功应用的关键在于合理分工与定位市场和政府的角色，做好配套的保障措施，主要有以下 5 个方面：①环境经济政策与管制型、自愿性手段合理搭配分工，活跃在各自的擅长领域；②市场经济体系完善，价格信号相对准确；③政府和企业事权、财权明晰，形成多元化融资渠道，环保投入力度大、有保障；④环境监督体系完备，数据信息渠道畅通；⑤环保法律法规较完善，政策执行有力。在全球经济一体化日益凸显的今天，国际环境经济政策的实践和发展变化，对于处于经济转型期的我国来说，有重要的借鉴意义。

我国自推行环境经济政策起，在各地针对各种环境经济政策开展了大量长期的试点研究，取得了丰硕的成果。以排污权交易政策为例，从 1990 年起，国家环保局在 16 个城市开展了排污许可证试点，在柳州、包头、开远等 6 个城市开展了大气排污交易的试点工作。2002 年在亚洲开发银行的协助和有关研究机构的合作下，山西省太原市开展了二氧化硫排污交易的试点。同年 7 月，原国家环保总局在山东、山西、江苏、河南、上海、天津、柳州共 7 省市，开展了二氧化硫排放总量控制及排污交易的试点工作。大量的试点研究案例已经为排污权交易政策的进一步本土化、实用化提供了可靠的实证支持，但是由于缺乏有效系统的整合与研究，排污权交易政策的试点经验还无法转化成为行之有效的具体政策加以推广，而这一现象在我国环境经济政策体系中普遍存在。因此，在当前环境经济政策快速发展的机遇期，有必要对国内环境经济政策 30 多年的试点经验进行总结和凝练，让环境经济政策从实验对象走向实际应用对象，从理论走向实践，发挥其在环境保护工作中的积极作用。

5.2 我国环境经济政策总体设计框架

我国环境经济政策总体设计以环境经济政策完善与创新为核心，构建一套总体框架，对创新目标、基本原则、重点任务、重点完善与创新内容及保障措施等进行设计，为未来环境经济政策体系建设和发展提供支撑。

5.2.1 环境经济政策总体设计目标

国家经济体制改革是全面深化改革的重点，核心问题是处理好政府和市场的关系，使市场在资源配置中起决定性作用和更好发挥政府作用。到 2020 年在重要领域和关键环节改革上要取得决定性成果。环境经济政策总体设计的根本目的在于按照国家经济体制改革的总体目标和要求，推动环境经济政策的完善与创新，以环境经济学外部性理论为基础，体现环境有价和污染者付费原则，从根本上探索解决经济不环保、环保不经济的环境保护市场失灵问题的途径和方法。为实现环境有价目标，在政策层面将围绕以建立"环境产权制度"、明确"资源环境定价机制"为切入点，确定"环境收益"和"环境成本"两大着力点，体现"环境有价"这一市场经济根本要求，实现环境保护有利可图和让污染环境行为付出成本。

根据上述目标，环境经济政策总体上应从 4 个方面重点推进：①探索建立环境经济基础性政策；②完善并创新激励政策，让保护环境的活动和行为有利可图；③强化约束惩罚性政策，让污染环境的活动或行动付出相当的成本和代价，使市场真实反映环境价值和使用成本；④建立和完善经济领域的绿色调控政策，使贸易、金融、消费等经济行为有利于环境保护。

环境经济政策总体设计框架（图 5-1）。

新时期我国环境经济政策创新是以 30 多年来环境经济政策实施为基础的，是以为环境管理服务为前提的，应基于以下主要原则。

原则一：符合环境经济学基本理论

从理论上来看，环境经济政策目标首先是解决环境管理过程中市场失灵导致的环境价值缺失问题，其根源是环境的公共物品属性。对于一项公共物品而言，其重要特征就是需求无限大，供给无限趋向于零。应对这一问题的办法就是让政府和社会共同承担起提供公共物品的责任。因此，环境经济政策的一项重要作用就是让政府和社会在日常经济活动中成为公共物品的共同提供者。

政府、企业和社会公众都在一定程度上具备理性经济人的特征，也就是追求自身利益最大化。在这一因素驱动下，理性经济人会实施对自己有利的行为，避免开展对自己不利的行为。环境经济政策针对理性经济人这一特征，可以设计出两类政策：一类是鼓励型政策，吸引社会公众采取环境友好型行为；另一类是惩罚型政策，抑制对于环境不利的行为。

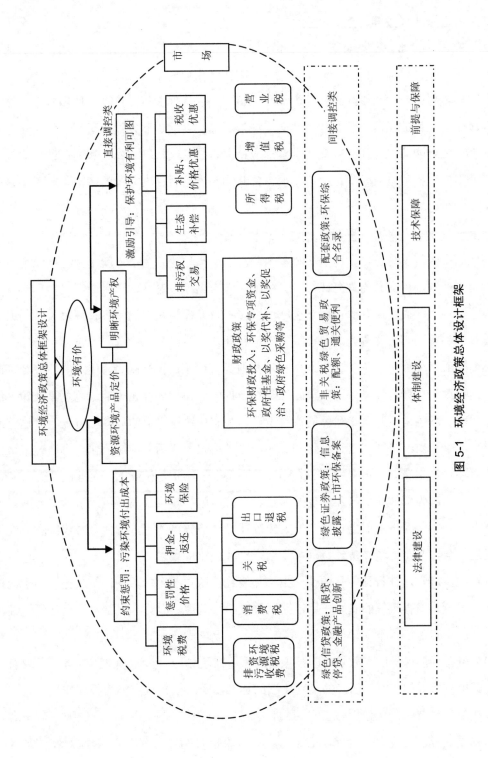

图 5-1 环境经济政策总体设计框架

原则二：满足环境管理的实际需要

从环境管理的现实需要来看，鼓励环保行为、让环境污染者付出成本以及让政府和社会承担环保责任是目前环保工作的主要内容。①我国当前的整体环境形势依然严峻，鼓励社会参与环境保护，对环境污染展开治理，惩罚不利于环保的行为，遏制环境状况继续恶化是环境管理工作的当务之急。②在向文明法治和谐社会演进和发展的过程中，对于一个社会而言，公众能够参与社会管理、承担相应社会责任是其成熟、先进和文明的标志。③我国正处于向服务型政府转变过程中，承担公共物品供给、提供完善的基本公共服务是政府的主要职责。

原则三：适当扩展传统环境经济政策外延

按照西方经济学理论，环境经济政策主要基于两类理论：①基于新制度经济学观点主要包括明晰产权、可交易的许可证等，又称为建立市场型政策（即"科斯手段"）；②基于福利经济学观点，通过现有的市场来实施环境管理，具体手段有征收各种环境税费、取消对环境有害的补贴等，又称为调节市场型政策（即"庇古手段"）。

然而随着环境经济政策的深入发展和与其他类型政策的不断融合，传统的环境经济政策判定边界逐渐模糊，环境经济政策的外延不断扩大。如与环境相关的绿色贸易政策、绿色金融政策、绿色采购政策、绿色消费政策等，并非传统意义上的环境经济政策，这些政策通过环境手段对经济活动进行绿化和干预，即经济政策或活动的绿色化，再通过经济活动间接对环境产生影响，如绿色信贷政策通过金融机构切断"两高一资"企业的资金链条，减少污染，同时为节能环保产业发展提供资金支持，这些政策都属环境经济政策范畴。当前环境保护要融入经济发展全过程，扩大传统环境经济政策外延，符合新时代的环境经济政策发展趋势，也是环境经济政策体系不断丰富和完善的要求。

环境经济政策总体设计的目的在于指导环境经济政策制定的方向，使之更有利于调控市场资源配置，增强政策的刺激作用，提高政策的有效性。因此，在制定和设计环境经济政策时，应重点考虑以下关键问题：

（1）资源环境保护的有效性。即某项管理手段实现预定目标的程度。经济手段要有效实施，必须有有效的监测、明确的鉴别违法的标准以及行政机构和法律程序作后盾（这一点与直接管制无异）。在某些情况下，经济刺激手段并不是适宜的方法。例如，对于有毒或危险物质的控制更需要一种完全的禁令（此时直接管制更为有效）。因此，经济刺激手段的有效性与保护对象的性质有很大关系。

（2）效率收益。既包括在某地区或一批排污者中达到预定质量标准需要达到的削减量，也包括环境质量或自然资源储备的改善，如渔业和林业生产能力的提高。对于水资源系统而言，效率收益还反映在水的分配流向生产更高价值的使用者以及某地区或行业生产效率的提高上。

（3）能否产生持续的刺激作用。经济学家认为，经济手段应具有动态效率，即持续不断地刺激技术革新，促使管理相对人想方设法减少污染物排放，甚至低于规定的标准。

（4）企业负担的可接受性。经济手段可能给产业界或消费者增加了额外的负担，生产成本提高将影响企业的竞争地位进而影响国家的经济和就业状况。因此，预定的环境目标应该与经济等其他目标达成综合平衡，同时对受影响的企业提供一定的补偿（以不影响经济手段的环境效果为限）。对此根本的解决办法应该是通过国际合作消除不公平竞争的可能性。

（5）公平性问题。包括对产业界和消费者的不同影响。应避免对低收入家庭影响过大。对小型企业，考虑到其承受能力、技术革新能力比大企业差，实施中可以对小企业制订稍低的标准，或更可取的办法是，大企业执行几年后达到正常标准。公平和可接受的问题是非常复杂的，很多情形下，要设计可行的实施方案就不能不对理论上"最优方案"做出修正，从纯理论上后退一定程度并尽量保持该经济手段的主要优点。

5.2.2　环境经济政策创新体系的政策基本内涵

5.2.2.1　基础政策类：为市场建立提供动力和规范

创建和培育市场，让市场能够按照客观规律良性运作、公平竞争。

（1）产权制度。市场经济体制的核心是产权制度。明晰和保护产权是市场经济的制度基础，也是发挥市场决定性作用的基础。产权是一种通过社会强制而实现的对某种经济物品的多种用途进行选择的权利。科斯曾说过，交易双方的权利越明确，合作的可能性则越大，而监督和控制所需要交易成本越低。

（2）反映资源稀缺程度的价格机制。降低政府不当干预和市场扭曲，通过充分竞争体现资源稀缺程度。

（3）法律约束、体制安排和社会信用体系建设等规范和培育市场的制度建设。

5.2.2.2　激励引导类：保护环境有利可图类政策内涵

让环保行为有利可图类政策主要利用产权、财政、市场的力量，提高环保行为获得收益的可能性，让环保行为更加具有价值或体现收益，主要包括价格补贴政策、税收减免政策、排污权交易政策以及环保低（贴）息贷款等财政优惠政策等。

（1）价格补贴政策。价格补贴是指国家采取价外补贴的形式，对那些由于执行低于成本的产品价格，进行不等价交换而带来亏损或经营困难的生产经营者所进行的价差补偿。国家从全局利益出发，有时规定某些工业品出厂价格或农产品收购价格低于其价值或成本，由此产生的政策性亏损，由国家财政给予价格补贴。一般来讲，受补贴商品的价格加上补贴金额，应大体接近于它的价值，脱硫脱硝除尘电价补贴是该类政策的典型代表。在这类政策保护下，采用环保行为而导致成本增加的企业和个人，不但新增成本可以得到补偿，甚至可以获得额外一部分收益。

（2）税收减免政策。税收优惠政策是税法对某些纳税人和征税对象给予鼓励和照顾的一种特殊规定。税收优惠政策是国家利用税收调节经济的具体手段，国家通过税收优惠政策，可以扶持某些特殊地区、产业、企业和产品的发展，促进产业结构的调整和社会经济的协调发展。对于实施环保措施的企业，可以通过税收减免或者按一定比例返还的措施，抵消企业因为增加环保设施的额外成本，并且让企业的长期环保行为能够产生实际收益。税收减免政策可涉及企业所有税、增值税、营业税以及车船使用税、城镇土地使用税等。

（3）排污权交易政策。当前的时期下，排污权交易政策通过建立合法的污染物排放权利即排污权（这种权利通常以排污许可证的形式表现），并借助政府力量推动这种权利像商品那样被买入和卖出，以此鼓励企业采用减排措施，减少污染物排放，以此获得额外收益。

（4）环保财政政策。包括政府财政政策和市场投融资政策，从政府层面，主要包括：

☞ *环保专项资金*：*环保专项资金是政府的提供基本公共服务的保障，体现服务型政府的基本要求。环境专项资金用于提高政府环境管理能力，或直接用于改善环境质量，目标是满足社会公众享受舒服、安全的生活环境的需要。财政转移支付政策是政府的一项基本财政功能，用于扶持经济不发达地区的地方财政，保证全国各地都能享有相对平等的公共服务。其中，用于环保目的的财政转移支付是国家财政转移支付政策的重要组成部分，对于保护经济不发达地区的生态环境具有重要意义。*

☞ *政府性环保基金*：*政府性环保基金是各级人民政府及其所属部门根据法律、国家行政法规和中共中央、国务院有关文件的规定，为支持某项事业发展，按照国家规定程序批准，向公民、法人和其他组织征收的具有专项用途的资金。政府性环保基金主要用于有明确目标的环境保护项目。*

☞ *环保低（贴）息贷款政策*：*环保低（贴）息贷款政策是指政府为支持环保工作，*

借助财政力量，对采用环保措施或实施环保行为的企业和个人的贷款实行利息补贴，或者通过行政干预，减少环保友好型企业和个人的贷款利息，调动企业和个人环境保护积极性。

从市场层面，主要是社会性环保投融资政策，如企业环保债券、环保彩票、环保信托基金等。

（5）以奖代补（促治）政策。以奖代补（促治）政策通过财政手段，奖励在减排领域取得卓越成效的企业，调动企业采取环保行为的积极性，促进企业减少污染，反映了政府在承担环境污染治理领域起到的鼓励和引导责任。

（6）政府绿色采购政策。政府绿色采购政策是指法律承认的各级国家机关、事业单位和团体组织（以下统称采购人）等利用财政资金进行采购时，在技术、服务等指标同等的条件下，优先购买对环境影响较小的环境标志产品，促进企业环境行为的改善，推动国家循环经济战略及其具体措施的落实，同时对社会绿色消费起到巨大的推动和示范作用。绿色采购不仅有助于环境保护，还为绿色生产创造了强有力的市场需求，而且对公司、民间机构和家庭的行为都会产生影响，是政府职责的重要体现。

5.2.2.3 约束惩罚类：让环境污染付出成本类政策内涵

让环境污染付出成本类政策主要指利用财政手段、行政手段对环境破坏者进行经济惩罚，让环境污染内部化，提高环境破坏的行为成本，主要包括：环境税费政策、惩罚性价格政策、环境责任保险、押金赔偿金政策等。

（1）环境税费政策。环境税费政策是政府为了保护自然生态环境和资源，凭借其主权权利对一切从事开发、利用环境资源的单位、个人，按照有关的法律、法规，比照其开发、利用自然资源的程度或污染、破坏环境资源的程度所采取的税收或收费政策。

☞ 排污收费：是我国实施时间最长，取得成效较为明显的环境税费政策。按照国家法律法规规定，对排放污染物的组织和个人（即污染者）根据排污数量和种类征收排污费。我国排污收费涉及废水、废气、固体废物及危险废物和噪声。2018 年 1 月 1 日起，我国将实施环境保护税政策，从而取代排污收费。

☞ 消费税：是在对货物普遍征收增值税的基础上，选择少数消费品再次征收的一个税种，主要是为了调节产品结构，引导消费方向，保证国家财政收入。现行消费税的征收范围主要包括：烟、酒及酒精，鞭炮，焰火，化妆品，成品油，贵重首饰及珠宝玉石，高尔夫球及球具，高档手表，游艇，木制一次性筷子，实木地板，汽车轮胎，摩托车，小汽车等税目。通过调整消费税税目，将高污染、高耗能产品纳入计征范围并提高税率，可达到调节污染者行为、保护环境的目的。

☞ 惩罚性进出口关税：指通过关税对"两高一资"产品进出口实施限制。

（2）惩罚性价格政策。惩罚性价格政策是对于高污染、高耗能等破坏环境和生产效率低下行业或企业实施的一种行政惩罚措施。通过惩罚性价格政策，增加此类行业或企业的生产成本，加速淘汰过程，迫使企业尽快采用环保友好型的生产工艺和技术，达到保护环境的目的。上海等地实施的惩罚性电价政策就属于惩罚性价格的一种，该类政策对于淘汰高耗能企业、加速产业升级、提高产业绿化度具有重大意义。

（3）环境污染责任保险。环境污染责任保险又称为绿色保险，是随着环境污染事故的频繁发生和公众环境权利意识的不断增强，由公众责任保险发展而来的。一般是指从事环境高风险生产经营活动的企业事业单位或其他生产经营者因其污染环境导致损害而承担的赔偿责任为标的的保险。其在分散排污企业环境风险、保护第三者环境利益和减少政府环境压力等方面发挥了独特的作用，还强化了保险公司对企业保护环境、预防环境损害的服务与管理，通过保费额度的调整和变化，能够有效调动企业改善生产工艺，保护环境的积极性。

（4）环保押金赔偿金政策。环保押金赔偿金政策是指企业向政府交纳一定数额的押金，用于保证企业在一定时期内不造成污染。否则，这笔押金将被用于支付企业污染造成的损害赔偿。

5.2.2.4　间接绿色调控类

间接绿色调控类政策主要指将环境保护要求融入贸易、金融、采购、消费等经济政策或经济活动中，再通过绿色化的经济政策，如绿色贸易、绿色信贷、绿色证券、绿色采购、绿色消费等调控和改善其作用对象，如企业、上市公司、消费者的行为，减少环境影响。这类政策主要体现为经济政策的绿色化，主要是利用环境法规和政策来调控各类经济活动。

（1）绿色信贷政策。绿色信贷是指银行在贷款的过程中将项目及其运作公司与环境相关的信息作为考察标准纳入审核机制中，并通过该机制做出最终的贷款决定。包括优先为可持续商业项目提供贷款机会，积极创新各类有利环境保护的金融创新产品，为环境保护筹集资金、提供支持，减少或避免为"两高一资"项目提供贷款和其他金融支持等。

（2）绿色证券政策。绿色证券是指上市公司在上市融资和再融资过程中，要经由环保部门进行环保审核，主要政策手段包括上市环保核查、上市公司环境信息披露和上市公司环境绩效评估，从而保证上市公司能遵守国家环保法律法规，积极履行企业社会责任。

（3）非关税绿色贸易政策。绿色贸易政策在此主要指对外贸易政策，指从环境保护要求出发，利用配额许可证、标识标志以及海关检验等非关税政策对进出口企业及产品进行管理和调控，强化产品绿色准入、准出，从而减少不恰当贸易方式对环境的影响，实现环境保护与贸易发展双赢的目的。

（4）绿色消费政策。绿色消费是从满足生态需要出发，以有益健康和保护生态环境为基本内涵，采取符合人的健康和环境保护标准的各种消费行为和消费方式的统称。绿色消费包括的内容非常宽泛，反映了社会对于环境保护承担的责任和义务。通过绿色消费政策的实施，可以从源头上促使企业改变生产行为，采用环境友好型的生产工艺，生产更加符合生态环保要求的产品。

尽管从环境管理角度出发，环境经济政策可大致分为上述三大类，但三大类政策之间并不是截然分开或孤立的，这些政策之间存在着必然的联系，有许多就是同一类政策的不同视角。之所以将环境经济政策进行这样的划分，主要是为了让管理者更清晰地看到环境经济政策在约束污染行为、激励环保行为、聚敛资金以及宏观调控等方面的作用和潜力。

如表 5-2 所示，环境经济政策目标往往不是单一的。对环境经济政策展开纵向和横向研究可以发现，同一环境经济政策在不同区域、不同时期、不同条件下，所承担的历史责任和所希望实现的政策目标存在很大差异。因此，需要根据我国的环保工作发展阶段，综合考虑我国的经济社会条件，谨慎选择符合我国实际需要和不同管理目标的环境经济政策手段。

表 5-2 环境经济政策手段和目标矩阵图

	让环保行为有利可图	让环境污染付出成本	聚敛环境保护资金	促进经济可持续发展	创建环保市场	完善市场秩序
约束惩罚类						
环境税费政策（污染税、碳税、消费税、惩罚性进出口关税等）		✓	✓	✓		✓
押金赔偿金政策		✓	✓			✓
惩罚性价格政策		✓		✓		✓
环境责任保险		✓			✓	
激励引导类						
环保专项资金	✓					✓
以奖代补、以奖促治政策	✓			✓		✓
财政转移支付	✓					✓
环保低（贴）息贷款政策	✓					✓
价格补贴政策	✓		✓			✓

	让环保行为有利可图	让环境污染付出成本	聚敛环境保护资金	促进经济可持续发展	创建环保市场	完善市场秩序
税收优惠政策 （所得税、增值税、营业税等）	✓			✓		
排污权交易政策	✓				✓	
政府绿色采购政策	✓			✓		
间接调控类						
非关税绿色贸易政策	✓			✓		
绿色金融政策（信贷、证券等）	✓	✓	✓	✓		

5.2.3 环境经济政策创新的基本外部条件和影响因素

要让环境经济政策真正在环境管理中发挥合理配置资源的关键性作用，必须满足以下基本外部前提条件：

（1）严格的法律法规。市场经济本质上是一种法制经济，环境经济政策只有在相应的法律保障下，才具有合法性和权威性，才能保证公平的竞争环境，没有法律就无法形成公平的市场和公平的竞争，因此法律基础是环境经济政策的生命线。

（2）完全的市场经济体制。环境经济政策是环境管理部门通过经济刺激手段，直接或间接调控管理对象的行为。因此，环境经济政策成功与否，取决于市场的完善程度。如果市场功能不健全，管理者就失去了传递意图的中介，或者导致市场信号失真；而管理对象可能对市场信号反应迟钝，甚至不发生反应和不在乎市场是否存在，最终导致环境经济政策的效率降低甚至失败。要有效地实施环境经济政策，首先要明晰产权关系，向市场发出正确的价格信号，因此，要创建并推动环境经济政策，必须要基于市场经济规律，摆正政府与市场的关系，保证市场公平竞争，防止行政过度干预导致市场扭曲。

（3）政府部门的协调配合和有效的体制安排。环境经济政策更多体现为财税、金融、价格等政策调整，因此，环境经济政策的创新和完善离不开政府各相关部门以及政府与企业、公众的协调与配合，任何一个部门都无法单独将环境经济政策做大做强。缺乏有效的体制保障，环境经济政策创新也难以推进。

（4）必要的技术支持。环境经济政策要实现其调控和配置资源的功能，要以成熟的配套技术为基础，其核心是要算清账、定好价，明确环境损害成本，避免"罚小于过""奖小于功"，让经济杠杆撬动市场。

由于环境经济政策涉及社会经济中的众多部门和利益群体，同时还会引起经济当事人利益的重新分配，所以，影响环境经济政策的因素常常是错综复杂的，总体来看有以下 3 个方面：

（1）政治和社会的可接受性。在创新或实施环境经济政策时，不同利益集团将从自身利益出发反对或支持政策的实施，政策制定的过程也成为各方利益博弈的过程，最后的结果应体现为国家整体利益与局部利益的统一。如果一项政策的社会和政治接受度很低，这项政策是不可实施的。

（2）分配公平性和降低影响。环境经济政策会涉及经济利益再分配，因此，必须全面衡量环境经济政策对不同对象如政府、企业、公众以及同收入水平阶层的影响。为了提高政策的可实施性，有必要采取一些过渡性政策安排，或采取实施前的减缓性政策和实施后的补偿性政策。

（3）政策实施成本。环境经济政策的最基本特点之一就是以最低的成本达到预期环境目标。如果一项环境经济政策的实施成本很高，如技术难度大、管理层级或环节多、花费人力和财政成本高，都不是一项好的经济政策，执行中也容易产生问题。

5.3　完善和创新我国环境经济政策的主要方向

我国环境经济政策创新是伴随着我国经济体制改革的不断深入、法制化进程不断加快以及环境管理要求不断提高而逐步推进的一项长期任务。结合当前我国环境经济政策的运行效果和未来我国环境经济政策体系的总体目标要求，未来我国环境经济政策创新和完善将是一项系统工程，需要多方面的努力，将从以下几个方面入手。

5.3.1　加快建立一批基础性环境经济政策

根据环境经济学基本原理，通过明晰环境产权、完善资源环境定价机制，构建环境经济政策得到发育和成长的市场基础，让市场反映真实环境价值。

5.3.1.1　明确界定资源环境产权概念，以排污许可证为载体建立污染物排放配额管理制度

（1）明确界定资源环境产权。资源环境产权是指行为主体对某一资源环境拥有的所有、使用、占有、处分及收益等各种权利的集合。因此，资源环境产权具有整体性、公共性、广泛性等特征。一般情况下，政府作为公众的代理人，履行管理、利用和分配资源环境的权利，以最大限度地保证自然生态环境的良性循环和公平分配。资源环境产权不仅包括投入经济活动的矿产、森林、草原等自然资源，也包括水、空气、湿地等环境要素。一般来

说，如水资源、清洁空气资源、污染物排放权、碳配额等自然资源产权比较难以清晰界定。对于这种情况，不应过分关注环境资源的所有权问题，主要从占有权、使用权角度去确定[①]。环境产权的实质是对环境资源的使用权，与自然资源权存在区别。环境产权（如排污权）并不是指企业拥有污染环境的权利，而是由环境资源的产权主体分配给企业的有限制的污染排放权（耿世刚，2003）。也就是说，环境产权属于环境资源使用权，即人们对环境容量的使用权。

（2）建立法定化的排污许可证制度，明晰企业排污权限。我国可基于环境容量和地区环境承载力，建立以法定排污许可证为载体的污染物排放配额制度，以污染排放配额占有权、使用权为主要规范内容探索构建环境产权制度。应通过法律规范排污许可证制度，明确未取得排污许可证的排污者，不得排放污染物。排污许可证的持有者，必须按照许可证核定的污染物种类、控制指标和规定的方式排放污染物。

（3）构建资源环境产权风险评估体系。建立权威的资源环境产权评估机构，对资源环境产权进行测量；构建资源环境产权风险管理体系，对风险进行科学计量和管理；形成高效的行政管理体系，及时改进资源环境政策，实现资源环境更好地服务于经济建设；完善资源环境信息服务体系，减少受益者和受损者之间的信息障碍。

5.3.1.2 按照国家经济体制改革总体要求，推进完善资源性产品价格形成机制

按照国家深化经济体制改革总体要求，建立健全能够灵活反映市场供求关系、资源稀缺程度和环境损害成本的资源性产品价格形成机制，促进结构调整、资源节约和环境保护。继续推进水价改革，推行大用户电力直接供电和竞价上网试点，完善输配电价形成机制，改革销售电价分类结构。积极推行居民用电、用水阶梯价格制度。进一步完善成品油价格形成机制，理顺天然气与可替代能源的比价关系。适当提高资源税负，完善计征方式，将重要资源产品由从量定额征收改为从价定率征收，促进资源合理开发利用。

（1）进一步深化我国水价改革政策[②]。充分发挥价格政策的作用，高效利用水资源。首先要统一定价方法，将水价政策的定价方法应统一为基于全成本定价，由生产成本、机会成本、外部成本3个部分构成。其中，生产成本包括本区域（或流域）水利水务工程的投资和运行维护成本（如勘探、规划和监测）；机会成本是指在水资源开发方面的投入所放弃的以其他方式利用所能获取的最大纯收益；外部成本是指自然资源的开发利用对其他经济主体以及环境和生态带来的损失，包括经济外部成本和环境外部成本。为了减少洗浴、

---

① 王玮. 自然资源资产产权十问. 中国环境报，2013-11-29.
② 马中. 我国水价政策现状及完善对策. 环境保护，2012（19）：54-57.

洗车等特种行业的用水量，还可以对其征收超成本即惩罚性收费。

居民生活和行政事业用水应该实行三级阶梯水价。第一级基本用水用于公共服务，应该低于生产成本征收，享受政府的财政补贴；第二级应该不低于生产成本和机会成本之和，但是仍低于全成本，享受政府的部分补贴；第三级奢侈性用水应该按照全成本征收，不享受政府的补贴。工商业用水价格实行差别水价，根据行业类别调整水价，长期调整到按照全成本定价，即由企业自行承担用水的全成本。特种行业应该实行全成本定价，对于个别严格限制的企业，可以加收超成本（惩罚性收费），达到促进企业节水的目的。

未来将进一步深化阶梯水价改革，根据不同地区水资源情况，细化档次、类别和收费标准。为体现水资源的成本，可考虑进一步上调水资源费，推出污水和污泥处理成本监审政策，继续推广阶梯水价等政策。

（2）完善并强化阶梯电价政策。2012年7月我国在全国范围内推行了居民用电阶梯电价制度，尽管居民用电仅占国内用电总量的12%，但推行居民阶梯电价对培养和提高居民节电意识，让消费活动反映资源能源价值和成本具有积极意义。未来应进一步深化和完善居民阶梯政策：

> ☞ 完善阶梯电价体系，实现分档设计的合理化：在电量的权衡上，立足关键面，考虑各方面的因素，如电价成本、资源配置、节约、居民生活水平等。同时，在体制的完善上，要立足于广大的农村地区，制定相应的政策，实现阶梯电价的公平性。

> ☞ 完善阶梯电价的技术保障：基于阶梯电价模式的需求，相关部门要强化硬件设施的改造工作，尤其是实现远程自动化抄表方式，是改造工程的重要内容。并且在该抄表方式之下，可以实现真正意义上的准确。实时地进行电量统计，避免人工作业下的矛盾和人力资源输出。同时，相应的服务体系，诸如客户端的服务，要认真做好，以实现和谐、公平、高质量的电力服务。

> ☞ 增加资金的投入，以及政策的制定和实施：随着阶梯电价模式的不断发展，资金投放力度是其有序推进的重要方面。在上述中，改造工程需要巨大的资金支持，才能确保工程的有序进行。同时，基于我国阶梯电价机制还不完善，相关的政策需要出台，为其发展打好基础，以解决发展中的问题。

（3）完善石油、天然气定价机制。要积极稳妥地推进以完善石油价格形成机制、调节利益分配为中心的综合配套改革。具体来讲，就是要坚持与国际市场价格接轨的方向和原则，建立既反映国际市场石油价格变化，又考虑国内市场供求、生产成本和社会各方面承受能力等因素的石油价格形成机制；同时，建立石油企业内部上下游合理的利益调节机制、相关行业的价格联动机制、对部分弱势行业和弱势群体适当补贴的机制等。要针对天然气价格水平偏低的状况,逐步提高天然气价格,完善天然气价格形成机制,理顺天然气价格与可替代能源价格的关系,建立与可替代能源价格挂钩调整的机制,促进天然气行业的健康快速发展。

(4)全面实现煤炭价格市场化。要进一步建立市场化的煤炭价格形成机制,政府逐步淡化对煤炭价格形成的干预;研究建立科学的成本核算体系,全面反映煤炭资源成本、生产成本和环境成本;加强价格监测,建立有效的信息服务系统;完善煤电价格联动机制,通过市场化方式实现煤电价格的良性互动。

5.3.2 重点强化一批约束惩罚类环境经济政策

针对当前我国企业环境违法成本低、排污收费低,难以体现污染治理成本并抑制企业排污行为,致使企业宁交排污费也不运行污染治理设施等突出问题,从推进环境税费改革、提高资源环境产品价格、强化环境责任保险等方面加大政策投入力度,体现环境经济政策约束力和调控力,纠正政府失灵。

5.3.2.1 加快推进环境税和资源税改革

(1)开征独立的环境税。针对现行环境税收中直接针对污染排放的调节税种缺位的问题,有必要实施环境税费改革,选择防治任务重、技术标准成熟的税目适时开征环境税。环境税要基于现行排污费的规定,率先对二氧化硫、氮氧化物、化学需氧量、挥发性有机物等主要污染物进行征收,提高税率水平,并逐步考虑将二氧化碳排放纳入环境税征收范围。随着条件的成熟,最终将具备条件的污染物类别全部纳入环境税范畴。

(2)完善资源税政策。应完善资源税费征收办法,使其体现资源稀缺性。应税的范围包括:石油、天然气、煤炭、金属矿产、其他非金属矿产品及盐等,应根据资源稀缺程度确定税额水平。具体而言,①在现行对油气实行从价计征的基础上,扩大从价计征办法的实施范围,对煤炭等部分矿产品实施从价计征改革;②适度提高部分矿产品资源税税率,如提高稀土的资源税税率、保护资源和加大调节力度;③深化资源税费制度改革,协调资源税与矿产资源补偿费等收费的关系。

5.3.2.2 深化消费税政策改革,消费者应承担污染成本

(1)进一步扩大消费税征税范围,应逐步做到"两高一资"终端消费品全覆盖。现行消费税已对成品油、小汽车、摩托车、实木地板、木制一次性筷子等消费品进行了征税和调节,但总体上已不能满足促进可持续消费的需要。为了更好地加强税收对可持续

消费的调控，有必要扩大消费税的征税范围。对此，国民经济和社会发展第十二个五年规划纲要在涉及税制改革和完善的内容中指出："合理调整消费税征收范围、税率结构和征税环节。"《关于2012年深化经济体制改革重点工作的意见》中也明确指出要"研究将部分大量消耗资源、严重污染环境的产品纳入消费税征收范围"。

应将目前尚未纳入消费税征收范围的资源性、高能耗产品和污染性产品纳入消费税征收范围。其中，资源性产品可以在现行成品油、实木地板、木制一次性筷子的基础上，进一步对一次性塑料制品和包装材料等资源性产品征收消费税；高能耗产品可以在乘用车和摩托车的基础上，进一步对超过能耗标准（环境标志标准）的家用电器、除乘用车和摩托车之外的机动车征收消费税；在现行的《高污染、高环境风险"产品名录》中，合理选择适合征收消费税的部分污染性产品征收消费税，主要包括电池、含磷洗涤剂、剧毒农药和化肥等。

在扩大消费税征收范围后，建议在消费税中设置专门的资源产品税目、高能耗产品税目和高污染产品税目，将相关产品分别纳入上述3个税目中，并实行相对统一的征税办法。其中，资源产品税目适用于大量消耗资源的相关产品，高能耗产品税目适用于严重消耗能源的相关产品，高污染产品税目适用于严重污染环境的相关产品。调整后的消费税税目（表5-3）。

表 5-3　调整后的消费税税目设置

税目	子税目
资源性产品	成品油（汽油、柴油、航空煤油、石脑油、溶剂油、润滑油、燃料油）
	实木地板
	一次性方便餐具（一次性木筷、一次性塑料杯盘叉）
	过度包装材料（一次性饮料包装、塑料包装材料）
	其他资源性产品
高能耗产品	超过能耗标准（或环境标志标准）的家用电器
	小汽车
	其他机动车
	摩托车
	其他高能耗产品
高污染产品	电池（锌—锰干电池、碱性锌—锰干电池、氧化银电池、水银电池、锂电池、镍镉类和镍氢类充电电池、其他电池）
	含磷洗涤剂
	臭氧耗损物质（全氯氟烃、含溴氟烷、四氯化碳、甲基氯仿、溴甲烷以及部分取代的氯氟烃）
	杀虫剂、剧毒农药
	化肥
	含挥发性有机物的建材产品
	其他高污染产品

由于对资源性、高能耗和高污染产品征收消费税，其中涉及能耗、环保和生产工艺等方面的区分问题，导致税务部门在征管中难度增加。为了更好地明确高能耗和高污染产品的征税范围，应该由相关部门制订消费税的高能耗、高污染产品目录，对目录中列举的产品进行征税。同时，根据节能减排的需要和产品市场的变化情况，适时修订《高能耗、高污染产品目录》，以真正满足对高能耗、高污染产品调控的需要。

（2）提高消费税的税率水平。

合理设计新纳入消费税征收范围的产品税率水平

对于扩大征收范围后纳入消费税的资源性、高能耗和高污染产品消费税税率水平的设计，应该满足以下几个方面的要求：

☞ 需要通过征税提高资源性产品的使用成本，起到一定程度的节约资源和保护生态环境的作用。

☞ 需要通过设置高能耗和高污染产品与低能耗和环保产品之间的税负差别，使高能耗和高污染产品的生产成本高于低能耗和环保产品的生产成本，使低能耗和环保产品在市场竞争中具有优势。同时，还需要进一步压缩高能耗和高污染产品的利润空间，使得高能耗和高污染产品无利可图或只能获得微利。这样，才能起到通过市场机制淘汰这些产品的作用。

☞ 根据不同产品在相关标准或指标上的差距设置差别税率。

☞ 资源性、高能耗和高污染产品税率水平的设置，还需要考虑社会公众的收入水平和可接受程度等方面的因素。

以污染性产品为例，在基本设计原理上，需要取得污染性产品与环保产品之间的价格差异情况，从而能够通过对污染性产品的税率水平设计，实现征收消费税后的污染性产品在价格上相对于环保产品缺乏优势。例如，对于农药，根据低毒环保农药的生产成本高于高毒农药的程度，通过征收相应水平的消费税，弥补两者的价格差距。同时，还需要根据这些污染产品的不同环境损害程度，设置差别税率。环境损害程度越高，消费税税率设置应越高。

进一步提高现行消费税的税率水平

对于现行成品油、小汽车、摩托车、一次性木筷和实木地板的消费税税率水平，需要根据调控需要对其税率水平进行调整。

☞ 成品油：从国内不断增加的机动车数量和成品油消耗量，以及为了实现我国"十二五"期间节能减排目标的需要看，有必要通过提高成品油的税收负担来增加其使用成本，进而减少化石能源的消费。其中，提高成品油的消费税税率就可以作为碳税的一种实现形式来达到上述目的。同时，由于成品油消费税采用从量定额征收，在通货膨胀情况下成品油消费税的收入难以随着成品油价格的提高而相应增加。因此，有必要根据其他能源税收的改革情况和经济社会的发展形势，适度提高成品油的税率水平。

☞　小汽车：现行税制中，小汽车消费税和车辆购置税都属于在机动车购置环节征收的税种，实际上两者具有一定的重复征收性质。在小汽车消费税按照排气量大小实行区别对待的情况下，对于车辆购置税也有着按照不同排气量实施差别税率的需要。因此，可以对这两个税种进行合并，并根据相应排气量设置税率结构，更好地促进机动车的节能减排。

☞　一次性木筷和实木地板：对于一次性木筷和实木地板征收消费税，有助于抑制对此类产品的消费和保护森林资源，但现行5%的税率水平相对于需要实现的资源节约目标来看仍然有所偏低，有必要适度提高两者的消费税税率水平。

（3）适时调整消费税的征收环节。为了更好地发挥消费税对资源性产品、高能耗和高污染产品的调节力度，在征管条件允许的情况下，可以考虑将消费税的征收从生产环节逐步调整为批发和零售的环节，并将现行消费税的价内征收改为价外征收。

表 5-4　约束性税收政策的改革建议

税种	污染防治、减排	生态保护	能源节约	资源综合利用	环境保护管理	其他环境保护
消费税	将严重污染环境的产品纳入征收范围	将严重污染环境的产品纳入征收范围；提高部分产品税率	将高能耗产品纳入征收范围；提高成品油税率	将严重消耗资源的产品纳入征收范围		
资源税		适度提高部分矿产品资源税税率	对煤炭实行从价计征，适度提高税率	适度提高部分矿产品资源税税率		
车船税			合理调整车船税的税率水平和结构，完善有关节能环保车船的优惠政策等			
车辆购置税			按排气量和重量大小对机动车设置差别税率			
排污费	实施环境税费改革，适时开征环境税					

5.3.2.3 继续加大关税和出口退税政策调控力度，严格控制"两高一资"产品出口

（1）实施环境保护边境调节税。对于符合 WTO 议定书附件 6 可以征收出口关税的产品，继续征收最高限额 40% 的出口关税；对于不符合征收出口关税的产品改征出口环节环境边境调节税，用于控制温室气体、治理污染、提供公共环境服务。

（2）进一步调整我国资源性产品出口限制政策。对我国经济发展重要且国内比较缺乏的可作为原料的废旧资源通过进一步提高关税等措施限制其出口，具体调整方案（表 5-5）。

表 5-5 我国可做原料的废旧资源出口关税调整建议

	商品编码	废物名称	目前出口关税	调整后出口关税
一、木及软木废料				
1	4401300000	锯末、木废料及碎片（不论是否粘结成圆木段、块、片或类似形状）	0	20
2	4501900000	软木废料及碎、粒、粉状的软木	0	20
二、回收（废碎）纸及纸板				
3	4707100000	回收（废碎）的未漂白牛皮、瓦楞纸或纸板	0	20
4	4707200000	回收（废碎）的漂白化学木浆制的纸和纸板（未经本体染色）	0	20
5	4707300000	回收（废碎）的机械木浆制的纸或纸板（例如，废报纸、杂志及类似印刷品）	0	20
三、金属或金属合金废料				
6	7112911000	金及包金的废碎料（但含有其他贵金属除外，主要用于回收金）	0	40
7	7112921000	铂及包铂的废碎料（但含有其他贵金属除外，主要用于回收铂）	0	40
8	7204100000	铸铁废碎料	40	不变
9	7204210000	不锈钢废碎料	40	不变
10	7204290000	其他合金钢废碎料	40	不变
11	7204300000	镀锡钢铁废碎料	40	不变
12	7204410000	机械加工中产生的废料（机械加工指车、刨、铣、磨、锯、锉、剪、冲加工）	40	不变
13	7204490090	未列明钢铁废碎料	40	不变
14	7204500000	供再熔的碎料钢铁锭	40	不变
15	7404000090	其他铜废碎料，不包括废五金电器、废电线电缆、废电机	30	不变
16	7503000000	镍废碎料	0	20
17	7602000090	铝废碎料，不包括废五金电器、废电线电缆、废电机	30	不变
18	7902000000	锌废碎料	0	20
19	8002000000	锡废碎料	0	20
20	8103300000	钽废碎料	0	20

（3）加大力度深化污染性行业出口退税政策。"降低和取消出口退税"作为贸易领域的辅助性环保政策手段，对于绿化我国国际贸易具有一定的政策效力，应加大实施力度。建议取消钢铁制品、铁合金、生铁、化学肥料等行业的出口退税；而对汽车行业保持较高出口退税。保持对煤、石油、天然气、石油煤炭产品、黑色金属等行业产品继续实施零出口退税率，并保证完全取消矿物质、纺织、服装、皮革制品、纸制品、化工橡胶塑料制品、其他矿产品、其他金属、金属制品、其他机械及设备和电力 11 个污染性部门产品的出口退税。

5.3.2.4　加快推动环境污染责任保险，让高风险企业付出应有成本

（1）应以制定《环境损害赔偿法》为重点，完善环境损害救济法律制度，从而强化企业环境损害赔偿责任。同时，加快环境污染责任保险立法，明确企业投保和保险公司承保的责任和义务，建立和完善保险市场的监管机制和技术标准，营造有利于环境污染责任保险的市场环境。

（2）根据企业环境风险，合理厘定保额和保费。应尽快出台高风险企业强制保险政策指导意见和实施细则，明确高风险企业范围、划分依据和标准，明确投保程序和要求。同时研究制定环境友好型企业投保的优惠政策，如给予保费优惠、优先获得各类环保专项资金支持等，积极扩大自愿投保企业数量。可借鉴安全责任保险经验，推行购买环境污染责任或缴纳环境风险抵押金并行制度，强化企业环境风险责任。

（3）建立环保部门与保险公司的联动机制。应重视并加强保险公司对投保企业的日常服务与监督。环保部门与保险公司可形成联动监督机制，由保险公司组织专家对企业的日常环境风险进行监督检查，提出改进意见。当企业环境风险高且不采纳保险公司的建议时，保险公司可向环境部门报告，由环境行政部门行使环境行政执法权。

（4）强化环境风险管理，完善和健全环境污染责任保险基础性工作。环保部门应研究制定相关环保标准和指南，如污染损害赔偿标准、环境风险评估通用准则、污染场地清理标准和指南等，在此基础上分阶段、分类别提出重金属、危险化学品运输、危险废物处置等行业的适用标准和指南，使环境风险评估、污染损失赔付、污染场地清理等有章可循，有标准可依。同时从环境风险管理的角度，加强对保险产品的评估与审核，保证保险产品切实起到防范环境风险的作用。保险公司应积极研究开发适合我国国情的多样化的环境污染责任保险产品，以满足不同行业或企业的风险管理需求。

5.3.3　着力提升一批激励引导类环境经济政策

制定和实施环境经济政策的最重要目标之一就是利用"无形之手"实现资源的有效配

置，激发市场各利益主体主动治理污染、保护环境，其中最核心的目标在于让环保"优等生"受到奖励，让"进步生"得到激励，让环保产业成为有利可图的朝阳产业。

5.3.3.1 积极建立有利于环境保护的税收政策

（1）完善增值税政策。

☞ 取消农药、化肥、农膜等不符合生态保护要求的增值税优惠政策，对不易造成土壤污染的有机肥等农资产品给予优惠政策；建议成立政府主导、各部门参与，以农民利益为主的综合农协，制定相关政策扶持综合农协进入生态农产品的流通领域获取流通利润，通过流通利润补贴生态农业生产；综合农协通过农民的组织化，降低成本和促进相互监督。增加对有机肥料购买的补贴，对有机肥购买、销售环节实行适当比例的补贴，同时严格有机肥补贴的准入标准，禁止以次充好、贴牌销售有机肥的情况。同时加大对一些大型的养殖业小区进行有机肥料制备的资金补贴。

☞ 完善资源综合利用等增值税优惠政策，包括调整和完善相关资源综合利用产品的优惠范围和目录，根据需要合理制定一些新的优惠政策。

☞ 结合营业税改征增值税的改革，合理设计有关节能环保服务产业的税收优惠政策。

（2）完善企业所得税政策。

☞ 适时调整和完善现行相关优惠政策，包括调整环境保护、节能、节水项目所得税优惠政策的适用条件等。

☞ 根据节能减排的发展状况和企业的实际需要，适时修改和调整现有优惠政策所涉及的相关优惠目录，尽快出台配套办法。

☞ 根据节能减排的形势需要，适时修订《企业所得税法》，制定新的绿色企业所得税优惠政策。

表 5-6　激励性税收政策的改革建议

税种	污染防治、减排	生态保护	能源节约	资源综合利用	环境保护管理	其他环境保护
企业所得税	适时调整和完善现行相关优惠政策	适时调整和完善现行相关优惠政策	修改和调整相关优惠目录	修改和调整相关优惠目录		
增值税		取消一些不符合生态保护要求的增值税优惠政策		完善资源综合利用等增值税优惠政策		

5.3.3.2 在 WTO 规则下，运用好环境保护相关补贴政策

（1）建立可持续消费专项资金，开展环境标志产品价格补贴政策。2013 年中央经济工作会议指出，要牢牢把握扩大内需这一战略基点，培育一批拉动力强的消费增长点，增强消费对经济增长的基础作用，发挥好投资对经济增长的关键作用。开展环境标志产品价格补贴，不仅能够增加绿色产品市场，培育新的消费增长点，促进企业的绿色转型，更可以提高消费者的可持续消费意识。补贴可以在生产端和消费端同时或者分开进行：

在生产端，对生产环境标志产品的企业优先给予环保专项资金支持。将环境标志作为企业中标的硬标准，并对具体产品设定苛刻的环境指标并进行招标，中标企业可获政府补贴支持。仿照节能灯补贴的模式，根据生产数量，对企业生产的环境标志产品进行补贴；

在消费端，在目前节能惠民工程、家电下乡、以旧换新基础上，提高企业及产品准入门槛，推行环境标志产品惠民工程，建立环境标志产品的数据库，对消费者购买环境标志产品的金额按比例进行补贴；可以建立环境标志产品的环保和低碳系数，此系数越高，补贴的系数就越高；为减小操作的难度，可以与银行合作，在消费者采用信用卡或者借记卡购买环境标志产品时，可以直接返还到信用卡或者借记卡当中。

（2）对家庭或个人等分布式电源的价格补贴。2013 年 2 月 27 日，国家电网公司发布的《关于做好分布式电源并网服务工作的意见》提出，给予符合条件的太阳能、天然气、生物质能、风能、地热能、海洋能、资源综合利用发电等提供并网条件，积极促进分布式能源发展；这意味着单位、个人不但能用分布式电源给自家供电，还可将用不完的电卖给电网。这是一项鼓励单位和个人节能减排的积极政策，但由于国家对此类分布式电源缺乏鼓励政策，前期设施投资两万元，投资回收期长达 15 年。因此，要真正推动和吸引更多的社会机构和公众参与新能源发展，国家还需要给予上网电价优惠等政策性支持。

5.3.3.3 进一步加大绿化财政支出，提高支出效率

（1）按照合理优化财政支出结构的要求，环境保护财政支出规模的绿化方向为：在逐年加大环境保护财政支出的绝对规模的同时，还需要提高环境保护支出占财政支出的比重。应参照支农支出、教育支出和科技支出等财政支出，对中央财政和有条件的地方财政明确环境保护支出的法定支出要求。即规定："国家逐步提高环境保护经费投入的总体水平；国家财政用于环境保护经费的增长幅度，应当高于国家财政经常性收入的增长幅度。全国环境保护财政支出应当占国内生产总值适当的比例，并逐步提高"。

（2）从环境财政支出的具体内容和结构看，也需要区分未来环境保护的重点领域，调整财政在不同环保领域的支出结构。具体来看，尽管其他一般环境保护领域也同样需要增

加财政投入，但对于环境保护的重点领域，包括废气、废水、重金属等的污染防治，重点污染物（二氧化硫、氮氧化物、COD 和氨氮）的污染减排，农村环保、生态环境保护和二氧化碳减排等项目，相对于其他一般环保领域来说，财政投入力度要更大，增速要更快，提高其占环境保护财政支出的比重。

表 5-7　完善财政支出政策的改革建议

支出项目	支出规模	支出比重
污染防治和减排	加大对重点污染物防治和减排的财政投入力度	提高污染防治和减排支出占环境财政支出的比重
自然生态保护	加大对农村环境保护的财政投入力度；加大对应对气候变化的财政投入力度	提高自然生态保护支出占环境财政支出的比重
能源节约利用、管理等		
资源综合利用		
环境监测与监察	加大对环境监测与监察的财政投入力度	提高环境监测与监察支出占环境财政支出的比重

5.3.3.4　完善资金机制及相关政策，加大生态补偿力度

（1）探索建立国家层面的生态补偿长效机制。生态补偿问题近年来受到国家和各地的高度重视，不仅因为当前改善和保护环境具有迫切性，而且调整环境问题相关利益主体的分配关系具有长期性，尤其是当经济发展到一定阶段时。因此在政策设计上，要逐步由短期的试点向建立并不断完善长效机制转变。经过近 10 年的探索，在国家层面，我们陆续试点并出台了多项具有生态补偿性质的政策，积累了一定的经验，已经具备建立长效机制的条件。因此，在国家层面将原来具有一定时限的短期政策长期化，建立稳定的政策框架，更好地实现政策效果，是建立国家生态补偿专项资金的目标之一。

（2）解决生态补偿的政策缺位问题。目前的生态补偿机制在补偿范畴、补偿内容上都存在政策缺位。生态补偿在内容上应该包括四个方面，由此派生出四个方面的政策组合，形成完整的生态补偿的政策体系，任何一方面的政策缺位都会影响其目标的实现。在国家层面建立生态补偿专项资金，目的之一就是在一个大的框架下，完善政策体系。首先，在补偿范畴上，将矿产资源开发的"历史欠账"、具有生态功能的灌木林和一些未能认定的生态林纳入国家生态补偿的范围；其次，在补偿内容上，除了对生态修复和保护的直接成本进行补偿外，也要根据财力逐步加大对机会成本的补偿。

（3）整合现有中央层面的各类具有生态补偿性质的财政资金，提高资金的使用效率。生态补偿的目的是通过调整生态保护相关利益者的经济关系，实现保护生态环境、维护生

态服务的功能。而从当前的各项政策来看，由于政策资金散落于多个政策之中，而且涉及多个行政管理部门，导致政策资金分散，资金使用效率不高，因此通过建立新的生态补偿专项资金，整合现有相关政策，使其形成合力，提高资金的使用效率，能够更好地发挥生态补偿的政策效果。

（4）建立国家生态补偿专项基金。国家生态补偿专项资金的补偿范围应该包括以下几个方面：生态系统服务补偿中的森林生态补偿、草地生态补偿、湿地生态补偿、农业生态补偿；流域补偿中的大流域上下游间的补偿，以及跨省界的中型流域补偿；重要生态功能区补偿；资源开发补偿中的历史"欠账"。

国家生态补偿专项资金的补偿对象：生态补偿是为了弥补生态保护中付出的额外支出和丧失一般性发展机会的损失，按照权利和义务对等的原则，应该是"谁损失，补给谁，谁受益，谁补偿"。因此，从理论上分析，有可能因为生态保护而产生损失的对象包括：①政府，不仅因为生态保护需要大量的生态建设投入，而且因为生态保护限制了一些产业的发展，影响了当地的税收和就业；②企业，由于生态保护要求执行更为严格的排放标准，从而增加了额外的投入，甚至企业关停；③居民，尤其是原住民，因为生态保护的要求，其丧失了对当地自然资源开发利用的权利。

国家生态补偿专项资金的补偿标准：补偿标准应根据生态系统服务功能的市场价值来制定，随着时间、经济发展阶段、具体条件的不同而有所差异。当前受多种因素限制，我国生态补偿的标准还比较低，以补偿生态环境的修复和保护的直接成本为主，机会成本的补偿次之。

5.3.4 以环保要求绿化和调整一批经济政策

5.3.4.1 发挥资本市场调控器作用，做实绿色信贷

（1）为资本市场绿色化提供激励和支持。

- ☞ 尽快建立环保贷款贴息政策：建议环境保护部与银行业监督部门与金融机构合作，制定一套科学、有效、便捷的环保贷款贴息政策。结合当前环境保护重点领域，以行业先行技术为依托，确定污染防治贴息项目清单。鼓励地方财政通过当地的金融机构对本地的环保项目进行贴息支持。

- ☞ 建立依托环境信用的财政绿色贷款担保制度：现实环保产业没有抵押物或者难以找到担保，银行就不发放贷款。这是环保产业遇到的主要融资瓶颈。因此为了支持环保类中小企业的发展，环境保护部应与财政部合作建立财政绿色贷款担保机

制，将企业的环境信用作为重要标准，以确定最终担保比例和还款方式。

☞ 积极探索"绿化"长期资本：长期资本是指那些收益长期稳定而非短期巨额回报的资本类型。典型的有国家主权财富基金、社会保险基金、企业年金等。探索长期资本在节能环保领域的投资模式和保障措施。

☞ 探索建立以促进发展绿色经济为服务对象的专业金融机构：可考虑建立国家绿色投资银行，或在国家开发银行下设立服务于绿色经济领域的基金公司。

（2）积极促进绿色消费信贷发展。全力发展消费金融，特别是开发有绿色概念的消费信贷，充分发挥金融对可持续消费的支持作用。消费信贷是指银行或其他金融机构采取信用、抵押、质押担保或保证的方式，以商品型货币形式用于自然人（非法人或组织）消费目的（非经营目的）的贷款。消费信贷在我国经过多年的发展，目前基本框架正在形成，主要包括个人综合消费贷款，旅游贷款、国家助学贷款、汽车贷款和住房贷款等，除此之外还有个人小额贷款、个人耐用消费品贷款、个人住房装修贷款、结婚贷款、劳务费信贷以及以上贷款派生出的各种专项贷款。但与发达国家相比，依然存在很大差距，尤其缺乏促进节能减排方面的绿色消费信贷产品，今后要在此方面加强绿色金融产品的创新。

☞ 利率方面：针对居民贷款购买绿色产品或服务，可享受折扣或较低的借款利率，且提供便捷的融资服务，如在民用太阳能技术、民用生物质发电技术等领域。

☞ 融资模式方面：要转变过去倚重抵押品的融资模式，探索通过节能环保的预期收益抵押等方式扩大民用节能产品购买的融资来源。

要进行新产品创新与现有业务品种的整合并重，开发建立多层次绿色消费信贷品种体系。应根据居民的不同贷款要求，以及不同商品和不同消费者阶层的特点，引导客户绿色消费，并为不同客户群"量身定做"能满足其个性化、特殊化需求的个人信贷业务产品，建立多层次的消费信贷品种体系，拓宽消费信贷领域。①在提供家用住房、汽车等高价值商品的消费信贷时，应就小户型住房、使用太阳能作为能源的住房、小排量汽车等优先提供贷款；②不断开发提供绿色家用电器、通信设备、教育、旅游、婚庆、医疗、绿色家具、健身器材等消费品的消费信贷，使居民能够更多地选择绿色消费；③加强对现有业务品种的整合，包括尽快完善各有关管理办法，简化贷款手续，形成切实适应客户需求、高效便捷的贷款操作流程；④推出组合性消费信贷业务品种，如住房与绿色装修组合、小户型住房与绿色耐用消费品组合等，通过组合消费信贷最大限度地满足消费者的消费需求。

5.3.4.2 建立和完善绿色证券制度

（1）强制监管政策。我国目前实施的环保准入，基本属于形式上的要求，并未起到真正限制非绿色企业进入证券市场的作用。造成这种局面的原因是多方面的。监管部门必须严格环保准入，为其他绿色证券政策的实施提供良好的环境。为此，应建立：

☞ 绿色再融资制度：应该建立上市公司绿色增发、绿色配股等机制，对于再融资申请提出具体明确的环保要求，前期绿色环保要求不达标的企业取消其再融资资格，直到其达到相应的绿色环保要求。

☞ 信息披露制度：我国应该尽快出台绿色信息披露方面的实施细则，规范上市公司绿色环保信息披露的形式、内容。同时作为此政策的补充方面，财政部门也应该尽快出台企业环境信息披露的会计准则，把企业的环境信息尽力纳入资产负债表和利润表中。证券监管部门和财税部门也应加强绿色信息披露方面的人员培养。

☞ 环保要求不达标的退市制度：应该在未来的退市制度中加入环保条款，也就是说对于部分持续无法达到环保要求或者被勒令限期环保整改但仍然没有明显成果的上市公司实行强制退市。在建设退市制度的过程中应当充分考虑上市公司股东中小股东的利益，在退市制度中设置小股东利益保护机制。

☞ 持续环保核查制度：首先要建立专门的核查机构，确定其职责权属，然后确定核查的内容。必须提供一个关于企业环境保护或者绿色度的评价体系与框架，以展开具体的核查工作，此外必要的核查规则也是上市公司环保核查的一个重要方面。

☞ 发挥中国证监会对上市公司环境监管的关键作用：在实施上市公司环境信息披露工作监督时，通过发布相关的规则，对企业在发行上市和再融资的招股说明书、上市公司的年报和季报以及上市公司的环境报告等信息披露进行监管。在我国实行环境会计制度后，环境会计信息披露受到监管，包括环境资产负债表、环境利润表和环境现金流量表。同时，中国证监会应发出专门的公告，要求证券公司（保荐机构）、律师对上市公司的环保核查、环境信息披露和环境绩效评价进行尽职调查和发表专业意见。此外，应制定相应的惩罚机制，对于上市公司在信息披露方面的违规行为进行严厉的处罚。

（2）自律监管政策。

☞ 年报环境信息披露的专项监管：证券交易所应配合证监会，对上市公司年报中环境信息的披露加以重视，并进行专项监管，避免出现表面化内容过多、可用信息不多的情况。

☞ 重大环境事件信息披露备忘录：证券交易所应发布重大环境事件信息披露备忘录，强化重大环境事件的"及时发现、及时报告、及时披露"，不断提高上市公司环境监管的针对性和有效性。首先，需提高监察系统的预警和报警能力，并强化交易所和环保部门的内外联合监管，探索更有效的环境事件干预措施。其次，对于突发性较强、对市场有较大影响的重大环境事件，试点交易所网上实时披露方式，增强信息披露的及时性。同时，要积极适应稽查体制改革，加强与证监会有关部门的联系沟通，强化对重大环境事件的及时核查、及时报告和及时披露。

☞ 中介机构环境诚信档案：修订《保荐工作指引》和《上市公司保荐工作评价办法》，强化保荐人对上市公司的环境监督责任，督促保荐人勤勉尽责，提高保荐质量。同时，开展会计师事务所、律师事务所、财务顾问等中介机构诚信档案建设，在诚信档案中增加与环境保护监督相关的污点记录，并开辟"中介机构处罚信息"栏目，将相关记录公之于众，强化对中介机构的监督和警示力度。

☞ 上市公司企业社会责任报告：在现有的自愿披露基础上，强制规定重污染行业强制披露企业社会责任报告，其中，对于企业重大环境问题的发生情况、环境影响评价和"三同时"制度执行情况、污染物达标排放情况、一般工业固体废物和危险废物依法处理处置情况、总量减排任务完成情况、依法缴纳排污费的情况、清洁生产实施情况以及环境风险管理体系建立和运行情况等进行规范编制。

☞ 上市公司环境违约"暂停上市"和"退市"机制：充分利用证券交易所在"证券上市、暂停上市和终止上市"的审核权，与环境保护部合作，对于上市公司的环保核查进行监督审查。配合环境保护部的上市公司环保后督察核查工作，并充分运用"暂停上市"的权利，要求有环境违规行为的上市公司及时披露环境信息。对于长期环评严重不达标的企业，可采取一票否决的退市惩罚措施。

（3）完善绿色证券市场激励政策。

☞ 企业融资和再融资条件优惠：为了建立绿色证券市场，增加市场上绿色环保企业的数量，提高整个市场的绿色环保程度和比例，应该建立区别于一般企业的绿色环保企业上市条件。适当放宽对企业规模、企业存续时间、前期盈利等条件的规定，打通绿色环保企业的上市渠道。同样地，对于已上市的绿色环保企业可以对其增发、配股等再融资行为降低门槛，促进其募集资金，扩大生产经营。当然，对于绿色环保企业融资和再融资条件的放宽，还有一个问题就是绿色环保企业的认定。我们也必须设立严格的绿色环保企业认定制度，发挥保荐机构和保荐人在其中的作用。

☞ 证券公司激励：政府作为政策制定者，应该激励证券公司在融资和再融资过程中发挥筛选上市公司的重要作用，鼓励其多做绿色环保企业的业务，而少接高污染、高能耗企业的项目。证券交易所也可以对重视环境保护、承担企业社会责任的上市公司采取鼓励措施，如优先考虑其入选绿色指数板块并相应简化对其临时公告的审核工作等。

5.3.4.3　深化和拓展非关税绿色贸易政策

（1）积极创新绿色贸易政策手段。

☞ 绿化非关税手段：取消工业原材料的出口配额限制、出口经营权、最低出口价等政策，逐步转变我国出口管理模式。坚持治标与治本相结合，加快国内配套政策的制定和出台，尤其加快实施国内生产和消费环节征收环境税的措施，包括开征生产环节的高额超标排污费，确保我国的贸易限制性措施的内外一致性。

☞ 建立绿色贸易合作机制：在多边、双边战略与经济合作框架下，建立绿色贸易合作机制，开展共同关注的相关议题研究，建立多边、双边互利共赢的共识，警示如将我国诉诸WTO，将损害多边、双边已在环保方面形成的良好合作氛围等。

（2）实行绿色贸易"组合拳"。

方案1：出口环评审核+通关便利

建立出口环节的环保预审核机制。考虑针对贸易协定、贸易政策乃至具体订单等，实施不同层级的环评措施，并根据环评结论，实施分级分类管理。对行业、企业、产品等层次和原料、能源投入、生产加工、产品等环节的审核，主要工具如表5-8所示。

表5-8　出口环节环保预审核工具

涉及环节	对象层次	环境管理工具	相关文件
原料、能源投入	行业、企业	环境影响评价	环评批复文件
生产加工	企业、产品	清洁生产 ISO 14000 系列 环境标准 环境会计及审计 产品包装及再利用要求 责任及信息公开	相应认证证书 环境审计结果 工艺流程图
产品（储存、运输）	产品	环境标志 能效标志	相应认证证书

同时采用环境标准、环境标志认证、环境会计及审计、环境影响评价等预审核手段，将行业、企业、产品区分为禁止、限制、允许及鼓励四类，并加以区别对待。

方案2：海关进出口环节差别化管理手段

在海关出口环节，建议在海关报关单、装箱单及清单上均增加"预审核类别"一栏，按照预审核结果填写"禁止、限制、鼓励、允许"类别。要求海关严禁"禁止"类别出口；对"限制"类别，根据其对环境的影响程度，需要审核其提交的相关的贸易环评报告表或贸易环评报告书；对于"鼓励"类别，则予以通关的方便及退税优惠；"允许"类别的出口产品则按照一般的通关程序予以对待。将企业、项目的环评批复作为出口的必备文件，缺少的需要补办批复；环评时间超过一定时效的须提交附加的审核文件。

与其他国家签署绿色标识系统互认协议。将产品绿色标识作为预审核的评估依据。我国现有的绿色标识系统包括绿色食品认证标志、有机食品认证标志、无公害食品认证标志、环境标志、能效标识等，建议将具有上述绿色标识的产品纳入优先允许出口产品分类中。

建议环境保护部、商务部及海关总署协商合作，将经过环保审核后形成的企业"绿（鼓励和允许）""黑（禁止和限制）"名单，与海关已实施的"红""黑"企业名单相衔接，将环境保护部"双高"企业名录及环境违规企业纳入"黑"名单，予以通关限制；环境友好企业纳入海关的"绿"名单，予以通关便利；或按照海关的相应限制和优惠条例对待。

5.3.4.4 逐步取消农药化肥补贴，调整补贴环节和对象

（1）取消对化肥生产的补贴，支持有机肥产业发展。取消肥料生产补贴，放开肥料价格；提高有机肥料的生产和使用。与工业化家畜生产一起开展工业化有机肥的生产，这与工业园区内集中性、大规模地进行废物处理情况类似。提供给化肥工业的补贴应转移给有机肥生产商。

（2）改变对化肥生产补贴为对农户的直补。目前，我国对化肥行业实行免征增值税的税收优惠政策，其初衷是降低农业生产成本，从而降低肥料价格，使农民投入生产资料费用降低。但随着市场经济的发展，农民从中得到实惠却微乎其微。如生产免税化肥的企业由于税收减免，其每吨可降低成本50~60元，这部分降低的成本农民并没有全部获得，况且近年来化肥价格涨幅较大，价格的上涨进一步抵消了生产成本的降低给农民带来的实惠。因此，可恢复征收化肥企业增值税，既能增加国家税收，又能将这部分减免的税收采取直补的方式，直接发放到农民手中，让农民真正得到实惠。

5.3.4.5 建立有助于重污染企业退出政策机制

政府应该鼓励合法的企业主动淘汰技术落后、污染严重、治理无望的落后生产能力，积极向绿色经济转型，这是绿色经济发展的重要动力。为此，政府除了实施绿色经济的扶持政策，让企业能够预期长期稳定的经济效益之外，还应该以合理方式，在适当的程度，

补偿企业的转型成本。在两个方面，政府的一些税收政策和财政补贴政策已经发挥了一定的作用。把这些政策统一到重污染企业退出机制之中，使企业和政策执行者等相关方都全面了解、掌握这些政策。可以预见，这样的机制将提高政策实施的效果。

需要强调的是，重污染企业退出机制发挥作用的前提是，政府通过严格执法，防止重污染企业转移落后生产能力。如果一些经济欠发达地区、农村地区降低环境监管的标准，承接了落后生产能力，重污染企业就会继续获得生存和发展的机会，也就丧失了向绿色经济转型的积极性。因此，政府应该严格执法，特别是在重污染企业可能转入的地区，当地政府必须真正负起环境监管的责任。

5.4　完善和创新我国环境经济政策的重大建议

根据党的十八届三中全会关于深化经济体制改革的总体要求和部署，当前及未来我国环境经济政策将进入全面推进、重点突破的关键阶段，为推动重点领域环境经济政策完善和创新，现从环境保护的全局性、综合性、整体性角度考虑提出以下重大建议。

5.4.1　厘清政府和市场关系，在环保领域使市场发挥配置资源的决定性作用

5.4.1.1　强化政府公共服务职能转变，给"无形之手"留出空间

在环境经济政策发展过程中，需要认清政府的角色，同时平衡好政府、市场和企业之间的关系，防止越位、缺位和错位，最大程度发挥市场的决定性资源配置作用，同时全面实现政府和社会在环境保护工作中承担的责任。

（1）要转变政府的公共服务职能，降低政府对市场的干预度。应明确市场在资源配置中的决定性作用，减少政府对商品尤其是资源性商品的定价控制，简化不必要的行政审批，避免政府对市场的直接行政性干预。对于实践证明市场已经能够或者完全可能有效配置资源的领域，政府应该审慎介入。否则，政府随易、轻易、任意地介入市场，行政资源必然会抢占市场资源以增加自身的利益，这会降低甚至破坏市场配置资源的决定性作用，降低了资源配置的效率，造成市场的不公平。政府应该避免频繁利用行政手段影响市场价格和市场运行秩序，不应在排污权交易等经济活动中直接参与市场定价，向市场释放有关资源与环境方面的错误信息；避免利用财政资金过多、过滥地建设各种示范项目、搞重复建设，制止以财政投入配置资源代替市场配置资源的倾向。

（2）加强政府对环境经济政策的引导和支持，强化对市场的监管。政府应对发展环境

经济政策给出明确的政策信号，加快建立灵活反映市场供求关系、资源稀缺程度和环境损害成本的资源性产品的价格形成机制，健全污染者付费制度；通过综合与协调运用税收、金融、绿色采购和转移支付等政策手段，提高政府财政的公共属性，避免出现政府失责，环境保护公共事务无人认责、无人投资的现象。引导和推动产业结构"绿化"与升级，加强资源循环利用、深化节能减排，并且通过完善奖惩制度，提高违法成本，实现政府对于市场的全面监管，当好裁判员的职责，让污染者付出成本，让保护环境有利可图。

5.4.1.2 厘清中央和地方财权和事权，特别要明确中央的环境保护事权和支出责任

按照党的十八届三中全会《中共中央关于全面深化改革若干重大问题的决定》中"事权和支出责任相适应"的要求，根据环境保护的外溢性特点，将全国性、跨区域的环境保护作为中央事权，对于区域性的环境保护，中央也应承担和分担一定的支出责任。

5.4.1.3 强化政府部门间协调与配合，全面提升环境经济政策的综合有效性

环境经济政策制定、实施和监督通常涉及多个政府部门，为避免在实践中存在的政出多门、政策间缺乏协调与配合等问题，应进一步厘清各部门的职责，并建立部门间决策及协调机制。

（1）建立国家环境经济政策工作部际联席会议制度。经济综合管理部门的积极参与是制定和实施环境经济政策的重要行政保障。为此，应建立由环境保护部、财政部、国家发展与改革委员会、国家税务总局、商务部、中国人民银行等相关政府部门参与的综合决策和协调沟通机制，对涉及产业结构调整、节能及环保产业发展等相关的财税、金融、贸易等重大政策制定及推动进行综合决策及有效指导，从而保证环境经济政策的环境有效性和经济有效性，同时有助于解决政出多门、部门不协调、不配合等问题。该部际联席会议制度秘书处应设在环境保护部。

（2）在环境保护部设立环境经济政策工作领导小组。为充分发挥环境经济手段在环境保护中的重要作用，加强和提高环保部门运用市场手段的能力，解决当前环保部门环境经济政策工作职能有所分散、工作协调性不够等问题，建议在环境保护部设立环境经济政策工作领导小组，由一位副部长任领导小组组长，工作小组成员由涉及环境经济政策的相关司局组成，协调部内环境经济政策工作，如环保投融资、环境税、绿色金融、绿色贸易、政府采购、排污交易、生态补偿等工作，加强政策的协调与配合，统一对外口径，加强政策推动力度。

（3）在环境保护部设立国家环境经济政策专家咨询委员会。环境保护已成为国家宏观调控的重要手段，并正快速渗透到各经济领域，如财税、金融、贸易、产业、消费等，环

保部门要推动制订符合市场规律并与各经济领域发展相配合的好的环境经济政策，需要熟悉财税、金融、贸易、投资等经济领域专业知识的官员和专家学者，协助环保部门出谋划策，对政策设计进行更加科学有效的评估和指导。

5.4.2　积极推动建立有利于环境经济政策的法制环境，加快推进重要环境经济政策"入法"

5.4.2.1　强化环境法制刚性化，为环境经济政策实施提供公平环境

要使环境经济政策制定好、实施好，就必须完善环保法制，强化执法手段。为此，要尽快修订和完善现行环保法律法规，大幅提高对违法行为的处罚力度，使环境法律法规摆脱偏软偏弱、有法不依、执法不严的局面。

为此建议：①以新《环境保护法）为龙头，加快推动《大气污染防治法》《水污染防治法》等法律修订，大幅提高对违法行为的处罚力度，使环境法律法规摆脱偏软偏弱、有法不依、执法不严的局面。②建立政府环境保护责任终身追究制度，强化政府环境保护责任，将环境质量纳入地方党政一把手考核指标，对领导干部实施离任环境审计，对盲目决策、不顾生态环境红线的行为终身追责；③应以制定"环境损害赔偿法"为重点，加快建立环境损害赔偿与责任追究制度，积极推进公益环境损害赔偿制度，扩大环境责任承担的范围，这既是保护公民环境权益的重大举措，也是根治"违法成本低，守法成本高"的必要途径；④对企业环境污染行为不设惩罚上限，借鉴美国、日本等国在其水污染防治方面的经验，对环境违法实行高于治理成本5～20倍的处罚，对于连续性违法行为实行"连续处罚"，对恶意违法、多次违法以及造成严重影响的重大违法行为采取惩罚性处罚；⑤加强执法与环境司法的衔接，配合高检完善"环境犯罪案件移送程序"，加大对环境犯罪的打击力度；⑥加大执法力度，加强环保执法队伍能力建设。

5.4.2.2　加快推进重要环境经济政策"入法"

首先要对目前已经开展或正在开展试点的排污收费、生态补偿、绿色信贷、环境污染责任保险、绿色证券、绿色贸易、排污权有偿使用和交易以及即将实施的环境税等环境经济政策的实施效果开展评估，对存在的问题及时进行修正，对实践证明行之有效且比较成熟的环境经济政策，要加快"入法"速度。

为此建议：①加快制订《环境保护税法》实施条例，明确环境保护税性质、征收范围、计征标准、各主体责任及税收管理等，使环境税费改革落到实处，真正成为反映环境成本和市场供求的调控工具；②加快出台"生态补偿条例"，明确生态补偿范围、各主体责任、

补偿标准及资金来源等重要问题；③加快推进排污许可证制度立法进程，以排污许可证为载体，将总量控制、环境功能区划、监督性监测等各项环境管理要求纳入许可证进行管理，为排污权有偿取得与交易提供平台和保障；④加快推动环境污染强制责任保险立法，并由环境保护部会同保险监管部门出台"环境污染责任保险管理办法"；⑤加快完善现行法律已明确要求制订但尚未制定的有关环境经济的配套政策，如《固体废物污染环境防治法》中明确规定，由国务院规定危险废物排污费征收办法，由国务院财政部门、价格主管部门会同国务院环境保护行政主管部门规定重点危险废物集中处置设施、场所的退役费用提留及管理办法等，这些配套经济政策都应加快制定；⑥对现行环境和经济领域相关法律法规及政策进行绿色评估，包括财税、金融、贸易、价格等，对与环境保护要求不相符的法规和政策加以修订和完善。

5.4.2.3 发挥环境信用评价体系在环境经济政策制定中的基础支持作用

党的十八届三中全会提出要建立健全社会征信体系，褒扬诚信，惩戒失信。企业环境信用体系建设是保证市场公平和环境经济政策有效实施的重要基础和保障。应按照《国务院办公厅关于社会信用体系建设的若干意见》要求，将建立和完善企业环境信用体系建设放在重要位置上，依据环境保护部等四部委制定的《企业环境信用评价办法（试行）》，将企业环境信用作为各类环境经济政策的基础，将企业环境信用优劣与激励类和约束类环境经济政策紧密挂钩，成为金融机构贷款、企业上市、保险费率优惠以及企业获得各类补贴和优惠政策的依据。为此，应进一步完善和细化企业环境信用评价标准和依据，健全企业环境信用评价的规范性和科学性。

5.4.3 创新有利于环境保护的财政体制和资金机制，提高环保资金有效性

我国节能环保支出与其他公共服务类财政支出相比较少，财政资金支持不足，直接影响环境质量的改善。因此，未来我国应按照党的十八届三中全会关于深化财政体制改革要求，在建立事权和支出责任相适应的制度、完善一般性转移支付增长机制等方面加大创新力度，继续加大各级财政对环境保护的支持和保障。为此建议：

5.4.3.1 建立环保预算稳步增长机制，明确环保支出的法定地位

应参照支农支出、教育支出和科技支出等财政支出，对中央财政和有条件的地方财政明确环境保护支出的法定要求。即规定：国家逐步提高环境保护经费投入的总体水平；国家财政用于环境保护经费的增长幅度，应当高于国家财政经常性收入的增长幅度。全国环境保护财政支出应当占国内生产总值适当的比例，并逐步提高。

同时应根据目前环境保护的重点领域和财政支出政策对各类环保项目的支持力度差别，在整体增加财政投入规模的基础上，重点加大对部分环境保护领域的投入力度。这些重点投入的环保领域主要为水、大气、土壤等污染物防治和减排、农村环境保护及生态环境保护、环境监测与监察方面等方面。

5.4.3.2 健全财政转移支付制度，将环境因素纳入财政转移支付体系

环境保护转移支付对于平衡我国地方经济发展、财政能力造成的人均环境财政支出和环保能力差异，具有重要的调节作用。因此，必须尽快将环境因素纳入财政转移支付体系中，依靠中央创新财政转移支付制度，加大转移支付力度，科学处理地区间环保能力差异。建议在财政转移支付中增加生态环境影响因子权重，增加对生态脆弱区域和保护效果良好区的支持力度，对工作不力致使生态环境质量下降的地区应减少或停止转移支付。按照平等的公共服务原则，增加对中西部地区的财政转移支付，对重要的生态区域（如自然保护区）或生态要素（国家生态公益林）实施国家购买等。

还应加强地区间环境保护横向转移支付制度的建立。积极开展地区间单向支援、对口帮扶、双向促进等举措，并协调疏通不同地域、不同级别间财政关系，处理好跨流域、跨地区、跨行业间环境问题，建立起基于环境保护的横向转移支付制度。

5.4.3.3 整合环保专项资金，设立国家环境保护基金

目前涉及环保领域的专项资金种类较多，以大气污染防治为例，目前包括中央环境保护专项资金、主要污染物减排专项资金、可再生能源发展专项资金等一系列专项资金。尽管侧重点不同，但各专项资金之间均存在着一定的交叉。这一现象导致了专项资金较为分散、项目数量较多，但每个项目资金总量相对偏少，项目之间缺乏联系，难以形成合力。因此，为保证专项资金能够更为集中有效地应用于大气污染防治，建议对现有相关专项资金进行整合。为此建议就水、大气、土壤建立三大专项资金。就水方面而言，目前国家已整合建立了"江河湖泊生态环境保护项目资金"和"中央大气污染防治专项资金"，建议考虑设立"农村及土壤保护专项资金"，作为中央层面用于土壤污染防治的重要资金来源，集合各资金的优势、特点，基于大气和土壤污染防治情况的轻重缓急、项目的关系意义，通盘考虑资金的筹措、划分、下拨、使用、监督，发挥资金的规模优势、形成合力，从而可以更加体现资金的效率和功效。

环保财政资金的使用效率不高是导致环境保护目标难以实现的重要因素之一。与制订更多的环境财政政策和加大环保的财政投入力度相比，更重要的是完善各项环境财税政策和加强管理，提高政策的效果和效率。应该避免直接采用事前的财政补贴等低效率的政策

手段，应按污染减排效果的事后补贴，通过财政贴息、以奖代补等政策提高财政资金的使用效率。

5.4.3.4 强化政府财政的环境保护支出责任，实施环保支出绩效审计与考核

应切实落实将资源环境指标纳入对各级政府和干部的考核。各级政府要将环境保护列入本级财政支出的重点并逐年增加，加大对流域区域污染防治、环保试点示范及环保监管能力建设的资金投入。建立政府环保投入绩效审计制度及评估方法，将环保支出绩效审计结果纳入各级政府和干部考核体系中，对环保投入过低、环保资金占用挪用等将追究相应的行政或刑事责任，对领导干部实施离任环保绩效审计和责任终身追究制度。

5.4.4 加快推动环境税费改革，逐步实现环境税费支出相当或高于污染治理成本

5.4.4.1 开征独立的环境税，逐步扩大征收范围提高税率

将目前与环境保护有关的收费项目改为税收，即开征独立的环境税，对大气污染物、水污染物、固体废物、噪声等污染物排放征收环境保护税。环境保护税的核心内容是合理设置税率水平，增加企业排放污染物的成本，促进外部成本的内部化。

5.4.4.2 探索实施阶梯式差别化排污收费政策

在尚未全面实施环境税前，或实施环境税政策后尚未纳入其中的污染物，可开展阶梯式排污收费政策试点，即污染物实际排放值低于规定排放标准 50%的（含 50%），按收费标准减半计收排污费；污染物实际排放值在规定排放标准 50%～100%的（含 100%），按收费标准计收排污费；污染物实际排放值超过规定排放标准的，按收费标准加倍计收排污费。同时应扩大排污费征收范围，研究将挥发性有机污染物等纳入征收范围，对已开征的二氧化硫、氮氧化物、COD 和氨氮等污染物加大征收力度。

5.4.4.3 改革资源税，调整计征方式，扩大征收范围

扩大从量计征改为从价计征的税目范围，尽快将煤炭及其他非金属矿原矿、铁矿及其他金属矿等具备条件的税目改为从价计征。扩大资源税改革范围，将水、森林、草原、湿地、滩涂等资源一一纳入。注意资源税与环境税、消费税改革的协调。

5.4.4.4 调整消费税税目、税率，发挥消费税的调节作用

调整征税范围，从目前税目中，将已成为日常生活用品的消费品剔除，将污染重（如电池、含磷洗涤剂、含 VOCs 建材等）、耗能大（如大排量汽车等）产品以及奢侈消费品（如私人潜艇、私人飞机等）等纳入征收范围和增加税负。

5.4.5　创新融资模式和激励方式，促进环保产业市场有利可图

5.4.5.1　加大信贷政策对节能环保产业的倾斜

企业在开展污染治理和资源综合利用方面必须有足够的资金支持，而当前我国针对环保产业的科技贷款由于政策制定的问题，并未产生明显效果。为了增加企业发展清洁生产和循环经济的积极性，政府要通过实行优惠的财政信贷政策，保障企业绿色生产的顺利进行。政策性银行可以通过低息贷款、无息贷款、延长信贷周期、优惠贷款、贷款贴息等方式对企业资金进行支持；应加快环境保护绿色银行可行性的论证，以根本解决目前企业清洁生产、环境保护信贷资金落实难的问题。

5.4.5.2　增加财政补贴

给从事环保行业的企业提供各种财政补贴，以调动企业的积极性。如实行物价补贴、亏损补贴、财政贴息等。针对企业经营初期增加技术投入、改进生产工艺等造成的产品成本高于社会平均成本的现象，给予价格补贴；针对企业建设初期投入过大而造成的暂时性亏损给予财政政策上的倾斜；政府代企业支付部分或全部贷款利息，由于利息支付未计入企业成本，由此可相应增加企业利润等。

5.4.5.3　降低环保企业所得税优惠门槛

考虑到目前我国环保企业中，所得税是主要税种，税率为25%，优惠政策主要为"三免三减半"，这对于投资回报相对较低、回报期限较长的环保产业来说，作用并不明显。尽管《企业所得税法》有对国家需要重点扶持的高新技术企业采取15%的企业所得税税率的规定，但环保企业大部分属于中小企业，只有少数可以获得高新技术企业资格，绝大部分企业对此可望而不可即。为此，建议比照高新技术企业所得税的征收标准，环保企业所得税按15%的税率征收。

5.4.5.4　设立政府环保产业发展引导性基金

建立环保产业引导基金的目的是将一部分政府对环保产业的补贴，通过引导性基金的模式实现，起到"四两拨千斤"的作用。考虑到我国各地差异大，政府引导性基金可由地方政府主导设立，使其更能体现地方的特点，更具可操作性。由此应将引导性基金的设立进一步落实到地方政府层面，中央政府可以对设立此类引导性基金给予一定比例的财政补贴。

5.4.6 评估和清理重要经济领域政策，推动经济政策绿色化

应按照党的十八届三中全会《中共中央关于全面深化改革若干重大问题的决定》中"清理规范税收优惠政策"的要求，对各重要经济领域政策进行评估，对不符合生态文明建设要求、对环境可能产生不利影响的政策应予以清理或修订，为此建议：

5.4.6.1 取消对化肥生产补贴，完善农业补贴政策

（1）取消对化肥生产的补贴。我国曾试图调整化肥生产补贴政策，但受多种因素影响并未真正得到实施。考虑到中国农业可持续发展及环境安全的要求，农业、工业和环保等相关部门应当密切合作，积极推动化肥生产补贴改革，通过取消政府对化肥生产的补贴，切实推动化肥的可持续生产与使用。

（2）支持有机肥产业化发展。增加农业生产补贴和完善农业补贴政策，激励耕作生产中以有机肥料替代部分化肥，减少农业面源（非点源）污染。要注重提高有机肥料的产业化生产规模，优先推动畜禽养殖的粪便综合利用，同时通过向农民提供技术支持和能力建设，提高肥料使用效率。

（3）鼓励畜禽养殖业规模化发展。合理改进现有的畜禽养殖补贴政策，根据"十二五"国家畜禽养殖业减排相关政策和技术规定，增加对规模化畜禽养殖场新建综合利用设施、污染治理设施按照治理效果和减排核查结果进行专项补贴，推动畜禽养殖业污染的集中处理。

5.4.6.2 逐步取消对农膜的增值税优惠政策

《固体废物污染环境防治法》第 19 条规定："使用农用薄膜的单位和个人，应当采取回收利用等措施，防止或者减少农用薄膜对环境的污染。"而根据国务院发布的《增值税暂行条例》（国务院令第 538 号）规定，农膜属于免增值税项目，从减少污染、保护环境角度出发，建议对增值税优惠目录予以调整，将农膜从免税类别中予以剔除，充分考虑保护农民种田积极性的要求，实施先减半征收再逐步过渡为全额征收。

5.4.6.3 建立健全重污染企业退出机制

重污染企业淘汰落后生产能力时，如果满足政府规定的有关条件，可以依法申请获得淘汰落后产能中央财政奖励资金、中央财政关闭小企业专项补助资金、主要污染物减排专项资金、环境保护专项资金、农村环境保护专项资金等财政补贴；重污染企业实施技术改造和更新，可以根据政府的规定，享受税收、土地、信贷、财政补贴等方面的支持；对不满足所在地区环境管理的要求，应该退出但尚未退出的重污染企业，适当提高用电电价，

实施惩罚性水价，停止新增信贷，收回已发放的贷款。

5.4.6.4　创新绿色金融产品，积极发挥绿色金融的双刃剑作用

一是引导并支持金融机构开发有利于绿色金融业务开展的环境金融产品，引导建立可持续发展投资基金、政府绿色财政基金等先导性的投资产品，特别是对国家确定的燃煤电厂二氧化硫治理、节能减排技术产业化示范及推广等项目的金融服务创新产品应加快推出。支持符合法定条件的环保企业首次公开发行股票并上市，支持符合条件的已上市环保企业再融资。二是提高绿色信贷、绿色证券等金融政策的约束力，建立银行重大放贷项目全过程跟踪和责任追究机制。建立上市公司退市制度，对于部分持续无法达到环保要求或者被勒令限期环保整改但仍然没有明显成果的上市公司可考虑实行强制退市。

5.4.7　完善配套政策和技术支撑体系，增强环境经济政策的科学性和可操作性

5.4.7.1　加强环境经济政策制定与实施预评估与后评估，强化政府决策的科学性

环境经济政策的核心在于能找到"四两拨千斤"的切入点和作用点，这就要求任何一项环境经济政策都需要严密的设计和周全的保障，否则政策不到位，或执行不下去，起不到预期的效果。为此，要从决策到实施的全过程，将政策、项目的预期效果或者实际效果，与环境与经济总体目标进行对照，在不同政策、项目之间进行比较分析，综合评估每项政策、每个项目在资源、环境和经济方面的成本与效益。

建议由环保和经济部门组织研究制定环境经济政策预评估和后评估技术指南，充分考虑环境经济政策的经济性和环境性特点，提出评估政策有效性的指标体系。

5.4.7.2　加强环境经济政策配套技术和方法研究与支撑

环境经济政策的实施要让污染者付出成本，让保护者获得收益，其核心和重点在于算清账，即哪些是环境成本、哪些是环境保护的收益。为此，①应加强环境及资源成本与价值评估、重点行业和企业环境风险管理、环境损害赔偿等基础性研究，制定规范的环境风险和损害赔偿评估标准；②做实企业环境绩效评估及环境保护综合名录、及时修订最新的环保专用设备企业所得税优惠目录、环境保护节能节水项目企业所有税优惠目录、资源综合利用企业所得税优惠目录等，为经济部门在制定信贷、保险、税收、补贴等政策时提供参考依据，使政策有的放矢；③开发和建立模拟与量化评估环境影响经济以及经济活动环境影响的科学方法，尽量算清环境与经济成本与收益"两本账"，为环境经济政策制订提供可靠的科学依据。

5.4.7.3 全面构建跨学科的研究队伍，加强环境经济政策能力建设

环境经济政策研究是跨学科、跨部门的综合性政策科学研究。为此，建议组织以政策研究部门为主、大学研究机构为辅，同时充分吸收国际经验的研究队伍。配套措施的建立和完善是环境经济政策充分发挥其作用的有力保障，未来的环境经济政策实施过程，在制度层面，应当在资金、人力、技术、研究等层面对环境经济政策加大投入，以充分发挥环境经济政策对于环境保护工作的规范和引导作用；在实施层面，应统筹规划，理顺并完善各项环境经济政策的制定和实施机制，更加有力地推动环境经济政策的顺利实施。

5.4.7.4 探索建立行之有效的公众参与机制

环境经济政策在于实现环境外部成本内部化，提高全社会的总体福利。如何反映全社会的共同福利，需要依靠公众参与机制。在每一项政策、制度、标准、细则、配套措施等法律、部门规章和规范性文件等内容出台之前，都需要广泛地征询全社会，尤其是利益相关方的意见。全社会对环境经济政策的广泛共识和相关配套保障措施的完善，是环境经济政策体系合理发展的根本保证。而实现公众参与的重要技术支持是建立功能齐全的信息交流平台。

首先需要建立信息发布平台，通过政府网站、报纸和电视媒体等渠道，及时发布环境经济政策的最新信息，便于公众了解和查询；其次，建立公众参与信息平台，公众可在环境经济政策信息管理系统的网站上发表评论和意见；最后，建立环境经济政策信息收集反馈平台，相关部门应及时收集分析和反馈回复各方意见，特别是在向社会发布重要环境经济政策事项时，直接把相关信息发送给最直接的利益相关方，以便更有针对性地收集和处理信息。

5.5 完善和创新我国环境经济政策路线图

党的十八届三中全会提出了未来国家改革的总体路线图，那就是到 2020 年在重要领域和关键环节改革上取得决定性成果，完成提出的改革任务，形成系统完备、科学规范、运行有效的制度体系，使各方面制度更加成熟、更加定型。

《"十二五"全国环境保护法规和经济政策建设规划》明确提出了"十二五"环境经济政策目标，指出根据我国环境保护法规和环境经济政策建设的现状以及我国环境保护的实际需要，借鉴国外和国内其他领域政策制定的经验，积极推进环境经济政策的研究、制定和实施工作，到 2015 年形成比较完善的、促进生态文明建设的环境保护法规和环境经济

政策框架体系。

根据上述目标，环境经济政策的完善与创新应以此为指导，充分考虑我国环境管理要求及环境经济政策发展现状，确定未来政策优先领域和路线图。

我国环境经济政策的完善与创新是一个长期的过程，大致可分3个阶段：

第一阶段（至2018年）：为环境经济政策重点突破期。以现行环境经济政策的改革和完善为主要任务，加快改进和完善一批环境经济政策并抓紧谋划"十三五"我国环境经济政策制定规划，特别是围绕大气、水等环境保护重点领域，加大重点政策改革力度。应在排污费改税等方面有所突破，加大征收力度，同时加大涉及资源环境产权和资源环境价格的基础性政策研究，将试点多年并较为成熟的环境经济政策固定下来并推广。

第二阶段（2018—2020年）：环境经济政策全面拓展与深化期。按照市场经济规律要求，以"十三五"环境保护目标为总体要求，全方位加大环境经济政策完善和创新力度，突破环境经济政策制定的主要瓶颈，努力创新和全面提升一批环境经济政策，重点要建立基于资源环境产权的资源环境有偿使用制度和价格机制，加大政策调控力度，使各类环境经济政策更加成熟和稳定，从而构成较为完善和成熟的环境经济政策体系。

第三阶段（2020年以后）：环境经济政策持续优化期。开展环境保护工作就要有环境经济政策，环境经济政策要随着环境保护工作重点和任务有所调整和持续改善。在此阶段，环境经济政策要进一步优化并随环境保护重点进行相应调整，使之不断完善和充满活力。

2020年前我国环境经济政策完善和创新的重点任务（表5-9）。

表5-9 完善和创新我国环境经济政策路线图

总目标	政策目标	阶段	
		重点突破期（至2018年）	全面拓展与深化期（2018—2020年）
构建政策基础	明晰环境产权	● 建立以法定排污配额许可为基础的排污权管理制度，由国务院出台《排污许可证管理条例》； ● 研究建立排污许可证与总量分配及区域环境承载力间的关系，科学合理确定反映区域环境稀缺性的排污配额标准； ● 研究环境产权制度及配套政策； ● 建立环境信用体系，明确政府和企业环保责任	● 全面推行排污许可证管理制度； ● 完善排污许可证的配套政策和技术规范； ● 建立环境信用体系，明确政府和企业·环保责任
	资源环境产品定价	● 加大水资源、电价改革，完善配套政策； ● 加快煤炭、石油、天然气、其他稀缺资源等资源性产品的定价改革	● 继续深化水价和电价改革，提高征收标准，扩大覆盖范围； ● 深化煤炭、石油、天然气、其他稀缺资源等资源性产品的定价改革

总目标	政策目标	阶段	
		重点突破期（至 2018 年）	全面拓展与深化期（2018—2020 年）
约束污染行为：污染付出成本	减少污染排放	● 改革现行排污收费政策，实施阶梯收费制度：探索实施阶梯排污收费政策，对超标排污实施翻倍征收，出台指导性政策文件； ● 取消"两高一资"出口退税政策：调整和完善出口退税产品名录； ● 完善出口关税政策：调整和完善煤炭、原油、化肥、有色金属、稀土等"两高一资"产品出口关税名录，严格执行出口关税； ● 完善"两高一资"产品消费税政策：提高大排量汽车、越野车消费税税率，扩大征收范围至铅蓄电池、含磷洗涤剂、高 VOCs 建材等，改革计征方式	● 制定并完善《环境保护税法》配套政策； ● 扩大环境保护税征收范围，阶梯性提高征收标准； ● 推动排污费改税，全面启动并规范环境保护税征收； ● 制定《重点危险废物集中处置设施、场所退役费用提留及管理办法》； ● 继续调整和完善"两高一资"产品征收出口关税、消费税和取消出口退税政策； ● 深化"两高一资"产品消费税政策改革：扩大征收范围，改革计征方式，提高计征税率； ● 取消农药化肥补贴政策； ● 取消农膜免增值税优惠政策
约束污染行为：污染付出成本	降低资源消耗	● 适度提高部分矿产品资源税税率，如提高稀土的资源税税率，保护资源和加大调节力度； ● 继续推进煤炭等资源税从价计征试点，如煤炭资源税征收方式的改革，可以重点考虑选择煤炭资源丰富、煤炭开采加工产行业成熟并自愿参与的省份作为试点	● 在现行对油气实行从价计征的基础上，扩大从价计征办法的实施范围，对煤炭等部分矿产品实施从价计征改革； ● 煤炭资源税改革过程应当引入合适的过渡期，以在过渡期内逐渐提高税率； ● 深化资源税费制度改革，协调资源税与矿产资源补偿费等收费的关系
	环境风险防范	● 扩大环境污染责任保险试点； ● 研究制定《利用环境污染责任保险防范企业环境风险的指导意见》； ● 研究制定《环境污染责任保险管理办法》； ● 研究制定《环境污染责任保险风险评估与排查技术导则》； ● 研究制定《环境污染事故损害鉴定标准及保险赔偿计算标准》	● 推动环境污染责任保险"立法"； ● 制订环境污染强制责任保险相关法律法规； ● 制定及完善相关技术规范
创建市场：环保有利可图	创建及完善环保产业市场	● 提高污水和垃圾处理费征收标准，企事业单位率先推行； ● 污水和垃圾处理企业电价优惠政策：对乡（镇）污水处理厂实行"农用电价"政策； ● 完善企业所得税优惠政策：修订《环保专用设备企业所得税优惠目录》，修订《环境保护节能节水项目企业所有税优惠目录》，修订《资源综合利用企业所得税优惠目录》； ● 完善增值税优惠政策：调整和完善相关资源综合利用产品的优惠范围和目录	● 提高污水和垃圾处理费征收标准，扩大至居民及其他社会部门； ● 适时修订《企业所得税法》，通过法律固化对企业节能环保的优惠政策，制定新的绿色企业所得税优惠政策； ● 对废弃土地、改造后的"棕地"等减免征土地使用税 ● 对新能源汽车减免车船使用税

总目标	政策目标	阶段	
		重点突破期（至2018年）	全面拓展与深化期（2018—2020年）
创建市场：环保有利可图	激励减排	● 扩大排污权交易试点：制定《电力行业二氧化硫和氮氧化物排污权有偿使用和交易管理办法》；制定《主要水污染物排污权有偿使用和交易技术指南》； ● 继续实施脱硫脱硝除尘电价补贴政策	● 启动排污权交易立法，研究制订排污权有偿使用及交易管理办法；研究制定相关技术导则，规范市场交易活动； ● 逐步取消脱硫脱硝除尘电价补贴，让污染成本逐步内部化
	生态保护	● 深化生态补偿试点； ● 研究制订生态补偿条例； ● 研究主要生态要素，如流域、海洋、草原、森林损失评估、赔偿计算方法、生态补偿标准等技术规范	● 出台《生态补偿条例》； ● 出台《主要生态要素损失补偿技术规范和配套管理办法》
	加大节能环保财政支持	● 提高环境保护支出占国家财政支出的比重； ● 提高污染防治和减排支出占环境财政支出的比重，特别是对大气、水、重金属及农村污染防治支持比重； ● 修订和完善政府绿色采购目录，将绿色宾馆、绿色印刷、环保汽车等纳入强制采购目录	● 提高环境保护支出占国家财政支出的比重； ● 提高污染防治和减排支出占环境财政支出的比重，特别是对大气、水、重金属及农村污染防治支持比重； ● 扩大政府绿色采购范围，将环境标志产品和服务纳入强制采购目录
间接调控	绿色信贷：双向调控	● 对"两高一剩"停贷或限贷：制定《银行绿色评级制度》，将银行履行绿色信贷情况纳入高管履职评定标准； ● 绿色金融模式和绿色金融产品开发； ● 研究制定支持绿色信贷的环保综合项目贷款目录	● 研究建立金融机构信贷环境责任可追溯制度； ● 完善绿色信贷政策； ● 企业及项目环境风险配套技术导则
间接调控	绿色证券：双向调控	● 研究制定《上市公司环保信息披露细则》； ● 研究制订环保企业上市优惠政策；对于已上市的节能环保企业可以对其增发、配股等再融资行为降低门槛；	● 建立上市公司环保会计制度； ● 研究环保不达标上市公司暂停上市或强制退市制度；对部分持续无法达到环保要求或者被勒令限期环保整改但仍然没有明显成果的上市公司实行强制退市
	非关税贸易政策：双向调控	● 完善"两高一资"出口配额管理，适时调低出口配额	● 建立出口环节的环保预审核机制； ● 海关进出口环节差别化管理手段

第6章 环境政策的经济学分析方法研究

第6、第7章是本项目的方法论专题研究部分,重点探讨环境问题及相关政策分析的方法论及其应用示范。本章的主要内容包括3个部分。第一部分,介绍投入产出分析、可计算一般均衡分析、成本效益分析以及基于多主体建模的模拟仿真等方法的形成、发展趋势以及在环境领域的应用。第二部分,比较分析各类方法。第三部分,结合我国现阶段发展特点、环境管理目标和政策需求,探讨主要经济分析方法在我国环保政策领域的应用,确立适合我国国情的环境政策经济分析方法体系,形成面向环境经济政策制定和实施层面工作者的经济分析方法应用工具和开发指导性材料。

6.1 经济学分析方法发展

经济学分析方法与技术有很多,包括本研究的投入产出分析方法、可计算一般均衡分析方法、基于多主体建模的模拟仿真方法以及成本效益分析方法等。这些方法都是基于基本的经济学原理,具备较强的实践应用效果。这里将分别介绍上述各种方法的形成和发展趋势及其在环境领域的应用。

6.1.1 投入产出分析

投入产出分析(input-output analysis)又称"投入产出模型""投入产出技术""部门联系平衡法"或"产业关联法",简称IO分析,是研究具有相互关联的各个经济系统部分,反映生产或消费各部门、行业、产品等之间相互作用的一种数量经济学分析方法。

20世纪40年代开始,投入产出分析在理论、方法和编表等方面有了很大发展,应用领域日益扩展。50年代,英国剑桥大学里查德·斯通(Richard Stone)教授把投入产出表作为联合国国民经济核算体系的一个重要组成部分。联合国经济和社会事务部统计处分别在 1966 年和 1973 年出版和再版了《投入产出表和分析》，确立了投入产出分析在国民经济核算体系中的重要地位及二者间的联系，促使投入产出分析成为在国际上公认的经济分析方法和常规的经济核算手段。

近年来，投入产出分析不断被应用于环境污染、能源平衡、人口、就业、军备开支、投资分配、人力资源管理、生态环境研究以及物料需求计划（MRP）等社会问题研究的新领域。1988 年成立了国际投入产出协会（IIOA），出版了刊载投入产出方法方面论文的杂志《经济系统分析》（*Economic Systems Research*）。在联合国工业发展组织（UNIDO）等的支持下，关于投入产出分析的国际会议已经召开了 13 次。

20 世纪 60 年代末，资源和环境问题越来越突出，经济学界开始重视这些曾经被忽略的外部不经济，西方一些经济学家开始利用投入产出分析方法研究资源和环境问题。在 70 年代初期，列昂惕夫本人也对投入产出分析方法在环境方面的应用进行了深入分析，为环境经济研究奠定了理论基础。70 年代以来，西方一些经济学家为了研究经济发展与环境保护的关系将投入产出分析方法应用到环境保护领域，建立了一系列包括环境内容的投入产出模型。在国家层次上，关于环境与经济的投入产出核算，国外从 80 年代末 90 年代初开始了应用研究。如德国、泰国和美国在 SEEA 手册所解释的方法和概念的基础上，分别编制了各自的环境投入产出表。这 3 个国家所编制的环境投入产出表的特点是：德国和泰国的环境投入产出表的形式是不对称的投入产出表，仅仅研究了生产部门对资源环境的消耗及其各种资源的供需平衡关系，而美国的环境经济投入产出表真正将环境和经济综合在一张表里，描述了环境与经济的综合平衡关系。

目前，国外学者利用投入产出分析方法在环境方面所做的研究有：Maria Liop 在 2007 年运用投入产出分析方法对西班牙制造系统水政策的变化对经济造成的影响进行了分析，进而对相关政策的完善进行了探讨。Jordi Roca（2006）采用投入产出分析方法研究了经济增长与环境压力的复杂关系。Chen Lin（2008）提出了一种新的混合投入产出模型用以研究废水的产生和处理与环境的关系。Binsu 等（2009）利用投入产出分析方法研究了国际贸易中相关能源的二氧化碳排放情况，并以中国和新加坡的进出口行业为例，确定了在相关活动中二氧化碳排放量较大的部门。国内学者郭崇慧利用矩阵特征值理论和广义系统理论研究了动态投入产出系统的渐进稳定性和具有经济意义的均衡增长解问题，对动态投入产出模型的解及其灵敏度进行了分析，给出了基年的总产出向量和在各期的最终需求向量发生变动时，对计划期内国民经济各部门总产出可能产生的影响的计算公式。

随着应用深度和广度的不断扩大，投入产出分析呈现出以下四种发展趋势：

（1）动态投入产出分析的探索与完善。实际计算表明，列昂惕夫动态模型具有解的不稳定性。Takayama 曾给出了投入产出模型中存在性问题与稳定性问题是等价的证明。但是，如何实现动态推导与实际数据的吻合，以及如何保证动态求解的稳定性仍然没有得到解决。因此，对于动态 IO 分析机制的探索以及稳定性的研究将仍然是 IO 技术发展的方向。

（2）直接消耗系数的外推与修订。现实经济结构是变化的，这就可能导致测算结果与实际不一致。因此，有必要根据生产技术、产品结构以及生产资料价格等因素的变化及时修正直接消耗系数，对中长期预测、规划及编制投入产出延长表，更需要修订系数。

准确可靠的修订方法是根据实际调查数据，重新建立直接消耗系数矩阵，但是人力、物力耗费大，编表时间长，有效而可行的是非调查法，如专家评估法和经济数学方法。

（3）投入产出分析与优化模型的结合。经济规划需要解决优化问题，但是投入产出分析不能解决优化问题，如何与线性、非线性规划及动态规划模型等系统优化技术相结合，建立投入产出优化模型，成为投入产出今后的一个重要发展趋势。

（4）投入产出分析应用于测度技术进步对经济增长的作用是一个新方向。目前投入产出分析应用于测度技术进步对经济增长的作用方面有了很多有益的探索和一定成果，如从中间流量矩阵出发，利用直接消耗系数的变化推导技术进步对经济增长贡献测度模型；从最终产品矩阵出发，利用最终产品的变化推导技术进步对经济增长贡献测度模型。这些模型为利用投入产出分析测度技术进步对经济增长的作用，提供了很好的思路，并奠定了一定的基础。

应用 IO 分析方法解决环境问题具有较长的历史。模型简明，该方法也比较成熟。但是编制环境投入产出表需要大量工作，在政策模拟方面的功能还需要通过可计算一般均衡模型来实现。

6.1.2　可计算一般均衡模型

可计算一般均衡模型（Computable General Equilibrium model），简称 CGE 模型，描述各个经济部门、各个核算账户之间的相互关联关系，模拟和预测经济活动和相关政策对这些关系的影响。20 世纪 70 年代，CGE 模型在国民经济、贸易、环境、财政税收、公共政策得到广泛应用，是国际上公认的经济学和公共政策定量分析的主要工具之一，是世界银行和世界贸易组织政策分析的基本工具。

20 世纪 80 年代以来，随着电子信息技术飞速发展，特别是数据基础的改进和计算程序的完善，CGE 模型细化处理能力得到提高。用于求解 CGE 模型的软件，如 GEMPACK、

GAMS、HUCULES 和 CASGEN 等的成功开发，使 CGE 模型的研究和应用迎来了黄金时期。近年来，随着建模和计算方法改进、实现模型由比较静态向跨时动态过渡等方面取得的进展和突破，模型质量得到提高，模型规模得到扩大，许多发达国家和部分发展中国家相继建立了自己的 CGE 模型。这些模型在分析宏观公共政策、微观产业政策、国际贸易政策以及对国民经济进行动态预测方面发挥了显著作用，在能源、环境及税收政策分析等新兴领域的应用，也取得了良好效果。

环境 CGE 模型的研究开始于 20 世纪 80 年代末期，是 CGE 模型应用的一个分支。具体来说，环境 CGE 模型主要用于模拟环境与经济之间的互动关系，其中包括分析公共经济政策（如税收、政府开支等）对环境的影响，以及环境政策（如环境税收、补贴和污染控制等）对经济的影响。Forsund 和 Strom（1988），Dufournaud（1988），Bergman（1988），Hazilla 和 Kopp（1990），Robinson（1990）以及 Jorgenson 和 Wilcoxen（1990）等对环境 CGE 模型的早期发展做出了重要贡献。90 年代以后，环境 CGE 模型的研究取得飞速进展。这一时期的代表性学术论文数量明显增多，质量也有实质性提高，如 Boyd 和 Uri（1991），Blitzer（1992），Lee 和 Roland-holst（1993），Robinson（1993），Beghin（1995），Copeland 和 Taylor（1994），Persson（1994），Nestor 和 Pasurka（1995），Jian Xie 和 Sidney Saltzman（1996）等的相关学术论文。实践证明，基于一般均衡理论的环境 CGE 模型能够较为准确地分析和模拟这些政策实施的结果。

CGE 的发展，目前主要有两个方向的趋势：

（1）包含国际和国内两个层次的多区域 CGE 模型的发展。国际多区域 CGE 模型的发展，基于世界是由众多具有不同特性的经济体和经济体联盟构成的这一基本观点，一方面考虑各经济体在社会经济规模、发展速度和阶段、环境资源禀赋等内在方面的差异，另一方面要考虑国际商品价格、汇率、主要经济体关税、贸易政策等左右各经济体间投资、贸易活动和人、财、物流动，进而对特定经济体内部运行产生影响的外在因素。

（2）多期动态 CGE 模型的完善和应用。目前的多数 CGE 固定在一个时期内进行政策模拟，是静态模型。静态 CGE 不能模拟跨多时期的经济变动，也不能描述资本形成和消费之间的关系，也没法阐述政策变化引起的资本积累过程和经济影响动态变化过程，要研究政策冲击在多时期里带来的影响，预测未来的宏观经济变化，标准模型是无法胜任的，完善模型成为进一步需要解决的重要课题。

应该说，CGE 模型是适用于环境与发展展望研究的，当然需要根据具体的问题进行适当改进。CGE 在环境政策模拟方面取得了很多成果。尤其是在定量分析环境经济政策对我国经济带来的影响方面，有着绝对的优势。它是一个非常好的经济综合评价模型，但是仍然存在不少的问题。

针对以上问题，在一定程度上需要环境保护部和中国环境与发展国际合作委员会针对本项目在法规允许范围内开放数据，以供科学研究。另外，利益相关者对环境管制的意愿了解不仅对环境管制政策的制定有十分重要意义，也将是确定 CGE 参数的主要途径。建议在研究的不同阶段有针对性地采取座谈、问卷调查等方法了解环境管理对利益相关者的影响。

6.1.3 基于多主体建模的模拟仿真技术

6.1.3.1 ABS 方法及国内外应用现状简介

基于多主体模拟（Agent-Based Simulation，ABS）是一门新兴的研究方法，从它的命名可以看出，是以若干多主体模拟客观世界的个体系统，以多主体间的交互模拟反映系统动态性和复杂性的建模方法。

复杂适应系统及 ABS 提出以来，得到了极大的关注和应用。ABS 的发展趋势主要表现为两点。首先是应用领域的扩展。随着 ABS 方法以及相关软件的完善，ABS 将在更多的领域中被人们使用和发展。其次是 ABS 将与另一门新兴学科——实验经济学结合。实验经济学是借助计算机平台，用真实社会中的人模拟人们的行为规律与价值取向等等。通过这种方式能获取较好的参数，从而弥补 ABS 在参数上不易确定的不足。

应用 ABS 建立的模型往往用仿真技术求解。因为这样的系统中个体数量以及类别比较多，个体还可能具有适用性、学习能力，个体之间的相互作用往往与时间、空间以及个体类型有关，是非线性的，很难用解析的方法求解，一般要借助强大计算机的大计算能力进行仿真研究。总的来说，ABS 是多主体理论与仿真方法的融合，是一种新颖的复杂系统研究手段。

Moira L. Zellner（2008）通过 ABS 方法构建了一个模型进行环境政策的决策分析。并以地下水管理的假设应用为例对 ABS 模型的潜力和局限性分别进行了探讨。

Eheart J. Wayland 和 Cai Ximing 等（2010）开发了一个与流域水文模型相关联的 ABS 模型用于计算模拟不同场景下的碳氮交易，研究这种交易在控制非点源农业营养径流的有效性。仿真结果从水质量、成本、平衡状态 3 个方面进行分析。结果回答了有关的成本效率和氮碳交易项目的环境效益的基本问题；同时给出了一些使用租赁成本方法不能得到的结果，即监管机构和利益相关者应该制定有效的贸易政策来控制地表水体的富营养化。

Zheng Chaohui（2013）开发了一个命名为 ANEM 的基于主体的环境模型，并将之运用于中国的养殖行业。通过描述多样化的、不同生产规模的养殖户们对养殖粪便管理做出个体决策的过程，ANEM 充分表达了农户个体所做政策响应的复杂性、非线性和个体间相互依赖性，并测试和对比了五种环境政策手段的环境绩效。基于情景分析和 ANEM 模型的使用，从环境管理的角度评价了养殖生产集约化这一策略。研究模拟了地区养殖业在 3 种可能发展情景下的营养物质排放情况。模拟结果证实集约化可以在营养物质减排中发挥正面作用。但是在生产增长过快的情况下，集约化进程已无法实现营养物质排放的绝对量减少。上述研究第一次深入地评价了中国养殖业政策的环境影响。作为一种创新性的方法，ABS 建模方法以个体化的但相互依赖的农户行为为基础来描绘养殖业的行业动态，以描述系统层面所涌现的现象。研究还形成了一些政策建议。总的来说，中国养殖业可以继续其快速发展和集约化的趋势，但必须并行以严格的"生态化改革"。

总的来看，我国在基于 Agent 的计算经济学建模仿真领域的研究仍然处于起步阶段，并且大部分的研究人员仅仅局限于经济学、复杂适应系统领域，更广大的社会学工作者仍然对 ACE 方法不够重视。

6.1.3.2　ABS 在典型经济学模型中应用介绍

目前，ACE 的研究已经渗透到了经济学研究的各个分支，并在建模方法及理论深度上不断发展。下面介绍两个典型的基于 Agent 的经济模型：ASPEN 和 EURACE。

ASPEN 模型，它是由 Sandia 国家实验室基于美国经济提出的一种新的基于 Agent 的微观经济模拟模型，其仿真了美国经济中的九类实体，包括消费品市场、劳力市场、信贷市场和债券市场等。根据各种微观个体在现实经济中的联系，ASPEN 通过消息机制模拟了主体间的交互作用，并赋予部分主体以学习能力。该模型的显著特征为：允许大量的经济主体同时活动，各司其职，互不干扰。ASPEN 的特点包括：①复杂的消息传递系统使得不同的 Agent 之间可以互相传递消息。②通过遗传算法仿真某些 Agent 的学习过程。③相对完整的金融体系（包括银行系统和债券市场等）。

EURACE 是第六次欧盟框架计划中"复杂系统"支持下开发的一个欧洲经济模型，旨在通过应用自下向上的方法建立一个欧洲经济的微模型，为欧洲经济政策的设计建立一个基于 Agent 的平台。这一模型最后会用来测试在一个由大量相互作用的异构代理组成的经济系统中宏观经济政策的效果。

6.1.3.3　ABS 在其他领域中的应用

在公共卫生方面，Eidelson 和 Lustick 建立的天花传播模型，用来分析、比较天花疫情发生后不同社会策略的实施效果；在交通运输方面，美国 Los Alamos 国家实验室开发的 TRANSIMS，能够真实再现道路交通流的特性，作为"实验室"分析各种交通管理策略对城市交通影响的工具。

在电力系统领域，Sandia 实验室将 ASPEN 改造成 ASPEN-EE，通过模拟得到由政策决策失误而引起的电力中断是电价按二次方变动的原因。North 等对多个时间阶段的决策进行了模拟，特别详细描述了日前市场各个 Agent 的决策行为、学习能力和市场功能。Bower 等基于多 Agent 模型来模拟英国电力市场的运行，分析联营体模式和双边交易模式下的电力市场的有效性，检验各独立发电商在市场中的行为。Bunn 等研发了发电商、售电商在英国实施新电力交易机制（New Electricity Trading Arrangement，NETA）后双边合同、平衡市场的策略，并对市场的有效性进行了检验。美国的 Argonne 国家实验室开发了电力市场复杂适应系统模型 EMCAS，模型的基本原理是将电力市场中的参与者抽象为一个具有适应能力的 Agent，EMCAS 为电力市场设计提供了一个可计算的模拟框架。

由于复杂适应系统理论、多 Agent 模拟技术的强大优势，在企业组织理论、水资源管理、产业创业政策模拟方面也发挥了重要作用。

ABS 模拟仿真在复杂系统研究领域得到了越来越多的关注，但在方法论上目前还存在这样一些问题：

（1）没有形成一套建模适用性准则判断某个具体问题是否适合采用 ABS 模拟仿真方法来研究，在很大程度上这是由研究者的个人偏好决定的。至于哪些问题应该采用 ABS 模拟仿真方法，哪些问题不应采用则存在很大争议。应该说作为一种比较灵活的建模方法，ABS 模拟仿真适用范围很广，但对一些问题而言并非最适当的方法，目前 ABS 模拟仿真方法有被滥用的危险。一个具体问题是否适合采用该方法缺乏公认的判断标准。

（2）微观因素—宏观模式之间的联系复杂，难以得到高度可信的关系。除一些极其简单的模型外，大多数模型是比较复杂的，变量的数量非常多，变量的初值也不好确定。另外由于随机性的存在，要求进行大量重复运行。这两个因素造成仿真实验设计以及仿真结果分析比较困难。如何识别关键因素，建立自变量-因变量之间的关系是研究者面临的一大难题。

（3）模型的有效性验证困难。无论是理论研究还是应用研究，模型的有效性最终要通过与实际数据的对比得以验证，以获得关于模型可信性的指标。但由于 ABS 模拟仿真模型变量多、存在学习和适应过程、输出结果复杂，关于模型验证的问题非常多。选择哪些特征进行验证？如何构建初始参数实现与实际系统的一致？模型有效性的判断方法是什么？判据是什么？等等，这些问题目前都没有明确的答案。

6.1.4　成本效益分析

成本效益分析（Cost-Benefit Analysis，CBA），又称费用效益分析、经济分析、国民经济分析或国内经济评价，是通过比较项目的全部成本和效益来评估项目价值的一种方法。成本效益分析作为一种经济决策方法，已经实际应用到政府部门的计划决策之中，寻求在投资决策上如何以最小的成本获得最大的收益。成本效益分析是一种非常成熟的方法，其主要研究趋势仍然集中在环境覆盖面以及成本的确定上。此外，成本效益分析的效益与成本计算方式也日趋完善与细致化，在结合投入产出分析、CGE 模型，甚至 ABS 技术等更好反映经济、产业结构、宏微观层面影响变化的经济学分析方法来更加精准、全面地评估项目或方案，换句话说，本节中介绍的上述方法被作为成本效益分析中测算经济、环境成本效益的有效工具而使用。

成本效益分析方法是一种通过项目的费用和效益进行比较的决策工具。其指导思想是福利经济学中的"消费者剩余"。在面临环境价值的评估上，市场很多时候是"失灵"的。因为环境资产的市场价格并不能反映其真实的稀缺性。这种方法给出的价格很可能仅仅是价值的最小估计值。如果采用经济学的表示方式，可以这样描述：位于需求曲线之下的整个区域代表总的消费者满足；而位于需求曲线之下与实际价格之上的部分就表示消费者剩余。因此，在应用 CBA 做分析的时候，尤其是做环境方面的评估时，所考虑的成本与效益的范围要更为广泛一些。环境影响评估中生态影响和社会影响是最难评估的。因为生态影响包括了物种消失、生态重建和生态补偿，而社会影响则包括了健康、康乐活动、美感、个人兴趣、土地及楼房价值、就业机会、个人、组别及团体的行为反应等，因此很难准确估算价格。基于以上原因，现今大多数的成本效益分析，均集中于一些诸如人口、职业及收入分布等指标，从预测它们的未来趋势和实行后成本的增加来计算成本和效益数值。还有些成本效益分析会以增加或减少使用社会和环境设施进行评估，但这方面的研究和应用进度十分缓慢。

成本效益分析最早应用于项目评估是美国联邦水利部门对水资源投资的评估。1902年，《联邦开垦法》在美国颁布后，美国建立了开垦局，其目的是发展西部土地的灌溉，该法案要求对项目进行经济分析。1936 年，美国颁布《洪水控制法》，提出要检验洪水控制项目的可行性，要求效益都必须超过费用。1973 年，美国颁布《水和土地资源规划原则和标准》，使成本效益分析的重点放在了国民经济发展、环境质量、区域发展和社会福利等方面。1981 年 2 月 17 日，美国总统里根颁布了第 12291 项法令，规定今后对将要颁布的新政策，必须进行成本效益分析。只有当效益大于投入时，政策方可实施。这标志着经济分析进入国家政策的决策过程。自此，成本效益分析的应用范围已经超出了对开发项目的评价范围，并扩展到对发展计划和重大政策的评价。随着经济的发展，政府投资项目的增多，使得人们日益重视投资，重视项目支出的经济和社会效益。这就需要找到一种能够比较成本与效益关系的分析方法。以此为契机，成本效益分析在实践方面得到了迅速发展，被世界各国广泛采用。

自 20 世纪 80 年代以来，有关环境成本效益分析的研究广泛地开展起来。1983 年，美国东西方中心环境与政策研究所著名环境经济学家梅纳德·胡弗斯密特（Myanard Husfchmidi）和约翰·迪克逊撰写了《环境、自然资源与开发：经济评价指南》《环境的经济评价方法——实例研究手册》等著作，较为系统地介绍了环境影响经济评价的理论和方法，并且进行了相关的案例研究。1984 年，美国未来资源研究所的克尼斯等出版了《环境保护的成本效益分析》，具体介绍成本效益分析方法的应用，并对如何确定清洁空气和水的价值进行了研究。1993 年，著名的环境经济学家 A. M. 弗瑞曼出版了《环境与资源的价值评价》，介绍了对环境与资源进行价值评估的经济理论基础，并对各种价值评估方法进行了系统的理论阐述。

自从 20 世纪 90 年代以来，在英国伦敦大学全球环境社会经济研究中心的大卫·皮尔斯教授和克里·特纳教授等带领下，围绕可持续发展和全球性环境问题，进行了大量的环境经济问题研究，并在环境价值计量及实现代际公平的途径等方面进行了重要探索，并出版了一些重要著作，最著名的有：皮尔斯和特纳合著的《自然资源与环境经济学》（1993），皮尔斯和杰瑞米·沃福德合著的《世界无末日：经济学、环境和可持续发展》（1993）。

在国际上，环境成本效益分析方法被广泛地应用于水质量的改善政策、固定污染源和汽车空气污染源排放控制以及有毒有害物质管理等环保子领域。在美国，许多科学家长期以来一直热衷于使用环境成本效益分析衡量减少污染损害的效益。美国国家环境保护局对于这一效益估计领域研究的发展给予了很大的支持。

总的来说，由于环境成本效益分析涉及面广泛，需要的信息量大，特别是在基础科研方面要求有较多的支持，使得环境成本效益分析的研究和应用存在不少问题，在理论和方法上还有待进一步完善。环境成本效益分析在环境绩效中的最主要应用就是提供量化结果。但在应用时应注意以下几点：

（1）在运用环境效益分析法时注意结合我国的国情。由于我国尚未建立综合考虑环境因素的经济核算体系，仅依靠现有的会计资料，对项目进行评价所得出的结论不仅是不全面的，还有可能是违背可持续发展原则的。因此在进行环境绩效审计采用此方法时不仅要注意经济上的可行性，还要从环保方面考虑社会效益和环境效益，正确计算环保成本和环保效益，包括所有发生的直接和间接效益。

（2）在进行环境绩效审计时，要注意环境成本效益法的选择是否适用。例如，意愿调查评估法评估环境资源的价值，在我国很少有实例，主要是因为普遍缺乏进行市场调查的传统及人们对环境价值的认识偏低，很难得出真实的结果。

（3）运用该方法时要考虑项目环境影响的长期性特点。价值评价理论主要是从环境效益和成本的量化角度更好地判断环境绩效审计项目的经济性、效率性和效果性。但由于环境影响的长期性和综合性，如果仅在短期内就某单项工程对居民健康影响进行评价，很可能造成环境成本偏低。因为一般的环境审计很难对一个项目进行时间的跟踪，而环境对健康的影响有的要经过 10 年以上才会显露。因此，在运用该法时应充分考虑项目环境影响的长期性特点。

6.2　经济学分析方法的比较研究

6.2.1　理论基础

投入产出分析的理论基础来源于两个方面：瓦尔拉斯的一般均衡理论和马克思的再生产理论。

瓦尔拉斯的一般均衡理论认为，一种商品的价格的变动不仅受到本身供求关系的影响，同时还受到其他商品的供求关系的影响。因为，不同商品之间总是存在互补或替代的关系。这也意味着一种商品的价格和供求关系的均衡，只有在所有商品的价格和供求都达到均衡时才能确定。而投入产出的不同行业之间的"棋盘网格关系"，实际上就反映了这种"牵一发而动全身"的交错关系。但是，相比于全部均衡，IO 分析做了几点调整。首先，社会上成千上万种商品被分门别类，归纳为有限数量的行业或部门。这样可以使方程数量和变量大大减少，甚至减少到几十个或者几个的程度，解决了实际计算的困难。然后，IO 模型中省略了生产资源供给的影响。即假定生产资源的供给与需求是相等的，不存在生产资源不足或者过剩的问题。这样的假定实际上也是对一般均衡模型的一种简化。与此同时，IO 模型还略去了价格对消费需求的构成、中间产品流量以及对劳动等要素供给的调节影响。

取而代之的是采用中间产品的投入及其消耗系数，又称技术系数，并排除价格变动对中间产品的流量的影响。而假定它只随各个部门的生产水平的变动而按比例地变动。

以马克思的再生产理论为依据的苏联计划平衡思想是 IO 方法的另一个重要的思想来源。列昂惕夫早年的经历可以证实，以经济部门间的相互依存关系为依据创立的投入产出分析并非偶然。而在他后来创立的投入产出技术模型中，引入社会总产出和中间产品投入的概念，则是受到马克思再生产理论和原苏联计划平衡思想影响的另一个重要的依据。实际上，IO 模型的一个最基本的应用就是根据能获得的最终需求，确定社会需要投入多少中间产品以及生产要素。

CGE 的理论基础当属瓦尔拉斯的一般均衡理论。与 IO 方法具有共同的理论基础。他们都将瓦尔拉斯的一般均衡理论中的商品简化为部门。但无论怎样构造经济部门，模型的部门应该涵盖经济系统中的全部部门。CGE 中所采用的基础数据也来源于 IO 表。但是两者之间还是有很大的差别的。CGE 中引入了均衡价格，价格影响供需关系。同时，居民、政府都根据效用最大化来选择购买的商品，不再是 IO 模型中固定的比例系数关系。应该说，CGE 更具有微观经济学基础。虽然 CGE 模型在形态上千差万别，但是仍然具有以下共同特征：

（1）从理论基础上看，建构在一般均衡理论基础之上的 CGE 模型是把经济系统整体作为分析对象，它所研究的内容包括系统内所有市场、价格及各种商品和要素的供需关系，并要求所有市场都结清。IO 模型只研究单一或部分市场中某一部门或某几个部门局部联系的局部均衡分析。因此，在实际操作性能上，CGE 模型可以避免局部均衡分析的某些局限性。

（2）从总的结构上看，CGE 模型包括三组方程，分别表示供给量、需求量和供求关系，其中包含相应的优化方程。在 CGE 模型中，价格与数量是内生变量，由市场决定；外生变量通常包括消费者偏好、厂商技术集、初始禀赋及税率等。值得注意的是，CGE 模型虽然没有显性的目标函数，但优化行为分散在各个部门的生产、投资以及消费决策中完成。这一特征明显区别于设定单一目标的函数，并假定存在一个执行优化解的、权威的投入产出分析或线性规划分析。因此，CGE 模型更加适用于模拟市场经济或处于改革时期的混合经济类型中的政策效果。

（3）CGE 模型的经济主体（通常只包括生产者和居民，一些大型 CGE 模型还包括政府和其他机构）的行为设定要满足"在技术约束下，生产者追求利润最大化；在收入约束下，居民追求效用最大化"。

（4）在数据结构上，CGE 模型数据主要取自投入产出表。为了准确地描述和校对各行为主体的收支均衡关系，CGE 模型往往要求建立社会核算矩阵。此外，CGE 模型是非线性的，而且通常伴有资源约束条件。

ABS 理论基础主要来源于人工智能领域的主体及多主体系统思想，该思想在经济学、社会学、生态学等许多领域产生了广泛的影响。同时，ABS 还需要依靠仿真技术实现计算和模拟。主体及多主体系统是随着分布式人工智能的研究而兴起的。人工智能学者 Minsky 在 1986 年出版的著作《思维的社会》(*The Society of Mind*) 中提出了 Agent，认为社会中的某些个体经过协商之后可以求得问题的解，这些个体就是 Agent，Agent 具有社会交互性和智能性。多主体系统的研究始于 20 世纪 80 年代，到 90 年代多主体系统思想和技术得到了认同，为研究大规模分布式开放系统提供了可能。除在计算机领域外的应用，人们发现采用多主体系统观点能够对自然和社会中的许多复杂系统进行建模。而 ABS 的基本出发点就是：许多系统可以看成是由多个自治的主体构成的，主体之间的相互作用是系统宏观模式出现的根源，通过建立主体模型，可以更好地理解和解释这些系统。以人类社会为例，在微观层次上人类社会是由多个理性的、追求各自目标的、对自身行为有一定控制能力的个体组成的，个体之间以及个体与环境之间存在信息、物质、能量的交换，表现出复杂的相互作用。研究这样的系统时，可以从微观入手，建立个体行为模型，通过观察个体间的相互作用，归纳系统的宏观规律，揭示微观-宏观的联系，是一种自下而上的研究方法。目前，ABS 已经成为研究复杂系统、提取系统本质规律的一种可能选择。

ABS 把一个复杂问题分解为诸多子问题分配给处于相同环境的若干多主体，各个多主体之间功能相对独立，同时又通过社交性开展信息交流，从而解决复杂问题。在高度复杂的系统中，个体的交互共同作用导致全局结果，这种结果既不能归功于任何一个多主体（Katare，Venkatasubramanian，2001；Park，Sugumaran，2005），又离不开任何一个多主体。多个多主体相互作用的效用超出了这些多主体效用的简单累加，因此，基于多主体模拟解决复杂性问题的能力非常强大。

ABS 具有非常灵活的建模技术，具体的实现形式纷繁多样。作为探索和理解复杂系统的一种方法，ABS 采用多主体视角建立系统的概念模型，具体过程是：首先辨识组成实际系统的微观个体，将这些个体抽象为具有自治性的主体，主体之间通过相互作用构成一个 ABS 模拟系统。一旦采用多主体视角对复杂系统建模，则关注主体之间的交互就是必然的。因为复杂系统包含数量较多的微观个体，个体之间存在复杂的相互作用，要描述系统的发展演化，必须研究主体之间是如何相互作用的。因此交互是采用多主体视角后自然产生的，不应将交互看作 ABS 模拟仿真的本质特征。

应用 ABS 建立的模型往往用仿真技术求解。因为这样的系统中个体数量以及类别比较多，个体还可能具有适用性、学习能力，个体之间的相互作用往往与时间、空间以及个体类型有关，是非线性的，很难用解析的方法求解，一般要借助强大计算机的大计算能力进行仿真研究。

总的来说，ABS 是多主体理论与仿真方法的融合，是一种新颖的复杂系统的研究手段。

CBA 方法是一种通过项目的费用和效益进行比较分析的决策工具。其指导思想是福利经济学中的"消费者剩余"。它的处理技术应该属于工程经济学的范畴。

"消费者剩余"是福利经济学的重要概念。经济学家认为：稀缺性赋予商品或劳务以价值。如果某种东西能够满足任何想要消费它的人，那么无论在道德、美学等方面多么需要，它都不具备经济价值。美丽的日出日落或清洁的空气都没有价值。因为所有人都可以随意享用。而一旦其不再被随意享用，便具有了经济价值。如果日落景观或者清洁的空气被空气污染或建筑开发所破坏，这些资源就开始变得稀缺。通过定居决策或支出计划，人们开始显示对环境质量的偏好。在这种情况下，"环境质量"类似于一种正在变得稀缺的商品。

当物品和服务具备市场时，其稀缺性是通过价格反映的。但是，在面临环境价值的评估上，市场很多时候是"失灵"的。因为环境资产的市场价格并不反映其真实的稀缺性。尤其是对那些价格为 0 或者很低的环境资产来说，以价格为尺度会严重低估资产的价值。例如，公共海滩、国家公园、木材公司砍伐森林支付的低廉的特许费，或者居民支付的象征性的水费。这种方法给出的价格很可能仅仅给出了价值的最小估计值。

这时，"消费者剩余"的概念，可以很好地处理这个问题。其基本的想法是通过人们愿意支付的费用而不是实际支付的费用来评估环境的价值。如果采用经济学的表示方式，可以这样描述：位于需求曲线之下的整个区域代表总的消费者满足。而位于需求曲线之下与实际价格之上的部分就表示消费者剩余。因此，在应用 CBA 做分析时，尤其是做环境方面的评估时，所考虑的成本与效益的范围要更为广泛一些。

在运用 CBA 方法具体评估时，要采用工程经济学中的知识。例如，内部收益率、净现值与效费比等。这些方法主要是用来评估具有不同年限与不同风险程度的项目在经济上的优劣。这些经济技术手段与财务计算方式还是有一定的差别的。

所以，综合来看这四种经济学常用的方法的理论基础，会发现 IO、CGE、CBA 都具有一定的经济学基础。尤其是 IO 与 CGE。ABS 则是人工智能思想和技术在社会经济领域的应用。如果站在应用的角度上看，CBA 直接针对明确的项目的评估。IO 与 CGE 则是针对宏观经济政策模拟分析的。而 ABS 似乎更适合做理论探讨，发掘总体的行为规律。

6.2.2 应用领域与使用条件

6.2.2.1 投入产出分析的应用领域

投入产出的应用领域十分广泛，但归纳起来，有以下几个方面：为编制经济计划，特别是中长期计划提供依据；进行结构分析；进行经济预测；研究中药经济政策对经济的影响；确定产品的价格；研究一些专门的社会问题，如环境污染、人口、就业、收入分配等问题。

对于投入产出模型的使用应注意到它的使用条件。具体而言，就是要考虑 IO 模型的假设条件。IO 分析模型是基于两个假设的。其一为同质性假定；其二为比例性假定。同质性假定认为各部门用单一的投入结构生产单一的产品。例如，汽车类产品，虽包括工程车、卡车、轿车等多种类型，但模型中对汽车类产品的假定，不论哪一种车型，都采用同种生产技术，每辆车均有相同的消耗结构。因此，在实际操作中，应注意将同质性假定的要求与社会经济运行实际结合起来通盘考虑，既要使"产品类"或"纯部门"的分类简单明了，又要尽快反映社会经济运行的实际和满足管理的需要。

比例性假定认为任何一个部门对各个部门产品的消耗量是该部门产出水平的唯一线性函数，且成比例关系。这一假定反映了社会经济各个部门或各个产品类之间的技术经济联系，但它并非完全准确，也是在对实际经济运行过程抽象、简化的基础上做出的。并且，对不同的生产要素其准确度并不相同。对于原材料、能源消耗来说，虽然在许多生产过程中即使不生产也会有一定的固定消耗，但大体上是准确的。例如，钢坯对生铁、电力的消耗，电力对煤和水的消耗等。但是，有些生产要素有时偏差会大一些，如固定资产折旧，对任何部门来说，在生产规模确定的情况下，固定资产折旧额基本上就是一个固定消耗量，无论产出量增加或减少，它都是比较稳定的。相反，在产量稳定的情况下，固定资产折旧系数却不再是一个常数，它随着产出量的增加或减少呈反向变化。但是，在投入产出模型中，除固定资产折旧外，比例性假定基本反映了投入量随产出量的变化规律。

总之，同质性假定和比例性假定是投入产出模型中两个最重要的假定，在应用投入产出分析法时应很好地研究应用对象各要素间的相互关系，看其是否满足两个基本假定，对于不完全满足甚至违背两个假定的情况做出合理的处理，以保证投入产出分析法的应用效果。

6.2.2.2 CGE 方法的应用领域

CGE 方法自 2000 年以来,已经逐渐从传统的宏观经济政策分析拓展到社会发展政策、区域发展政策、能源和气候变化政策、环境经济评估政策等诸多领域。环境 CGE 可以精确评估环境政策成本的分析手段,分析环境政策对整个经济的影响,研究其对特定部门的影响,测算相对合理的环境政策的社会成本。同时,还可以刻画经济体中不同的产业、不同消费者对环境政策冲击引发的相对价格变动的反应。可以说 CGE 的可以触及社会经济活动的方方面面。

6.2.2.3 ABS 方法的应用领域

ABS 比较适合描述这样的系统:系统包含中等数量的个体,个体在空间上分布,个体往往是异构的、利用局部化信息进行决策,个体可能具有学习能力,个体之间存在灵活的交互。对这样的复杂系统,采用 ABS 往往能取得较好的研究效果。ABS 建模的基本思路是:首先构造微观个体模型,然后个体之间进行复杂的相互作用,形成人工社会或虚拟世界,通过在计算机上多次试验运行,观察同时呈现的宏观模式,归纳提炼后得到一般规律。

6.2.2.4 CBA 分析的应用领域

CBA 往往作为环境影响经济评价的最后一步。其目的是将环境影响的货币化价值纳入项目的整体经济分析(成本效益分析)当中,以判断项目的环境影响将在多大程度上影响项目规划或政策的可行性。需要对项目进行成本效益分析(经济分析),其中关键是将估计出的环境影响价值(环境成本或环境效益)纳入经济现金流量表,需注意这种环境成本与环境效益是与日俱增的。

6.2.3 评价目标和可获得的结果

6.2.3.1 投入产出分析方法可以获得的结果及评价目标

投入产出分析方法最常见的是获取相关的经济系数。利用投入产出表计算的各种系数可以用于经济现象的分析研究,尤其是用于宏观经济运行和经济结构变化的研究。根据投入产出表计算生成的系数较多,主要包括:

(1)直接消耗系数。直接消耗系数,也称为投入系数,是指某一部门(如 j 部门)在生产经营过程中,单位总产出所直接消耗的各部门(如 i 部门)的产品或服务的数量。

(2)完全消耗系数。完全消耗系数,是指某一部门(如 j 部门)每提供一个单位最终产品,需要直接和间接消耗(即完全消耗)各部门(如 i 部门)的产品或服务的数量。

(3)列昂惕夫逆系数。列昂惕夫逆系数,它表明第 j 个产品部门增加一个单位最终使用时，对第 i 个产品部门的完全需要量。

（4）分配系数。分配系数是指国民经济各部门提供的产品或服务（包括进口）在各种用途（指中间使用和最终消费支出、资本形成总额等各种最终使用）之间的分配使用比例。

（5）影响力系数。影响力系数是反映国民经济某一部门增加一个单位最终使用时，对国民经济各部门所产生的生产需求的波及程度。

（6）感应度系数。感应度系数是反映国民经济各部门均增加一个单位最终使用时，某一部门由此而受到的需求感应程度，也就是需要为该部门的生产而提供的产出量。

6.2.3.2　CGE 方法可以获得的结果及评价目标

CGE 主要是用于经济政策模拟。因此，最容易得到的是税收政策或者其他财政政策，如转移支付、出口补贴、汇率变动、关税调整等对宏观经济以及居民消费和企业的收入带来的影响。它主要是用来评估各种政策对国民经济各方面的影响。评价目标也是定量地确定各种政策对社会经济带来的影响程度。

6.2.3.3　ABS 方法可以获得的结果及评价目标

ABS 主要是为了模拟在给定情景以及行为规则的情况下，个体之间的综合行为将会导致何种宏观层面的影响。

6.2.3.4　CBA 方法可以获得的结果及评价目标

CBA 主要是为了评价一个项目的成本与收益的情况，或者是比较不同方案的好坏，从而判断一个项目是否应该实施，以及实施后其获益或所负担的费用情况；或者从众多项目中挑选一个最优的项目。

6.3　经济学分析方法应用的一般步骤和流程

如前所述，各种经济学分析方法具有不同的适用范围和优劣特点，针对不同层面和领域的环境问题要选择适宜的方法。如何根据具体问题确定评价指标和适宜的研究方法，如何有针对性地收集数据、开发分析功能模块、建立模型，如何验证模型的稳定性和测算结果的敏感性，如何从分析结果中推导出现实意义和政策建议？本节将从环境问题经济学分析方法应用的一般流程、各种方法的实施步骤和开发工具，以及各种方法在环境问题中的应用和效果评价三部分，力求给出答案。

在实际应用中，不同方法虽然有各自的特点，但就方法的开发应用流程来说，基本可以分为预评估、评估阶段和结果评价三个阶段。

6.3.1 预评估阶段

在这一阶段需要完成 3 个方面的工作：①问题识别和描述；②列举备选方案、评价指标；③确定方案和评价指标。

判断所要解决的问题是什么以及这个问题的是否适用于该方法。例如，如果需要评估对钢铁部门征收环境税会对经济带来多大的影响，我们可以具体对各个方法进行预评估。这是一个非常宽泛的问题，如果不做进一步调查以明确需要得到的结果，则上述 4 种方法都可以。

如果明确是要对整个宏观经济的各个方面做影响评估，如政府收支变化、居民收入变化、企业的收入情况、就业的变化情况等，采用 IO 分析或者 CGE 模型就比较合适。

采用成本收益方法来处理，可能就比较烦琐，有些项目的成本与收益比较难以确定。采用 ABS 方法，可能面太广，在参数设置上会有很大的不确定性。

如果变化率较大时，采用 CGE 是比较合理的，因为 CGE 不仅在机制上要比 IO 全面，更为主要的是，CGE 的非线性机制能够更加准确地描述市场机制。IO 分析的线性模型，在变化率较大的情况下，可能偏离实际比较大。

如果要评估环境税的征收在企业层面上会有多大的影响，如要评估国内的钢铁企业的市场份额在空间上会呈现怎样的新格局，则考虑采用 ABS 方法较为合理。因为，ABS 能够针对企业的不同特征，对不同的 Agent 赋予不同的属性，即能够体现所模拟对象的异质性。同时，Agent 可以具备空间属性，它在处理这些问题上比较灵活。

如果要在环境社会方面综合评估实施某项工程的可行性，则比较适合采用成本效益法。比较常见的如清洁发展机制（CDM）项目，在测算二氧化碳减排效果的基础上，对项目的社会环境效益做综合评估。

6.3.2 评估阶段

6.3.2.1 数据准备与模型建立阶段

实际上，数据能够收集的精确程度在很大程度上决定了模型的功能。如果能够提供比较详细的数据，则模型就可以刻画得比较细腻。针对不同的模型来说，数据的要求也是各不相同的。但是就过程而言，每个模型都不可避免地要有这个过程。对 IO 模型来说，就需要编制相应的投入产出表。而投入产出表中的数据整理是一项工作量较大的任务。一般来说，以个人的力量很难实现投入产出表的编制。所以，一般的方法是以国家统计局或地方统计局出版的投入产出表的数据为基础，通过统计年鉴或者其他环境数据经适当加工得到。对于 CGE 而言，需要编制更为全面也更为复杂的社会核算矩阵，这需要以投入产出表为基础来编制。综合参考资金流量表、人口统计年鉴等来实现整合，其工作量要比做 IO 模型更为繁杂。同时，CGE 还需要另外的一组数据，即参数，这需要根据历年的数据获取，如资本产出弹性、边际消费倾向等；有的甚至需要更为复杂的数据处理才能得到，如进出口产品的替代弹性等。而 ABS 方法则需要实际的特征数据，如个体类型、风险偏好程度等。此外，ABS 还需要一套行为规则，就是 Agent 面对不同的环境时应该如何决策。对于 CBA 分析方法，则需要有关项目的一些数据，如项目建设期与维护期的时间长度、成本以及效益的核算范围、贴现率等。其中，贴现率可以用来反映风险的大小，一般认为风险大的项目，其贴现率应该会相应地较高一些。可以看到，不同的方法，其数据要求也大不相同。

有了数据，就需要建立模型。一般来说，模型的建立与数据准备没有明确的先后顺序。因为模型的建立与数据的准备总是相互制约又相互促进的。再好的模型，没有数据的支撑，只能停留在理论层面，没有实用价值。但如果数据过于细化，也未必能与模型结合得上。比如，对于 CGE 来说，某个行业的企业数量与规模对模型的求解并不带来多大的影响。当然，如果能知道各个部门每年的排污数量，甚至是治理的成本等，对构建环境 CGE 来说将是非常大的帮助。模型和数据往往越细致越好，但都是受限于一定的规模尺度的。很显然，用 CGE 来模拟单独一个企业对经济政策的影响，是很不现实的事情，但用来分析这个企业所在的行业对经济政策的影响却是很合理的。所以，一个类型的模型可以解决的问题很多，但绝对不是万能的。所以，采用上述 4 种方法来研究环境问题、建立模型时，既需要考虑数据的问题，也需要考虑问题的规模尺度。

6.3.2.2 模拟计算与评估阶段

在具备前面准备的基础上，这一步相对来说显得比较简单一点，主要是构建计算平台，模拟或计算得到的结果，并最终给出分析。对于 CGE 来说，实现的平台有 GAMS、GEMPACK、MATLAB、C#等。对 IO 来说，一般使用 Excel 来计算，也可以利用 MATLAB 等计算平台。ABS 有 Repast、Swarm、Net-logo、Mason 等平台。CBA 比较灵活，可以用 Excel，也有一些针对特殊问题的专业化软件。需要提醒一点的是：结果分析，一定要结合实际背景。不能单纯地看结果。例如，采用 CBA 分析项目时，有可能某个项目的最终结果有少量的净收益，但考虑民众的意见或者风俗文化问题，可能什么都不做要比上这个项目强得多。

此外，各个方法并不是相互排斥的。很多时候，可以综合利用多个方法做一个环境问题的评估。例如，中国的国家电网研究中心，就分别采用了 ABS 技术、CGE 技术，以及 CBA 技术用于分析电力需求预测、电力行业涨价的经济影响分析等等方面。

6.3.3 结果评价阶段

对所得到的结果经过分析总结，说明结果的环境、经济、政策含义并给出政策建议。同时，针对某些问题，还要结果可靠性分析、敏感度分析等。

许多政府采用 CGE 与 IO 技术用于决策支持的一个很重要的原因就是这些模型能给出比较详细和明确的政策指导意见，而 ABS 往往能揭示运行规律，CBA 则能给出不同方案的费效比。

所有的模型都需要参数，因此，有必要考虑这些参数的变动对结果的影响。对于投入产出模型来说，其主要参数是直接消耗系数，而这主要是由统计数据直接计算得到的，理论上不存在不确定性，因此一般没有必要考虑投入产出模型的灵敏度。但是，投入产出的感应力指标、乘数指标实际也是灵敏度的一个反映。此外，动态模型或者情景分析中，对直接消耗系数变动的考虑也是有着直接意义的。CGE 模型的参数都是依据基准年的数据校准与估计的，某种意义上是均衡情况下的各种经济特征的反映，因此，直接简单地变动 CGE 中参数理论上是不对的。但是，可以将参数的变动最为一个外生冲击作用于系统，如可以分析技术进步对经济带来的影响等，也是非常可行的，同时对于灵敏度分析也很有意义。对于 ABS 来说，参数的不确定性较大，因此需要对参数的灵敏度分析给出说明。一般来说，建模者多通过构建众多的情景来模拟分析。在 CBA 中，贴现率是经常要作灵敏度分析的一个参数，往往这个参数的大小会决定费效比是否大于 1。在 CBA 中分析灵敏度的另一个作用是评估风险。

6.4 总结

在本研究开展的过程中我们越发认识到，在当前中国环境领域的决策体系中缺乏成熟的环境问题分析与相关政策评价的技术体系作支撑，而该体系的建立远非简单地依照国际经验或经济学理论就可以做到。本章尝试建立了一套以投入产出分析、一般均衡模型、多主体模拟仿真、成本效益分析等经济学分析方法为基础，从国家、地区、行业产品等不同角度出发，开展环境问题分析与相关政策工具效果的评估、预测的技术体系。通过宏观经济影响分析，评价环境政策对经济增长和社会分配等方面的影响，说明在既定政策下能否实现环境与经济协调发展的问题；通过成本效益分析，评价环境政策的技术经济可行性和相对于政策目标的政策效率问题；通过环境效果分析，评价政策的具体实施效果。这项研究成果填补了我国环境政策研究方法的空白，将过去复杂、定性的政策研究，转变为宏观与微观相结合、经济影响与环境、社会影响相结合、定性与定量相结合的研究。

当然，该体系有其一定的局限性，缺乏长期、全面、翔实和客观的数据积累，以及对污染物排放、环境资源损耗等明晰的价值确定，是建立以经济学理论为基础的市场化政策工具评估方法体系的主要障碍。同时，环境政策研究方面还有很多课题亟待深入，包括各种污染物排放与产值、收入及消费水平的替代弹性，各种污染物的定量生态效应、环境效应，一次污染物和二次污染物的定量关系，中国的环境质量损失与环境资源消耗的量化评估，寿命和健康价值的统计模型等。为了使该体系在环境政策评价中更好地广泛应用，还需要具体问题具体分析，根据技术进步和最新的科研成果不断改善评估体系，使其能够真正服务于科学决策、科学评估。

但是，正是因为先前的匮乏，推进环境政策工具的科学评估方法体系建设才显得尤为必要。作为一种值得环境保护工作者认真学习借鉴的技术方法应用体系，即使不是推进科学决策、科学评估的唯一途径，也是在实现科学决策目标中的一项重要实践。如我们在接下来的章节中的应用示范所示，目前的研究成果可能不足以支撑所有重要政策的精确定量评估，但以经济学理论为基础的经济学分析方法体系不失为环境问题分析与相关政策工具评估的有效手段。该体系的建立有助于提高环境政策设计的科学性，为提高环境决策的整体水平奠定坚实的基础。

第7章 环境政策的经济学分析方法应用示范

继第 6 章重点探讨在环境问题及相关政策分析的方法论研究之后，本章通过"开放经济条件下工业产品环境代价的测算（能耗、碳排放）""焦炭行业环境税的污染物减排效果和经济影响分析"和分别对"提高电力行业环境标准、实施化肥补贴的成本收益分析"，以及"环境经济政策仿真系统研究与示范"等应用案例，运用主要分析方法评价环境经济政策的效率和效果，检验经济分析方法对于分析、评价我国环境政策的有效性。

7.1 开放经济条件下工业产品环境代价的测算（能耗、碳排放）——投入产出分析的应用

能源枯竭和环境恶化既是一个全球性问题，更是制约中国可持续发展的问题。准确测算中国当前发展模式下国民经济各个部门、各行业的能源消耗与污染物排放，是确定能耗和排污源泉、有针对性地实施节能减排措施、实现"十二五"规划目标的前提。作为世界最大的发展中国家、第二大经济体和主要贸易国，中国具备外向型、投资牵引型的开放经济体的发展特点。因此，本节运用非竞争型投入产出数据和分析技术，建立包括国内消费、国内投资和进出口贸易各部门及 42 个行业能耗和污染物排放的生产者账户和消费者账户，力图定量、准确描述能耗和污染物排放在国际、国内各经济部门及行业间的分布和强度比较，为节能减排的科学决策提供依据和建议。

7.1.1 文献回顾

使用 IO 模型分析能耗和 CO_2 排放时，主要的难题是如何处理和估算进口商品和服务中的能耗和 CO_2 排放。R. Andrew 等（2009）对核算碳足迹的研究成果所使用的各种投入产出方法进行了梳理，比较每种方法的优缺点和计算精度，指出区域汇总和主要贸易伙伴的选取对计算精度有重要影响。主要研究方法被分成 3 种模式：国内生产技术假定（Domestic

Technology Assumption，DTA）、单向贸易模式（Unidirectional Trade）和多向贸易模式（Multidirectional Trade）（R. Andrew et al.，2009），分别采用的是一国 IO 模型、多国对一国 IO 模型和 MRIO 模型。

在采取第一种模式时需建立研究对象国的投入产出模型，在测算其进口商品和服务中隐含能和隐含碳时，采用国内技术假定来处理。采取第二种模式时，除研究对象国的 IO 模型之外，还要建立主要贸易伙伴国的 IO 模型并以此估算对象国进口产品中的隐含能和隐含碳，这种方法可以减少第一种模式中的误差。第三种模式是多国对多国的 IO 建模，理论上最为精确，但受到数据可获取性、计算能力（量）的制约。所以，很多采用 MRIO 模型的研究在模型中只区分了为数不多的国家或地区，降低数据上和计算工作量的要求。

国际上研究 CO_2 等温室气体排放问题时，多数是基于 GTAP 数据库使用 MRIO 模型进行的。Peters 和 Hertwich（2008）利用 GTAP 数据库（V6，2001）构建了全球国家间投入产出模型（MRIO），计算 2001 年 87 个国家和地区的贸易内涵排放，发现贸易内涵排放量占世界碳排放总量的 1/4 以上，中国出口碳排放占其国总碳排放量的 24%。Harry C. Wilting（2009）利用 GTAP 数据库（V6）把全球分为 12 个国家或地区，从消费者和生产者两个角度分析了 GHG 排放问题，并考虑了土地使用的因素。

中国国内就能耗和碳排放问题展开了许多有益的研究。齐晔等（2008a，2008b）估算了中国进出口贸易中的隐含能和隐含碳；李善同和何建武（2008）、姚愉芳（2008）等分别利用非竞争型投入产出表研究了中国的贸易内涵排放；夏炎（2009）基于可比价投入产出表分解了中国能源强度影响因素；张友国（2010a）基于可比价格非竞争型投入产出表分析了中国贸易含碳量及其影响；张友国（2010b）使用同样的数据和同样的方法分析了三次产业结构、三次产业内结构、制造业内结构变化以及进口率和中间投入结构的变化对碳排放强度的影响；李小平和卢现祥（2010）基于中国 20 个工业行业与 G7 和 OECD 等发达国家的贸易数据，使用环境投入产出模型和净出口消费指数等方法实证检验了国际贸易及污染产业转移与中国工业 CO_2 排放的关系。但是，分析中国进出口产品中能耗和 CO_2 排放的国际和国内研究中，很少有从消费者账户角度进行分析，有的研究往往建立在很强的假定基础之上，导致计算结果或多或少存在高估中国实际能耗和 CO_2 排放量的倾向。

本节基于中国公布的 2007 年非竞争型投入产出表，尝试从生产者账户和消费者账户两个角度比较分析中国能耗和碳排放，为了尽量避免计算误差，在模型的选取和构建上、数据的收集和处理上做出了自己独特的探讨和尝试。

7.1.2 使用方法模型

7.1.2.1 生产者账户和消费者账户的联系和区分

生产者账户和消费者账户之间的联系和区别如图 7-1 所表示。图中，A 国是研究对象国，ROW 为其他国家。A 国生产的产品既可以用来满足本国的需求（图 7-1 中 I 对应的方块），也可以用来出口满足其他国家的需求（II 对应的方块）。这一关系如图中向下的箭头表示，从生产者账户核算 A 国家的能耗或排放为：I + II。同时，A 国进口其他国家产品来满足本国的需求（III 对应的方块）和间接地用来出口满足其他国家的需求（IV 对应的方块）。显然，II+IV 所对应的能耗或排放服务于其他国家的消费，从消费者角度来看，不应该算在 A 国的身上。从消费者账户核算出的 A 国能耗或排放应该为：I + III。

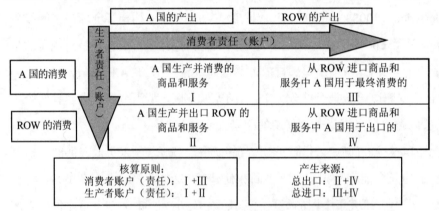

图 7-1 生产者账户和消费者账户核算能耗和排放

7.1.2.2 基于非竞争型投入产出表的一国 IO 模型

基于非竞争型投入产出表分析时，投入产出横向需求模型由如下两个恒等式组成：

$$X = BF_C^d + BF_I^d + BF_E \qquad （国产品）$$

$$M = (A^m BF_C^d + F_C^m) + (A^m BF_I^d + F_I^m) + A^m BF_E \qquad （进口品） \qquad (7.1)$$

式中：d —— 国产品；

    m —— 进口品；

    X —— 总产出列向量；

    M —— 进口列向量；

    B —— 国产品所对应的列昂惕夫逆矩阵；

    F^d —— 国产品用于国内最终使用的列向量；

    F_E —— 出口列向量；

F^m —— 进口品用于最终使用的列向量；

A^m —— 进口品的直接消耗系数矩阵；

C、I 和 E —— 分别表示国内消费支出、资本形成总额和出口。

如果把上述模型应用到环境领域分析能耗和 CO_2 排放问题时，需要知道单位产出和单位进口的环境冲击，把上述模型可以转化为以下的能源或环境投入产出模型：

$$\beta X = \beta BF_C^d + \beta BF_I^d + \beta BF_E \qquad (\text{国产品})$$
$$\gamma M = \gamma(A^m BF_C^d + F_C^m) + \gamma(A^m BF_I^d + F_I^m) + \gamma A^m BF_E \qquad (\text{进口品}) \qquad (7.2)$$

式中：β —— 单位产出能耗或 CO_2 排放量；

γ —— 单位进口所包含的能源或 CO_2 量；

βBF_E 和 $\gamma A^m BF_E$ —— 分别是出口中隐含的能（或排放）；

$\gamma A^m BF_E$ —— 分别是进口中隐含的能（或排放）用于出口的部分。

所以，生产者账户能耗或排放：

$$\beta BF_C^d + \beta BF_I^d + \beta BF_E \qquad (7.3)$$

消费者账户能耗或排放：

$$\beta BF_C^d + \beta BF_I^d + \gamma(A^m BF_C^d + F_C^m) + \gamma(A^m BF_I^d + F_I^m) \qquad (7.4)$$

一般 β（单位产出能耗或 CO_2 排放量）的数据比较好获取，所以使用一国模型分析能耗和排放的关键是如何获取 γ（单位进口所包含的能源或 CO_2 量），采取的方法不同（如依据 DTA 假定，或使用其他国家的 IO 表来计算），获取的 γ 就会有较大的差距，直接影响最后计算结果的精确度。

7.1.3 数据来源及加工

数据来源主要是中国国家统计局所编制的 2007 年非竞争型投入产出表、《中国能源统计年鉴 2008》中的能源平衡表等数据和 GTAP 数据库（第七版）以及相关的能耗和 CO_2 排放数据。本研究在使用一国模型分析能耗和排放时，采取如下具体方法估算 γ：

依据 GTAP 数据库确定 113 个国家或地区，建立相应的能源环境 IO 模型，分别计算这些国家或地区 57 个部门出口能耗和排放及相应的系数（2004 年，离岸价格，国别数据）；

离岸价格系数转换为到岸价格系数。使用 GTAP 数据库中的贸易矩阵，把离岸价格表示的能耗系数和排放系数折算为到岸价格系数（增加了运输成本、商业利润、保险和损耗等成本）；

考虑价格变化因素（2004—2007 年）。利用中国海关数据库（2004 年，2007 年）把

2004 年获得系数转换为 2007 年价格表示的系数，同时按国别（地区）汇总，再考虑汇率和关税等因素，最后得到 γ——单位进口所包含的能源或 CO_2 量。

使用一国 IO 模型计算消费者账户能耗和排放时，难点在于如何获取 γ，其缺点在于没有考虑全球贸易，只是单方向考虑本国的进口或出口，计算存在遗漏——进口中用于出口（$\gamma A^m BF_E$）的归属没有确定。同样，其他国家的进口中用于出口的归属也没有确定。

为能够与 2007 年非竞争型投入产出表中 42 个部门相对应，本章根据《中国能源统计年鉴 2008》所提供的一些详细数据计算相应部门的能耗，所以本章所提示的中国总能耗等数据与中国能源统计年鉴中汇总数据略有不同。

计算 CO_2 排放数据时，采取了 Tier 1 method（IPCC/OECD/IEA，1997）根据前面所计算出的 2007 年非竞争型投入产出表中 42 个部门相对应的能耗数据推算相应的 CO_2 排放量。

为使其他国家或地区的能耗和排放数据（2004 年价格，113 个国家、57 个部门）能够与中国 2007 年非竞争型投入产出表等数据相对应，我们还使用了 2004 年和 2007 年中国海关进出口数据，依据前面叙述的方法进行了相应的转换。

7.1.4　结果分析

7.1.4.1　能源消耗在各个经济部门中的分布

计算结果显示，在开放经济条件下，我国生产账户能耗总量高于消费者账户能耗总量，出口产品能耗高于进口产品能耗，是能耗净出口国家，而我国的主要贸易伙伴欧、美、日均成为能耗净进口国家。具体来看，2007 年生产者账户总计消耗能源 265 833 万 t 标煤（中国境内）。中国进口货物和服务中，隐含能 25 361 万 t 标煤。消费者账户总计消耗能源 206 878 万 t 标煤。消费者账户能源消费总量是生产者账户能耗的 77.8%。生产过程的消费者账户能耗是生产者账户能耗的 75.3%。

从产品最终使用部门类别看，能源消耗量和单位产值能耗均存在投资产品大于出口产品大于消费产品的规律。具体来看，消费产品单位产值能耗（以标煤计）最低，为 0.555 t/万元（消费国产品，不考虑居民直接能源消费），其次是出口产品，单位能耗（以标煤计）为 0.752 t/万元，投资产品的单位能耗最高，达到 0.897 t/万元。

从出口产品的行业构成看，单位产值能耗高的产品占有很高的出口份额。其中，单位产值能耗最高的是金属冶炼及压延加工业产品，其出口量占总量的近 10%；化工产品出口份额为 10.27%。出口产品的能源消耗代价大，极端地讲，如果完全放弃出口，可节能 25%。

7.1.4.2　CO_2排放在各个经济部门中的分布

从计算结果得知，生产者账户碳排放高于消费者账户，出口碳排放高于进口碳排放。换言之，我国是碳排放净出口国，我们的主要贸易伙伴欧、美、日是碳排放净进口国家。具体来看，在生产者账户中，2007 年 CO_2 排放总量为 326 332 万 t。其中生产过程排放了 300 823 万 t，占 92.1%，居民消费直接排放了 25 509 万 t，占 7.8%。在消费者账户中，2007 年 CO_2 总计排放量（以碳计）为 257 859 万 t，除去居民直接排放，在生产过程排放量为 232 349 万 t，占 90.1%。消费者账户排放量是生产者账户排放量的 79.0%，如果不考虑居民直接排放，消费者账户碳排放量是生产者账户碳排放量的 77.2%。

生产过程 CO_2 排放量的构成情况：居民消费占 27.3%，固定资产投资占 39.6%，出口占 31.2%，库存占 1.9%。经测算，2007 年 IO 表中的进口额为 80 810 亿元，隐含碳总计为 38 163 万 t，其中的 33.6%用于出口产品，32.5%用于投资产品，31.4%用于国内消费产品，其余是库存，占 2.5%。CO_2 单位产值排放强度：出口产品（国产品）排放强度为 0.919 9 t/万元，投资产品为 1.230 1 t/万元，消费产品为 0.641 1 t/万元（不考虑居民直接排放）。

从产品类别上看，同能耗情况相似，出口份额很高的金属冶炼及压延加工业和化学工业制品的单位产值 CO_2 排放也很高，分别是 1.511 2 t/万元和 0.583 0 t/万元。

7.1.5　建议和遗留问题

本研究首先分别建立了能耗和 CO_2 排放的生产者账户和消费者账户，运用 IO 法，对中国进出口产品中隐含能和隐含碳进行了测算。其次，提出了整合现有数据、完善分析方法、准确核算中国进出口产品中的能耗和 CO_2 排放的一套测算分析方案。全面核算中国消费者账户的能耗和碳排放，分析中国主要行业出口产品的能耗和排放，测算中国主要贸易产品的环境代价。

上述研究得到的主要结果如下：

（1）2007 年中国生产过程所消耗能源的 32.1%用于出口，进口中隐含能也有 30%用于出口。因此，从消费者账户核算中国用于国内的能耗要比生产者账户核算少 22.2%。

（2）同样，生产过程中的 CO_2 排放，有 31.2%用于出口，进口成品中隐含碳也有 33.6%用于出口。消费者账户核算的中国碳排放量要比生产者账户核算少 21.0%。

（3）由于中国的贸易出口结构与国内消费结构的差异，进口国产品单位产值能耗和碳排放量比用来满足国内消费需求产品的能耗和碳排放量高。说明中国在为其贸易伙伴提供货物和服务的同时付出了更大的能源、环境成本，并担负了相应的碳排放责任。

作为今后的研究课题，为了将相关研究成果更加直接地应用于环境贸易政策研究和评估，有必要把分析对象扩大到其他污染物（如 SO_2 等）排放，同时，从全球贸易视角，应使用区域间投入产出（MRIO）模型，扩展和深化多国（区域）CGE 模型。

7.2 电力行业环境标准提高的成本收益分析

本节案例研究将应用成本收益分析方法，研究电力行业环境标准提高带来的可能效果，研究结果将为新标准的争议提供借鉴，并供社会各界参考。

7.2.1 分析情景设计

2012 年 1 月 1 日起，《火电厂大气污染物排放标准》（GB 13223—2011）正式实施，原GB 13223—2003 标准停止使用。我们的分析将假定新排放标准被严格执行，所有类型的燃料和热能转化设施都将至少达到对应排放浓度标准的上限，即规定标准中较为宽松的部分。由排放标准变动产生的成本和收益都是相对于原标准没有变动（沿用 2003 标准）时的情形而言的，《火电厂大气污染物排放标准》之外的所有其他环境政策和产业政策都维持 2010 年的状态不变。我们认为电厂将根据新标准和具体厂情采取相应的污染物减排措施，并最终满足新标准的排放要求。除此之外，我们考虑的时间范围为 2011—2015 年，即"十二五"规划期间。

7.2.2 电力行业环境标准提高的成本估计

可以看到这一政策变动只有唯一的受损方，即电力行业。电力行业由于排放标准的提高可能产生的新增成本包括固定成本和可变成本两部分。固定成本主要指为了达到新标准的要求可能进行的设备建设或改造的工程成本，这部分成本将不随电厂的发电量变化而变化。可变成本是指由于新增减排量带来的环保设备运行费用、人员投入费用和材料消耗费用等，这部分成本随着发电量增加而增加。估计电力行业环境标准提高所造成的新增成本一方面需考虑新标准带来的减排成本上升，另一方面也需考虑伴随新标准而来的新增减排量，电力行业环境标准提高基于基期的成本应为综合考虑两部分的总成本。数学上，新标准的成本可表示如下：

$$C_T = \sum_i C_{i2011} \times A_{i2011} - C_{i2003} \times A_{i2003}$$

$$= \sum_i C_{i2003} \times \Delta A_i + \Delta C_i \times A_{i2003} + \Delta C_i \times \Delta A_i$$

(7.5)

式中：C_{2011} 和 A_{2011} —— 2011 年新标准出台后，"十二五"期间电厂为达标所进行的单位污染物减排成本和污染物总减排量；

C_{2003} 和 A_{2003} —— 沿用 2003 年旧标准，"十二五"期间电厂的单位污染物减排成本和污染物总减排量；

ΔA —— 由于标准不同导致的总减排量的差别；

ΔC —— 新旧标准之间单位污染物减排成本之差；

i —— 排放标准控制的主要污染物种类。

7.2.2.1 技术成本法

技术成本法是一个最直观地评估电力行业因新标准可能受到的损害的方法。用技术成本法估计新标准对电力行业损害的步骤可简单描述为：①根据各技术手段的减排效率推断各种类型的锅炉可能或应该采用的技术或技术组合，并由此估计为达到排放标准单位产出可能新增的技术成本；②根据技术或技术组合的市场占有率推算新标准实施后火电厂为了达到新标准而可能支付的加权总成本。此外需要注意的是，由于技术的更新换代产生的成本大部分是一次性的改造成本，包括脱硫脱硝设备的安装或升级，以及相应的配套监测系统、传输系统、控制系统和指挥系统等的更新改造。而这些设备处理空气污染物时还需要一定的运行成本，如设备运转所需的能耗、催化剂使用和人工投入等。估计单位发电量的技术成本时需将一次性改造成本除以总设计年限中的所有可能发电量，再加上每单位发电量所需的环保设备运行成本。

对比新旧标准，各种锅炉类型和燃料类型的发电机组的排放标准均有大幅度的提高，对汞的控制一般认为可以通过同时脱硫脱硝技术实现；而针对二氧化硫和氮氧化物的减排分别有相应的脱硫或脱硝技术。目前我国电厂常用的脱硫、脱硝及同时脱硫脱硝技术主要是燃烧时烟气脱硫。由于我国煤炭分布极不均衡及我国煤炭使用习惯等原因，煤燃烧前脱硫技术和清洁燃烧脱硫技术并未获得足够的关注和采用。

在本研究中，由于条件的限制无法获得我国所有现有及未来的发电机组将为适应新标准可能或应该采用的技术或技术组合，而假定烟气脱硫是我国电力机组唯一将采取的脱硫技术。由于烟气脱硫技术是目前世界上唯一大规模商业化应用的脱硫方式，较为成熟，也是我国自 20 世纪 90 年代初首次引进以来，经过大力推广之后大多数火电厂采取的大气污染物控制技术。特别是其中的湿法烟气脱硫技术，因其脱硫效率高达 90%以上，运行可靠性高于 95%，适应范围广，技术成熟，副产品也可做商品出售，在我国脱硫设备市场上占统治地位。因此，我们的假定虽不尽完美但仍属可靠。

通常来说，电力企业的环保设备设计时均预留一定的设备更新或机组扩建的空间，以满足中短期内环保标准提高或发电量增加的需求，这段设计的预留期通常为 5 年。因此，我们的第二个假定为近 5 年内设计落成的发电机组无须进行设备更新改造即可满足新标准的排放需求，而之前投入运行的发电机组将根据装机容量等进行相应的环保设备升级或新建，并由此产生不同的技术成本。据统计，2005 年，我国火电装机容量为 39 137.6 万 kW，2006 年该数字为 48 405 万 kW[①]。2010 年，我国火电装机容量为 70 967 万 kW，2011 年该数字已达到 76 546 万 kW[②]，其中 30 万 kW 及以上机组超过 65%。5 年间新建发电机组的装机容量约为 2.1 亿 kW，并由于落实"上大压小"政策逐步淘汰了小火电机组累计共 7 000 万 kW。根据我们的假定，这些新建发电机组无须进行环保设备改造即可适应新标准，而 2.4 亿~3.2 亿 kW[③]的旧火电发电机组（65%为 30 万 kW 及以上机组，35%为 30 万 kW 以下机组）需进行环保设备的新建、扩建或升级改造以满足新标准的要求。估计得 375 亿~500 亿元。考虑到设备折旧年限为 15 年，这一投资折合到"十二五"期间的费用应为 125 亿~167 亿元。这里并没有区分改造或是新建、扩建机组的建设成本，而认为二者大致相同。事实上，新建、扩建机组的治理费用相对较小，而老机组的改造由于限制因素较多且较复杂，如场地限制、旧有工艺限制等，反而需要更高的治理费用。然而，随着老旧机组的逐步淘汰和火电机组战略地位的逐渐下降，需要改造的老旧机组将越来越少，因此我们忽略了现役机组脱硫改造投资与新建机组脱硫建设投资费用的差距，而认为二者的比值，即改造因子为 1。

由于环保设备生产企业都在应对排放标准进行技术更新，我们认为运行改造或新造的环保设备即可满足新的排放标准，因此对电厂而言，适应旧标准或是新标准的单位运营成本并无太大差别。在我们的政策情景设定之下，用技术成本法估计火电厂排放标准升级所产生的总可变成本时，即应为由新标准引起的新增减排量所带来的环保设备运营的额外成本。考虑到我国污染物减排的特殊性，即污染排放指标分配带有一定的强制性，我们认为

---

① 资料来源：电力土建专业网 http://www.ncpe.com.cn/tjzyw/gcjsdt/dt070402.htm。
② 资料来源：中国电力企业联合会 http://tj.cec.org.cn/tongji/niandushuju/2012-01-13/78769.html
③ 考虑到这 3.2 亿 kW 的火电机组可能有一部分在"十一五"期间新安装了烟气脱硫设备，因此这里采用的下限为：现役约 8 亿 kW 火电机组尚有 30%需安装烟气脱硫设备（即现役火电机组的烟气脱硫设备安装率为 70%。根据数据来源的不同，这个数据为 61%~85%）。

强制的污染物减排任务即使沿用旧标准也应如期实现，因此我们忽略了由于新标准引起的新增减排量。

此外，如前所述，我们研究中的设备改造费用估计均基于烟气脱硫设备项目的建设投入，事实上满足新标准除脱硫任务外，还需对烟尘做必要的处理，而这通常正是现有电厂环保设备投资中的弱点。虽然现有的脱硫设备必须配备具有除尘功能的循环流化床，但目前以电除尘为主的除尘工艺大都落后于现有的排放标准要求，加之除尘设备设计时多以电厂使用的煤种为参照，而随着近年来煤价攀升，电厂获得的煤品质下降，甚至使用煤矸石，烟尘排放更不能得到保证。如果将现有的除尘设备根据排放标准要求全部升级为最新的电袋复合式除尘工艺，也将是一笔巨大的成本。据了解，30 万 kW 机组的电袋除尘设备改造费用为 1 200 万～1 400 万元，新建费用更高，为 1 500 万元左右；60 万 kW 机组的改造费用约为 2 500 万元，新建费用为 3 000 万元左右。假定和烟气脱硫设备同比例改造，2.4 亿～3.2 亿 kW 待改造机组中，30 万 kW 机组改造费用需 36 亿～48 亿元，60 万 kW 机组改造费用需 72 亿～96 亿元，共需 108 亿～144 亿元。这笔成本折合到"十二五"期间为 36 亿～48 亿元。

此外，脱硝设备的新建安装费用更为高昂，主要由于我国火电厂氮氧化物排放控制还处于起步阶段，无论是选择性催化还原法（Selective Catalytic Reduction，SCR）还是选择性非催化还原法（Selective Non-Catalytic Reduction，SNCR）都尚未得到广泛的采用[1]，加装脱硝设备将是笔巨大的投资。SNCR 技术运行成本较低，适用于老机组的改造，但脱硝效率低于 50%，为满足严格的排放标准必须配套其他氮氧化物控制措施，如安装低氮燃烧器。假设对新建和 2004 年 1 月 1 日至 2011 年 12 月 31 日环境影响评价文件通过审批的现有燃煤火力发电锅炉全部实施烟气脱硝，对 2003 年 12 月 31 日前建成的火电机组部分实施烟气脱硝，则新标准实施后，到 2015 年，需要新增烟气脱硝容量 8.17 亿 kW，若都安装高效低氮燃烧器和 SCR，以老机组改造每千瓦脱硝装置投资为 280 元，新机组加装每千瓦脱硝装置投资以 150 元计，共需脱硝投资 1 950 亿元[2]。仍旧按 15 年折旧期计，这笔投资费用在"十二五"期间也高达 650 亿元。以每台机组年运行 5 000 h，脱硝运行费用以 0.015 元/（kW·h）计，2015 年需运行费用 612 亿元。

因此，在"十二五"期间，新排放标准带来的 125 亿～167 亿元烟气脱硫设备技术改

---

[1] 截至 2008 年年底，我国仅有约 200 套 SCR 烟气脱硝装置投入运行。资料来源：《火电厂大气污染物排放标准》（GB 13223—2011）编制说明（二次征求意见稿）。

[2] 这和相关人士的估计在数量级上大致吻合，其中有一项估计，火电企业用在脱硝方面的前期装备等成本将达到 2 300 亿元。来源：遭遇环保困局 火电企业脱硝成本将新增逾 2 000 亿元，http://energy. people. com. cn/GB/16290643. html。

造成本应为技术成本估计的下限值。

7.2.2.2 影子价格法

在目前中国火电厂还主要依靠工程减排的背景下，由下至上的技术成本法无疑可以较为细致地推算排放标准升级对火电企业施加的技术成本。然而，这种估计方法的准确性依赖于各种技术参数的设定，实践中需要大量对行业技术和具体机组运行数据及排放数据的积累，不易实现。更为重要的是，技术成本法对估计工程减排以外的减排可能性无能为力。截至 2008 年年底，中国火电企业的脱硫设备安装率已超过 60.4%[①]，对二氧化硫而言，工程减排的潜力比较有限，亟待加强结构减排、管理减排实现达标排放，如减少对煤的依赖，推行科学节能管理等。而对于结构减排和管理减排的可能成本，技术成本法无法给出有效的估计。因此，在本部分研究中，我们另外采用了影子价格法用于估计针对二氧化硫排放标准提高的可能成本。

（1）影子价格法理论模型。在成本收益分析中，由于市场失灵导致市场价格无法正确反映商品的价值，或者商品根本不存在市场时，通常就采用影子价格法估计收益和成本。我们借用了 Fare（2005）提出的方向距离函数模型计算污染物的影子价格。在这一理论模型中，电厂的生产行为可以用由一定投入（劳动力、资本、能源等）获得有益产出（电）和有害产出（二氧化硫等污染物）的生产函数表征。而有益产出和有害产出在一定方向上有替代性，减少有害产出将同样减少有益产品的产出。生产出最少有害产出，同时最多有益产出的企业构成了生产前沿。

数学上，方向距离函数的定义为

$$\bar{D}_0(x,y,b:g_y,-g_b) = \max\{\beta:(y+\beta g_y,b-\beta g_b)\in P(x)\} \tag{7.6}$$

式中：x —— 投入；

y —— 有益产出；

b —— 有害产出；

$(g_y, -g_b)$ —— 有害产出和有益产出的替代方向，代表了决策者对有益产出和有害产出替代的偏好。

对一般的研究来说，有害产出和有益产出没有特别的替代要求，所以替代方向通常设为（1，−1），即有害产出的减少和有益产出的增加是同等重要的。方向距离函数满足一系列性质，其中转化性将用于计量估计有害产出的影子价格：

[①] 不同的数据来源，这一数字可高达 80% 以上。这里 60.4% 引用的是《火电厂大气污染物排放标准》（GB 13223—2011）编制说明（二次征求意见稿）。

$$\overline{D}_0(x, y + \alpha g_y, b - \alpha g_b : g_y, -g_b) = \overline{D}_0(x, y, b : g_y, -g_b) - \alpha, \alpha \in \Re$$

对于计算污染物的影子价格，需求解生产企业的目标函数：

$$R(x, p, q) = \max_{y, b} \{p^T y - q^T b : D_0(x, y, b; 1, -1) \geqslant 0\} \tag{7.7}$$

式中：R——利润；

p 和 q——有益产出和有害产出的价格向量。

由一阶条件可得有害产出 b_l 的影子价格为

$$q_l = -p_m \left[\frac{\partial \overline{D}_0(x, y, b; 1, -1) / \partial b_l}{\partial \overline{D}_0(x, y, b; 1, -1) / \partial y_m} \right] \tag{7.8}$$

式中：p_m——有益产出 y_m 的价格。

（2）计量模型和数据。我们将方向距离函数设定为二次式：

$$\overline{D}_0(x, y, b : 1, -1) = \alpha_0 + \sum_n \alpha_n x_n + \sum_m \beta_m y_m + \sum_l \gamma_l b_l + \frac{1}{2}\sum_n \sum_{n'} \alpha_{n,n'} x_n x_{n'} +$$
$$\frac{1}{2}\sum_m \sum_{m'} \beta_{m,m'} y_m y_{m'} + \frac{1}{2}\sum_l \sum_{l'} \gamma_{l,l'} b_l b_{l'} + \sum_n \sum_l \nu_{n,l} x_n b_l + \sum_m \sum_l \mu_{m,l} y_m b_l + \tag{7.9}$$
$$\sum_n \sum_m \delta_{n,m} x_n y_m$$

这一计量模型假定投入与产出、有益产出和有害产出之间的替代弹性都不是固定的，而是随着投入量、产出量的不同而不同，比较符合各家电厂生产技术条件不同的现实。从方向距离函数的定义可以知道，方向距离函数的取值是非负的，因此，沿用经典随机前沿模型的假定得到：

$$0 = \overline{D}_0(x^k, y^k, b^k : 1, -1) + \varepsilon^k \tag{7.10}$$

式中：$\varepsilon^k = \upsilon^k - \mu^k$；$\upsilon^k \sim N(0, \sigma_\upsilon^2)$；$\mu^k \upsilon^k \sim N(0, \sigma_\mu^2)$。

由此根据转化性质，设定转化水平为有害产出量，即可用计量回归估计方向距离函数，从而计算污染物的影子价格。

我们收集了 2001—2005 年火电企业的投入、生产和污染排放数据，分析样本的时间分布。

可以认为每一个观测值均为火电企业生产可能集中的一个取值，即我们总共获得 2 472 个样本用于估计火电企业生产的方向距离函数并计算污染物的影子价格。

（3）新排放标准的成本：影子价格法估计结果。我们用二氧化硫作为污染物的代表，其原因在于：①截至 2005 年，工业污染数据只统计二氧化硫排放，而没有氮氧化物等的记录；②如果通过结构减排或管理减排法实现污染物控制，在我们的方法中即体现为样本电厂通过调整投入向量向生产前沿移动并最终获得最优的产出向量，那么，二氧化硫减排的同时也将伴随氮氧化物和汞等污染物的减排。即使二氧化硫减排无法同时实现其他污染物的减排，我们估计的新标准的成本也将是一个下限。

我们将 2 472 个样本计算得到的二氧化硫影子价格按照百分位数分组，可以看到：影子价格和二氧化硫的排放浓度逆相关，即排放浓度越低（对应越为严苛的排放标准），影子价格越高（即减排所需的单位成本越大）。

2001—2005 年，样本电厂刚好经历了一次排放标准的变动，即《火电厂大气污染物排放标准》（GB 13223—2003）（以下简称新标准）出台，取代了之前使用的 1996 年标准。在 2003 年标准出台之前，样本电厂的二氧化硫平均影子价格为 585.6 元/t，2003 年标准变动之后，样本电厂的二氧化硫平均影子价格提高到了 767.4 元/t。考虑到 1996 年标准中对二氧化硫排放浓度的要求为 1 200～2 100 mg/m^3，2003 年标准的要求为 400～1 200 mg/m^3，我们对影子价格与排放标准上下限分别做了线性拟合以估算 2003 年标准出台后的二氧化硫减排成本。

拟合结果表明，新标准实施之后的 SO_2 平均影子价格为 835.6～939 元/t。不考虑单位减排成本的变化，只考虑新标准带来的新增减排量，即仍用样本中计算而得的当年 SO_2 影子价格，而直将排放标准提高到 100～400 mg/m^3，并强制样本火电厂达标，则 2005 年样本火电厂根据新标准相对于旧标准的新增减排成本为 1.71 亿～2.54 亿元。而 2005 年样本火电厂的总发电量占全国火电发电总量的 11.4%，由此估计 2005 年全国火电厂按新标准达标所需的新增减排成本为 15 亿～22.28 亿元。

如果同时考虑单位减排成本及新增减排量的变化，即 SO_2 影子价格使用根据排放标准拟合而出的预测值，新标准带来样本火电厂的新增减排成本为 2 亿～3.51 亿元，2005 年全国火电厂按新标准达标排放的新增减排成本则为 17.54 亿～27.72 亿元。以此标准推算至"十二五"期间的总新增减排成本应为 87.7 亿～138.6 亿元，低于技术成本法的成本估计值。考虑到 2005 年之后的实际排放量逐年减少，"十二五"期间的新增减排成本还应低于上述估计值。

由于资本投入、人工投入及能源投入等投入品之间存在一定的替代性，通过有效配置能源、管理费用、固定资本和人工等投入变量可促使企业向生产前沿移动，从而获得最高的生产效率（同时产出最大的有益产出和最小的污染物），因此影子价格法估计得到的 SO_2 减排成本可理解为减少污染物排放的机会成本。影子价格法估计得到的成本低于技术成本法也体现了火电厂还有效率提高的空间，挖掘企业结构减排和管理减排的潜力，而不是一味依赖巨额的环保项目建设使火电厂以较小的成本适应新标准。

7.2.3　电力行业环境标准提高的收益估计

电力行业环境标准提高带来的收益主要为由于污染物减少而产生的环境效益，包括空气质量提高带来的环境健康效益，酸雨减少带来的生态和经济效益等。在经典的成本收益分析中，因政策变动产生的效益估计值并未绝对化，而是相对于一个假定的基期（assumed baseline）的相对值，本研究中基期即为不存在新标准时的情形。

在对空气污染带来的环境健康损害所做的研究中，可吸入颗粒物（particulate matter）由于其对健康损害的贡献最大而成为最主要的空气污染物，其中 $PM_{2.5}$ 和 PM_{10} 又是可吸入颗粒物代表性的监测指标。可吸入颗粒物主要由燃烧过程以及污染气体（SO_2、NO_x 等）在大气中的转换形成，其健康效应在国际上已经有了深入而细致的研究。

电力行业排放标准中最重要的控制目标是控制 SO_2 和 NO_x 的排放总量。SO_2 和 NO_x 可以在水蒸气中溶解，并进一步氧化为硫酸和硝酸，它们和氨气进一步反应生成的硫酸盐和硝酸盐正是 PM 的重要成分。除此之外，SO_2 和 NO_x 自身也对健康有一定的损害。医学研究已经证明，大气中 SO_2 浓度的增加会增加人群患呼吸系统疾病的风险，特别是支气管疾病的发病率甚至死亡率（王慧文和潘秀丹，2007）。SO_2 对呼吸系统的损伤并证明是独立于其他污染物（如 PM）及多种污染物的联合健康效应的。另一方面，医学研究中公认的 NO_x 的健康损害主要为增加气管相关疾病，特别是哮喘的就诊率，并提高这些疾病症状的严重性。也有研究认为 NO_x 与死亡率相关，但还需要更多的证据证实（任勇、周国梅、李丽平等，2011）。

任勇等（2011）采用美国国家环境保护局开发的空气质量模型系统 Models-3/CMAQ 模拟了电力行业在一定污染控制场景下，主要大气污染物的排放特征，其结果表明电力行业 SO_2 排放总量降低 40%，$PM_{2.5}$ 降低约 3%。根据我们样本火电厂的推断，新标准比旧标准将促进火电行业 SO_2 排放总量降低至少 30%，由此 $PM_{2.5}$ 降低约 2.25%。由于 Models-3/CMAQ 模拟的结果输出 $PM_{2.5}$ 而非 PM_{10}，也因 $PM_{2.5}$ 一直是国外健康效应研究最为普遍而透彻的大气污染物，我们主要参考 $PM_{2.5}$ 的剂量-反应函数文献获得电力行业环境标准提高带来的环境效益，尽管 PM_{10} 才是我国环境监测的主要大气污染目标。国内一些学者对 $PM_{2.5}$ 的边际健康效益做了综合性的分析，结果表明 $PM_{2.5}$ 增加 1 μg/m³，全体人群急性死亡率增加 0.04%，呼吸系统疾病死亡率增加 0.143%，心血管疾病死亡率增加 0.053%

（钱孝琳等，2005；谢鹏等，2009）。

因此，$PM_{2.5}$ 质量浓度降低 2.251 μg/m³，会造成全体人群急性死亡率降低 0.1%，呼吸系统死亡率降低 0.355%，心血管疾病死亡率降低 0.1325%。考虑到这些剂量-反应关系多是城市研究的结果，我们也采用《2011 中国卫生统计年鉴》中城市居民死亡率的数据为基准估计电力行业环境标准提高带来的健康效益。2010 年，我国城市居民死亡原因中，心血管疾病是恶性肿瘤之外的第二大死因，死亡率约为 2.54‰，呼吸系统疾病死亡率为 0.68‰，急性死亡率为 0.1‰。因此，电力行业环境标准提高之后避免因呼吸道疾病而死亡的人数约为 1 580 人，避免因心血管疾病死亡人数为 2 188 人，避免其余急性死亡人数为 7 人，每年全国范围内合计避免城市居民死亡人数约为 3 775 人，"十二五"期间由此避免的死亡人数总计约为 1.89 万，再结合统计寿命价值模型即可将这部分健康效应货币化。

中国统计寿命价值研究的结果按 CPI 调整至 2010 年价格，取均值约合 180 万元，可得到"十二五"由于电力行业减排带来的因 $PM_{2.5}$ 减少而降低的死亡率，所产生的健康效益将超过 340 亿元。美国的研究表明总健康效益中 89% 为避免死亡带来的，此外由于减少发病率还将带来部分健康效益，但与避免死亡所产生的收益相比较低，因此我们的研究仅考虑了避免死亡带来的健康效益，如果也按照 89% 的比例推算总健康效益，则"十二五"期间由于电力行业环境标准提高产生的健康效益将超过 380 亿元。

除以上的健康效应外，由于空气质量改善所带来的环境效益还包括能见度的改善、减少对作物等生态系统的侵蚀和损害、降低对建筑物的腐蚀等。但由于一些空气污染物和生态系统之家的复杂作用过程还未明确，这些环境效益尚缺乏决定性的数量证据。根据世界银行的中国污染损失的报告，由于酸雨造成的作物损失和建筑物侵蚀每年高达 300 亿元（The World Bank，2007），这里来自火电行业的贡献尚不能明确，以火电行业占 SO_2 总排放量的 50% 计，每年由于火电行业排放的 SO_2 造成的二次污染——酸雨，将导致约 150 亿元的损失。由于新标准的出台而降低的 SO_2 排放量也相应地降低了酸雨造成的生态和环境损失。这样，"十二五"期间由于火电行业减排而得到的环境效益将超过 100 亿元。

此外，环保设备产业和基建部门也是火电行业大气污染物排放标准提高的受益者。一方面，电厂所担负的设备改造成本即为环保设备产业和基建部门的营业收入，大规模的电厂新建或改造环保项目将推动整个环保设备产业及相关基建部门的繁荣，甚至为上游钢铁建材等产业也带来发展机遇，促进就业。另一方面，新标准也促进了环保设备产业的技术创新，为我国环保设备企业提供了自主创新的催化条件。根据相关测算，火电行业大气污染物排放标准提高还将带动相关的环保技术和产业市场的发展，形成脱硝、脱硫和除尘等环保治理和设备制造行业约 2 600 亿元的市场规模[①]。

如前所述，环保设备厂商需要跟踪最新的排放标准生产相应的复合市场需求的产品，新标准的出台无疑为环保设备产商的技术能力提出了更高的要求。特别随着我国超临界及超超临界发电机组的发展，相应的大气污染物控制技术也面临着理论和技术工艺上的多重突破。而新标准加速了环保设备行业技术进步的进程，将大气污染物排放标准提高到了与发达国家一致甚至更高的水平，为我国环保设备产业提出了技术指标方面赶超发达国家的新挑战。

以烟尘控制为例，新标准对燃煤锅炉的烟尘排放浓度限制为 30 mg/m^3，与欧盟 2001/80/EC 指令中规定的新建锅炉排放限值相同。尽管目前我国的火电机组基本安装了静电除尘器，一些 60 万 kW 机组还安装了袋式除尘器，但多采用布袋除尘器，这些旧有除尘设备的设计指标使即使高于新标准，加之多年的运营和煤质的限制，除尘效率降低，不一定能跟上新标准的技术要求。而电袋复合除尘器经过 10 年发展，已积累了一定的运行经验，代表了目前可供应用的除尘技术的最高水平，在新标准出台之后将可能获得广泛的应用，同时也将进一步推进我国除尘设备的设计、建设及运营水平。2012 年 3 月，河北新密电厂 100 万 kW 配套电袋复合式除尘器通过试运行，运行期间各室出口排放均低于 30 mg/m^3。该新建项目是目前世界上最大的电袋复合除尘器，也是我国第一台百万千瓦机组的配套电袋除尘项目。这一具有自主知识产权的新一代环保产品，标志着我国超超临界机组除尘技术的新突破。据了解，目前市场上最新的电袋复合除尘器设计标准均为 30 mg/m^3，而在实际运行中烟尘排放质量浓度可以控制在 20 mg/m^3 左右，完全可以满足新标准对烟尘排放的要求。可以想见，随着环保标准的提高，不仅除尘技术，其他污染控制技术的技术创新也将随之繁荣发展，我国环保及污染控制产业的国际竞争力也因此将大大提高。

总的来说，新标准在"十二五"期间形成的总效益将超过我们估计得到的减排成本，即电力行业排放标准提高是一项成本有效的政策变动。

7.2.4 不确定条件下的成本收益综合分析

本研究对电力行业环境标准提高的成本收益分析存在的不确定性至少主要有：①火电企业减少 SO_2 排放的努力能否同时带来其他控制污染物的减排；②控制电力行业 SO_2 和 NO_x 等主要直接大气污染物排放，可在多大程度上减少大气中可吸入颗粒物及臭氧等二次

---

① 火电行业准入提高 千亿市场待掘. http: //finance. eastmoney. com/news/1355，20110922164916714. html。

污染物水平；③由于电力行业环境标准变动而产生的健康效益、环境效益如何货币化的问题；④电力行业环境标准变动产生的远期影响。这些不确定性大部分都需要更多细致的大气污染数据和环境监管数据，以及进一步的跨学科合作予以解决，特别是新环境标准的技术基础和可能带来的污染物变动情况无法由环境经济学得到答案，详细的能源市场模型和大气污染模型将有助于电力行业环境监管的科学决策。

本研究介绍了影子价格法用于估计电力行业进行污染物减排的成本，相对于经典的成本收益分析中广泛采用的技术成本来说更有适用性和可操作性。但细致的技术成本分析可能有助于监管机构对电力行业的适应行为提出建议，并据此制定或估计电力行业技术升级的时间表，甚至对能源产业布局做出规划。此外，从时间维度来说，本案例仅仅分析了"十二五"整体减排目标中来自火电行业的贡献，并据此估计了针对电力行业环境标准变动带来的总体收益和成本，相对于大部分标准的成本收益分析框架中长达几十年的逐年估计并折现而言也是大大简化了的。如果有更为全面的能源市场模型和大气污染模型，将成本收益分析细化至每年无疑也将帮助监管机构掌握排放标准变动的关键时间节点，甚至可以根据收益、成本随时间的变化考虑下一次排放标准改革的大致时段。

7.2.5 主要结论

由于中国的电价是被严格监管的价格，非市场均衡价格，电力行业适应新排放标准所需增加的成本无法通过提高电价转移给消费者，而必须由电力行业自身承担，因此由于电力行业环境标准提高所新增的社会总成本主要就是电力行业的合规成本。

我们使用了技术成本法和影子价格法两种方法估计电力行业的合规成本。其中技术成本法就是一个合规成本模型，它需要的数据有：现有技术的减排成本，新技术的减排成本，为了满足排放标准所需的新技术安装率等。影子价格法本质上也是一种合规成本模型，但技术上则属于一种投入产出模型，它需要的数据是企业或行业的各种投入及产出。

在本研究中，技术成本法估计的合规成本体现的是电力行业通过环保设备及环保设施的升级改造适应新标准的所需成本。而影子价格法估计的合规成本体现的是电力企业通过提高生产效率，向处于生产前沿的企业学习并自身向生产前沿移动以适应新标准的可能性，它反映的是电力行业通过加强管理，优化投入结构以提高生产效率的行为所释放的减排潜力。根据我们的研究，只考虑二氧化硫减排，影子价格法估计的电力行业适应新标准的成本仅为技术成本法估计的 70%～83%，合计 87.7 亿～138.6 亿元。若考虑烟尘及氮氧化物的减排，这个比例还将下降。可见挖掘电力行业自身结构减排、管理减排潜力有助于帮助电力行业消化新排放标准带来的冲击，以较低的成本适应新标准，并最终实现产业升级。

需要注意的是，影子价格法计算的合规成本是电力行业理论上的减排可能性，并不代表真实的电力行业的减排行为，因此可能低估整体合规成本。但这也是合规成本模型普遍的缺陷，即假定 100%的合规率在现实中并不一定能达到，同时法规作用对象也不一定会采取最优（成本最低或效率最高）的减排行为。

从收益来看，电力行业环境标准的提高将带来显著的健康效益和不可估量的提升配套环保设备产业技术创新能力的间接效益。仅从健康效益看，"十二五"期间由电力行业环境标准提高所带来的减少呼吸系统疾病死亡率、心血管疾病死亡率及急性死亡率的贡献就超过 340 亿元，减少建筑物侵蚀和作物损失所产生的健康效益也将超过 100 亿元。

对于环保设备产业而言，新标准无疑也是一个利好。除创造市场需求、提高环保设备企业的营业收入外，新标准更大的意义在于为我国环保设备产业的技术创新提供了催化条件，将对我国环保设备产业的设计能力、工艺水平提出新要求，一举提高到世界领先水平。企业自发的技术改进、产品优化行为将由于排放标准的硬性要求而增加，并促使我国环保设备与污染控制产业发展自主创新，最终与国际接轨甚至领先世界，大大提高该产业的国际竞争力。

受条件限制，本研究所估计的只是短期效应，而新标准的长期效益不可估量。除提高环保产业的技术创新能力外，我国能源体系的优化升级也将由于新标准而得到一定的促进。即使不可能每一家火电厂都在第一时间满足新标准的排放要求，新标准作为一个信号也指出了这些火电企业改进发展的方向。始终不能达标的企业自然会在越来越严苛的标准面前遭到淘汰，低排放甚至零排放的能源项目也将因此得到更大的生存空间。可以说新标准的适时推出顺应了国家能源发展战略的需求，顺应了转变经济增长方式、优化产业结构的需求，其长期效益将远远大于短期成本。

总之，在我们完全合规的假设下，将旧标准提高到新标准是一项有效的政策变动。

7.2.6 政策建议

过去二三十年来我国环境政策有了很大变化，主要体现在环境标准逐渐提高，节能减排任务更加量化，国家在环保投资方面力度的加大。但是，环境改善的效果与全社会对环保的重视程度是不相适应的，大幅度增加环保投资没有取得应有的成效。我们的具体建议包括：

（1）对污染企业征收环境税（或污染税）。我们的影子价格分析表明，通过征收环境税的办法可以大大降低企业减排的成本，并特别有利于推动企业采用清洁生产的方式；另外，环境税制度不同于排污权交易制度。两者在理想状况下可以达到同样的减排效果，但是分配效应迥异。后者无法给地方政府提供任何激励，因而在目前中国的国情下不具备可行性。前者一方面给企业提供正确的激励，促其减少污染排放，另一方面也给地方政府提供正规的收入，可以用来替代其他扭曲市场的政府征税行为，起到双重红利的效果，是一种更为可行有效的政策工具。

（2）对导致火电厂污染排放的主要投入品煤炭征收资源税。我们的若干分析表明，煤炭是导致企业多种污染物排放的主要原因。需要提高企业煤炭使用成本，促使企业采用高效利用煤炭的技术，节约煤炭，减少多种污染物的排放。另外，资源税一般为地方税，可以扭转长期以来资源丰富地区无偿提供资源、自身缺乏可持续发展能力的局面。

7.3 减少化肥补贴的成本收益分析

7.3.1 研究背景

为了降低粮食生产成本，保障粮食供应及农民福利，我国长期以来对化肥行业有形式各异的补贴。

除此之外，对农业和农民的直接补贴也包括了针对化肥投入等农业生产资料的补贴。和化肥相关的农业和农民直补范围包括：对于特定农产品价格补贴与化肥、农药、种子等非特定农产品的补贴实行捆绑作业，按农民出售农产品的数量直接进行补贴；对农民购买农业柴油、农用电、农药、化肥、农膜等农业生产资料适当给予补贴。补贴标准根据地方实际情况而有所差异。以江西省文件为例，2006 年江西省农资综合直补的补贴标准为种一季每亩补贴 9.2 元，2007 年为每亩 19.2 元，2008 年达到每亩 46.2 元。江西省向种粮农户兑付农资综合直补资金，除补贴标准需根据中央财政拨付的补贴资金总额每年重新核定外，其他如补贴对象、补贴依据、发放方式等都与粮食直补政策保持一致，且与粮食直补资金一并发放[①]。

化肥补贴无疑是保障粮食生产和农民福利的政策手段，然而在土壤条件日益严峻的情势下，化肥补贴存在的必要性和补贴标准的合理性正受到学者和环境工作者等的质疑。本节研究即将分析化肥补贴标准降低这一政策变动可能带来的成本和收益。

---

① 资料来源：《江西省财政厅关于拨付 2009 年度粮食直补及综合直补资金的通知》（赣财建〔2009]57 号）。

由图 7-2 可以看到,降低化肥补贴标准的成本和收益分析将涉及多个主体,较为复杂。其中白色椭圆内的影响可基本判定为降低化肥补贴标准的负效应,而灰色椭圆内的影响则为改可能政策变动的正效应。实线箭头表明该效应为直接效应,虚线箭头则为间接效应。根据化肥补贴形式变化的不同可能性,减少化肥补贴这一政策变动将可能带来的直接成本有化肥生产企业的生产成本和农业生产成本,而间接成本则至少有粮食减产的可能风险。收益方面,该可能政策变动的直接收益包括土壤环境改善和作物化学物质残余降低的健康效益,间接收益则至少有农业生产方式的升级改进。

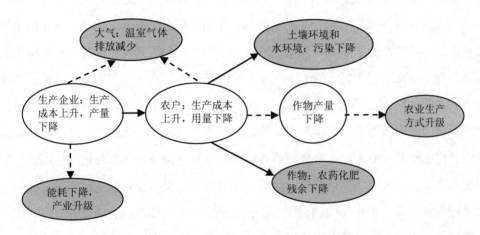

图 7-2 降低化肥补贴标准的影响示意图

在以上的定性分析中,可以看到化肥使用量和化肥补贴(最终体现在化肥价格和农户收入上)的定量关系,及化肥使用量和作物产出的定量关系对化肥补贴变动的成本收益分析至关重要。为此,我们在四川开展了农户调查以获得化肥需求的价格弹性、收入弹性及化肥对作物产出的边际贡献。选取四川作为我们的调查省份主要是由于四川的气候和自然条件使得当地的主要作物既有水稻等水生作物,又有玉米等旱生作物,将有助于我们研究结果的推广。我们调查了四川省南充市西充县和仪陇县共 200 家农户,剑阁县 120 家农户。搜集的变量包括农户特征、地块特征、化肥用量、化肥花费、机械投入、农药投入、人工投入、作物产量等。

7.3.2 政策情景设计

如前所述,化肥补贴的形式在各地区有不同的表现形式,以我们调查地区为例,化肥限价及农资直补等都有采用,二者作用的对象、针对的利益群体各不相同。为此,考虑减少化肥补贴的影响需具体设定相应的政策场景。在本研究中，我们设定的政策场景为在受调查地区南充市取消化肥限价措施，减少农资直补中针对化肥的部分，即农资直补投放总额和直补标准均相应降低。

近年来，在化肥销售旺季，南充市都会采取临时性化肥限价措施以限制农资过快上涨。例如，2004 年 4 月南充出台的化肥价格临时干预限定全市尿素最高零售限价为 1 620 元/t、碳酸氢铵最高零售限价为 588 元/t，据报道干预措施出台后，尿素价格降幅约 30%，碳酸氢铵降幅约 20%。[①]汶川大地震之后的春耕季节，当地政府再次强调做好包括价格干预措施在内的管理工作以保障化肥供应[②]。不可否认，化肥限价措施在稳定化肥市场价格、保障农业生产和农民利益方面确实起到了一定的积极作用，但有政策荫庇的化肥行业由于过度发展已对经济和环境都造成了相当压力。2009 年 5 月 3 日，国家发改委公布了淘汰落后产能的规划目标，对化肥行业将通过上大压小、置换产能等方式逐步淘汰技术落后、资源配置不合理的产能。自 2009 年 1 月 25 日起，国家将国产化肥出厂价，除钾肥外的进口化肥港口交货价格的政府指导价改为市场调节价，并取消对已放开的化肥出厂价格实行最高限价，对化肥流通环节价格实行差率控制等各项临时价格干预措施。但对化肥生产的资源使用费用和运输费用及税收环节的优惠仍予以保留，同时农资综合补贴只增不减，并确保补贴及时足额发放到农户手中[③]。在化肥价格高位运行之时，取消对化肥价格的限制短期来看对化肥行业的生产有一定的促进作用。而长期来看，取消价格干预将有助于抑制对化肥过量施用的消费行为，并培育自由健康的化肥市场，引导化肥行业走向积极有序的竞争格局，因此我们的政策场景设定跟随国家规定，将取消南充地区的化肥价格干预作为一项基本内容。

另外，农资综合补贴是中央财政涉农四项补贴中的一项（其余三项补贴是粮食直补、农机购置补贴和粮种补贴），用于补贴农民由于上一年农资产品（包括化肥、柴油等）价格上涨而增加的农业成本，是中央财政四项补贴支出中比重最大的一项，也是我们政策场景设定针对的补贴品种。目前，南充地区的农资综合补贴标准为 30～90 元/亩。

7.3.3 减少化肥补贴的成本估计

大量对化肥投入量的实证分析已表明农资产品价格、人均年收入、农户文化水平、农技推广、农业政策等因素将影响化肥的使用量。我们利用四川省的农户数据估计了农户化

---

① 资料来源：上海市化工协会 2004-06-25，http：//www. scianet. org/news/news_detlist. asp? id=2117
② 南充市顺庆区人民政府办公室. 关于做好春耕用化肥供应的紧急通知. 2009-04-13。
③ 国家发改委、财政部. 关于改革化肥价格形成机制的通知（发改价格〔2009]268 号）。

肥用量模型：

$$Y_i = \alpha + \beta_1 P_i + \beta_2 I_i + \beta_3' Z + \varepsilon_i \qquad (7.11)$$

式中：Y_i—— 农户 i 的亩均化肥施用量；

$\quad$ P—— 化肥的加权平均价格；

$\quad$ I—— 户人均年收入；

$\quad$ Z—— 一个向量，表示其他控制变量，如户主受教育年限、户地块数量、地块总面积等。

为了得到化肥投入的弹性，式中化肥施用量和价格都采用的是对数形式。这里我们没有将农资补贴额作为因变量，而是估计化肥施用量的收入弹性这是因为：我们的调研发现农户不了解农资直接补贴的标准及数额，也不了解四项直补的作用及区别，因此即使农资补贴会影响农户化肥施用量的决策也不会来自补贴数额的直接影响，而只能通过影响农户收入而造成的间接影响。

用四川农户调查得到的化肥价格弹性为-0.51～-0.64，即若化肥均价增加 1%，则化肥施用量将减少 0.51%～0.64%。和先前的一些其他研究不同，我们的研究证实化肥价格与化肥施用量的负相关关系，而收入在户级层面上反而对化肥施用量并无显著影响。无论是户人均收入还是户总收入，是非农收入还是农业收入在我们的回归中与亩均化肥施用量均无显著相关。

在本研究中，我们设定减少化肥补贴这一政策场景的具体表现为：取消化肥价格限制，并据此预期化肥价格上浮 20%～30%，根据我们计算而得的价格弹性可预期亩均化肥施用量将减少 10.2%～19.2%。由于农户化肥支出的增加将同时伴随化肥生产企业的收入增加，在政策变动带来的总成本计算中可互相抵消，因此化肥补贴变化造成的成本主要集中在粮食减产可能带来的损失。

我们用调研数据估计了作物生产模型以研究化肥的施用对主要粮食作物（玉米、小麦和水稻）的边际增产效果：

$$\text{OUTPUT}_i = \alpha + \beta_1 \text{Fertilizer}_i + \beta_2 \text{Labor}_i + \beta_3 \text{Land}_i + \beta_4' \mathbf{Z}_i + \varepsilon_i \qquad (7.12)$$

式中：OUTPUT_i—— 作物的亩产量对数值；

$\quad$ Fertilizer_i—— 亩均化肥施用量的对数值；

$\quad$ Labor_i 和 Land_i—— 人工投入和土地投入；

$\quad$ $\mathbf{Z}_i$—— 其他可能影响作物产出的控制变量，如农户文化水平、户均年龄等。

作物产出方程的估计结果：平均而言，化肥施用对 3 种主要粮食作物的产出弹性为 0.028，即减少投入 1%的化肥，将降低粮食产出 0.028%。分作物看，样本地块的化肥施用对水稻增产无显著效果，对玉米的增产效果最大，产出弹性达到 0.143，对小麦产出也有显著的增产效果，但数值较小（产出弹性为 0.023）。

2010 年南充地区粮食总产量约为 331 万 t，2011 年为 333.87 万 t[①]，约占 2010 年全国粮食总产量（54 641 万 t）的 6%。根据我们估计的化肥用量价格弹性-0.64~-0.51，由于取消化肥限价带来的化肥价格增长 20%~30%，将导致化肥投入减少 10.2%~19.2%。再根据我们估计的化肥产出弹性 0.028，这部分化肥投入减少将造成南充地区粮食作物产出量降低 0.29%~0.54%，即 0.96 万~1.78 万 t，按 2010 年全国粮食总产值 14 781.3 亿元计算（国家统计局农村社会经济调查司，2011），折合为货币价值为 0.26 亿~0.48 亿元[②]。

由于化肥价格提高，短期内将刺激化肥生产，由此增加的环境成本和能源成本一方面和粮食减少成本相比非常微小，另一方面不一定由南充市承担，因此在成本计算中忽略不计。

7.3.4 减少化肥补贴的收益估计

如前所述，减少化肥补贴的收益也包括直接收益和间接收益两部分。因此本研究估计的化肥补贴减少所带来的环境收益将分别从生产环节和施用环节进行。

在生产环节，化肥产业是典型的高耗能产业，其生产需要消耗大量的以煤和石油为主的化石能源，也因此是大气污染物如 SO_2、NO_x 等和工业废水的主要污染源。化肥限价等补贴措施取消后，长期来看化肥需求受到抑制，该产业的产量也将下降，估计由此降低的能耗和排放减少造成的环境效益可借鉴 7.1 节的方法和数据，考虑到化肥产业的大气污染物年排放量仅约为火电行业的 3.1%，由化肥生产减少 10.2%~19.2%造成的在生产环节增加的环境效益也仅为每年 10 万元左右，因此在效益核算中也忽略不计。

当然，生产环节的环境效益只是化肥补贴变动产生的总收益的一小部分。更大的收益将来自施用环节，由于化肥用量减少而改善的土壤环境、生态环境、水环境及食品安全将产生巨大的环境效益和健康效益，并且这部分效益具有长期性。现有关于化肥施用所造成

---

① 资料来源：南充市统计局 http://zwgk.nanchong.gov.cn/t.aspx？i=20120302170402-363915-00-000

② 文献调研表明，现时期用肥料效应函数法估计的每千克化肥养分增产量为 13kg 左右，田间试验的结果略低，约为 10 kg（郑伟，2005）。但我们用地块数据获得的结果表明，化肥的边际增产作用远没有上述研究明显，在我国氮肥已存在过量施用的前提下，不应混淆化肥的平均增产效果和边际增产效果，以至于大大高估化肥用量降低带来的减产风险。

污染的研究中，氮肥是最受关注的焦点。

在本研究中，我们借用了世界银行关于中国污染损失报告中的结果，农村地区由于水污染导致的食道癌死亡率为 0.06‰，胃癌死亡率为 0.23‰，肝癌死亡率为 0.3‰，膀胱癌死亡率为 0.04‰（The World Bank，2007）。如果采用不同的方法统计寿命价值，我国农村地区每年因水污染而导致的癌症的损失为 126 亿～25 379 亿元。仍以四川省南充市为例，假定减少南充地区 10.2%～19.2%的化肥用量将同比例减少相应的农村水污染死亡率，那么在我们的设定中，由于化肥补贴政策变动而带来的收益将可能为 0.05 亿～12.14 亿元，估计结果之间的差异较大。从以上估计结果来看，世界银行的估计处于中位。因此，我们接受世界银行的估计结果，即由于化肥补贴政策变动而带来的收益可能为 3.9 亿～4.4 亿元。

考虑到我们使用的统计寿命价值大部分为在城市中获得的研究成果，农村统计寿命价值可能较低，此外化肥施用量并非农村水污染的唯一来源，减少化肥施用量并不一定能同比例降低相应的死亡率，我们得到的 3.9 亿～4.4 亿元的预期收益应是由于化肥补贴变动而带来的健康效益的上限。但这个数值加上之前生产环节获得的环境健康效益，远高于粮食减产的可能成本（0.26 亿～0.48 亿元）。这些数据表明若取消南充地区的化肥限价措施将造成化肥价格的升高，根据我们估计的化肥价格弹性，将导致化肥用量减少 10.2%～19.2%，由此带来的政策成本（减产损失）小于政策收益（环境和健康效益），这一政策变动是成本有效的。

7.3.5　不确定条件下的成本收益综合分析

我们的研究提供了化肥补贴政策变动可能造成的成本收益分析的一个大致研究框架和基本结果。这里环境经济学的重要作用依旧在于量化用货币度量的健康效益、环境效益、生态效益，并可以在农业生产函数、化肥施用量函数等方面做出贡献。然而，和 7.1 节类似，为了提供决策者可以信赖的政策分析结果，我们的学术研究还需要来自更多学科的力量，并还有很长一段路要走。①农学、生态学和土壤学等学科需要紧密合作，在化肥施用量和污染量之间的定量关系上给出统计上较为确定的结果；②目前农村污染数据是我国环境数据库的薄弱环节，严重制约了相关研究的发展；③对于环境政策的制定者和相关环境管理执法者而言，衡量一项环境政策的可能成本和收益需要对该项政策的内涵与实施场景有严谨、明确而清晰的定义。以化肥补贴政策变动为例，在多大区域内减少化肥补贴，减少对生产者的补贴还是使用者的补贴，减少多少都需有明确的说明，这样才能与没有政策变动时的基线情景进行科学的对比。受条件的限制，我们的研究仍以南充地区为例，假定取消化肥限价措施并减少农资直补，但不涉及化肥生产链上的各种运费补贴、能源补贴等，依据化肥品种的不同这一政策变动将导致化肥价格升高 20%～30%。显然更为细致的设定将有助于改进这一研究，特别是以化肥生产企业生产行为为重点的研究可以作为本研究的补充，以确认生产链上各项补贴措施变动可能带来的相对影响。

总的来说，与工业污染控制政策的评估相比，对于农业污染控制政策的评估更具有挑战性，其中最大的困难来自农业污染数据库的建立和管理。推进农业污染控制政策的科学评估，首要任务就是做好农业污染的监测和监控。因为一切政策的制定无不从实际出发，而一切实际都需要坚实的数据为基础。在没有翔实的数据基础时，现阶段我们所能做的政策的成本收益分析只能是以点推面，化繁为简，尚有很多不足之处。

7.3.6 结论

四川省农户调查的数据表明，化肥施用量的价格弹性显著，但与农户收入无显著相关关系。由于作用于化肥消费者的农资综合直补直接影响的是农户收入，因此不会对刺激化肥施用量增长造成重要影响。而针对价格的各种补贴政策，包括限价，如果取消，则会因带动化肥价格上升而显著降低化肥施用量。我们估计的化肥施用量的价格弹性为 −0.51～−0.64，即化肥价格升高 1%，会减少化肥亩均投入量 0.51%～0.64%。我们估计的化肥投入对粮食生产的平均弹性为 0.028。如果分作物看，化肥对玉米的边际增产作用较为明显，但对水稻产出无显著影响。因此，化肥施用量下降带来的潜在粮食减产损失并不大。以南充地区取消化肥限价措施的政策变动为例，由此带来的粮食减产成本为 0.26 亿～0.48 亿元/a。

收益方面，现阶段对化肥过量施用的环境影响和健康影响估值还存在较大的不确定性。我们利用世界银行关于中国农村地区水体污染造成的健康损失同比例推算，假定同比例的化肥施用量下降会带来同比例的农村水污染死亡率，则由于化肥施用量降低带来的水污染死亡率降低的货币价值为 3.9 亿～4.4 亿元。这个数值将农村地区水体质量恶化的原因均归于化肥施用量，显然高估了化肥的作用，但考虑到该数值从量级上也高于由于取消化肥限价带来的粮食减产的潜在成本，可以认为取消化肥限价措施短期来看是一项成本有效的政策变动。

7.3.7 政策建议

目前，我国化肥产量和消费量均居世界第一，严重威胁了我国的土壤环境质量（李东坡、武志杰，2008）。尤其是氮肥早已处于过量施用、过量生产的边缘线上，且损失率高，是对土壤环境破坏最为严重的潜在因素（李军等，2003）。2009 年 5 月 3 日，化工行业尤其是化肥生产被列入国家发改委公布的淘汰落后产能的规划目标，取消对化肥行业的各种补贴措施以帮助化肥产业走入健康竞争的格局、扭转化肥消费习惯应是大势所趋。

但由于化肥行业是涉农产业，对其的限制和管理一直比较敏感。尽管有农业实验的研究表明每千克化肥的增产量高达 10～13 kg，我们利用四川省南充地区的实证数据表明化肥边际增产效果并不明显（化肥的平均产出弹性仅为 0.028，玉米的化肥产出弹性较高，但也低于 0.15），因此适度减少化肥投入并不会对农业生产造成显著的影响。

自国家发改委、财政部《关于改革化肥价格形成机制的通知》（发改价格[2009]268 号）发布以来，取消对化肥行业的价格干预已自上而下地在各地得到推广，我们的研究表明与化肥价格相关的控制措施对化肥用量有显著效果（化肥施用量的价格弹性绝对值较大，根据具体模型的不同，其值为 -0.51～-0.64），为抑制化肥过量施用，应重点考虑与价格有关的措施。而我们对南充地区农户化肥施用量的研究表明，农户收入对化肥施用量并无显著影响，农资直接补贴并不会促进农户的化肥施用行为，反而有助于提高农民收入、保障粮食生产，是较为合理的补贴方式。反之，降低农资综合补贴对化肥施用量不会有显著影响，不是有效的抑制化肥消费的措施。

目前对化肥生产的资源使用费用和运输费用及税收环节的优惠还予以保留，既不利于化肥行业的健康发展，也与国家限制过剩产能、淘汰落后产能的经济结构优化目标有所出入。这部分补贴应是下一步改革目标，逐步取消以引导化肥行业走向积极有序的竞争格局，降低能耗、减少排放以释放化肥生产环节的潜在环境效益。

7.4　企业对环境政策响应的模拟——ABS 技术的应用

7.4.1　环境经济政策仿真模型

7.4.1.1　模型设计

本课题建立了一个环境经济政策仿真模型，该模型是由一系列的 Agent 和交易市场组成。Agent 包括家庭、企业、政府和银行等；模型设定了消费品市场、劳力市场，信贷市场，债券市场等；Agent 在不同的市场中扮演着不同的角色。

家庭 Agent 通过工作获取收入，用于购买四类消费品、存入银行或者进行投资。企业

Agent 生产四种类型的产品，即汽车制造企业、房地产企业、非耐用必需品（如食物）生产企业、随收入变动的非耐用消费品生产企业。上述所有的企业都是用资本、设备和劳动力生产自己的产品。此外，基于建模的需求，所有企业都采用遗传算法分类器系统（GALCS）为产品制定价格。在模型的下个版本中将加入资本品生产企业，它利用能源、劳动力和资本为其他四类企业生产设备。政府 Agent 的作用除了税收外，还要执行一些公共职能，以及在政府收入出现赤字时采取相应的措施。银行 Agent 负责吸收储蓄，向个人和企业提供贷款，投资债券。

在消费品市场中，消费品企业的行为包含了金融管理、生产管理、消费管理 3 个方面。模拟现实生活，每个月都会有一天进行市场活动。市场运作的顺序为：信贷市场、金融市场、劳力市场、投资品市场。每家企业在这 4 个市场中每个月只活跃一天，该天被称作作业周期（operating circle）。这个活跃的初始日期是在系统的开始的时候随机给出的。这作业周期中，企业完成特地活动：生产计划，金融计划，生产，调整价格等。

在消费品市场中，家庭的消费行为遵循一些规则：在模型中，食物的需求量是由家庭规模决定的。当需求确定以后，就要决定从哪个企业购买。假设企业 f 提供的食物价格是 $p(f)$，那么某个家庭从该企业购买食物的概率是 $k[p(f)]^{-q}$，其中，k 是一个常数，q 的值由用户指定。从中可以看出，食品的价格越低，被购买的概率越大。其他耐用消费品的需求量是通过总收入减去食物消费后剩余收入除以某种非耐用消费品在整个行业内的平均价格确定的。与食物类似，非耐用消费品的价格越低，被购买的概率越大。

如果某个家庭拥有汽车，且汽车没有出现故障，则不会有买车的需求。在模型中，我们假定汽车每天出现故障的概率是 P，P 值由用户指定。所以，当汽车出现故障或者不拥有汽车时，家庭会考虑购买汽车。首先，要确定购买的企业，其方法与确定从哪个企业购买食物相同。然后，实际购买时又包括两种情况：如果有足够的储蓄去购买，会直接用其储蓄购买；否则，向银行申请车贷，并且会向贷款利率最低的银行申请。总之，汽车的需求量可以看作是个人收入、个人储蓄和贷款利率的函数。

在劳力市场中，家庭（工作者）和企业（雇主）通过个体随机搜索过程完成劳动力工作匹配。其流程如下：

（1）企业（雇主）每个月决定一次生产计划，因此可能决定是公布职位空缺（指明工资和技能需求）还是解雇劳动力。

（2）未就业的工作者查看在其附近的企业公布的职位空缺，并按照工资进行排序，然后给工资至少等于其保留工资的工作发送申请。

（3）企业（雇主）接到申请后，按照申请者的技能水平排序，然后发送录取书。

（4）工作者收到录取书（可能来自多个企业）。他们接受至多一个工作，然后发送拒绝或接受信息给所有其在第2步发送过申请的企业。没有获得工作的工作者降低保留工资。

（5）企业（雇主）接收和拒绝消息，然后依据有多少职位没有填满来更新职位工资。

通过上述过程，多数工作者和企业将达成匹配关系，而没有找到合适工作的工作者和仍有职位空缺的企业，将进入下一次搜索过程。

信贷市场中的主要角色是企业和银行。企业的金融投资和生产计划都需要一定的资金即保证收益。当自身资金不充足的时候，企业需要借助外部的融资。

家庭的主要功能是存款，但是当现有的劳动收入不能满足家庭需求的时候也可以向银行申请贷款。银行对家庭经济的调节作用类似于银行对企业的作用。

每个企业发出贷款请求（小额贷款请求）。选择过程是随机的，以后将开发一些优先连接机制。企业对银行提供的贷款选择按照给出的利率来排序，优先考虑低利率的贷款。同一家企业有多种贷款可能。企业可先向提供最低利率的银行申请全部所需款项。然后，如果第一家银行提供的贷款不够，企业可以考虑第二家银行，依此类推直到企业获得所需资金（如果企业不是信贷限额的）。贷款时银行和企业之间不用再协商利率，即使企业只决定向银行贷取部分款项。在下一个生产周期之前企业要还清债务。

债券市场由债券发行者、债券消费者两个角色和债券市场一个主体构成，所有与债券有关的交易行为在债券市场内完成。债券发行者通过在债券市场中发行债券获得债券资金，并且需要定期付给债券消费者利息。当债券到期时，债券发行者需要购回全部或一部分债券（具体视债券发行者是否决定延长债券期限）。债券消费者可以在债券市场中购买债券作为投资，也可以向债券市场中出售债券。当债券消费者拥有某种债券时，可以定期获得该债券的利息。当拥有的某种债券到期时，债券消费者需要出售全部或一部分债券（具体情况由债券发行者决定是否延期债券收回）。

政府和企业既可以作为债券发行者的角色，也可以作为债券消费者的角色。即政府和企业不但可以通过发行自己的债券进融资，还可以通过购买其他债券进行投资行为。但是居民只能作为债券消费者的角色，购买债券市场中的债券进行投资。

7.4.1.2 遗传算法分类器系统（GALCS）介绍

（1）GALCS 体系结构。遗传算法学习分类器系统（genetic algorithm learning classifier system，GALCS），是 Holland 于 1986 年提出的一种结合信用分配增强学习机制和基于遗传算法的规划发现机制自适应独立在线学习系统。

GALCS 主要由 3 个子系统组成：执行子系统、完成系统与环境之间相互作用的操作；信用分配子系统，分配回报给相应的分类器；规则发现子系统，运用遗传算法搜索更优良的分类器，提高系统性能。GALCS 的系统结构（图 7-3）。

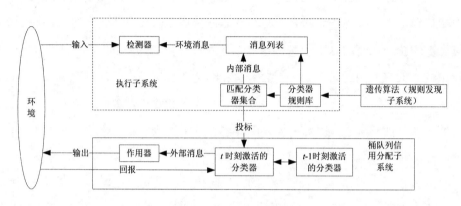

图 7-3　GALCS 体系结构

在 GALCS 中，分类器（Classifier）是一个（状态）：（动作）对，用二元组（C，A）表示；每个分类器有一个称为"强度（Strength）"的参数，用来表征分类器在系统中的效用，记为 $S_i(t)$，表示在时刻 t 分类器 i 的强度值。

消息为定义在字符集{0，1}上的有限长位串，它分为外部消息和内部消息，外部消息是指与环境直接交互的消息；内部消息由分类器的动作产生，不与环境直接交互。

GALCS 系统流程如下：

步骤 1：检测器对环境输入进行位串编码，形成环境消息，存储于消息列表中。

步骤 2：环境消息与分类器规则库中分类器的状态部分进行匹配，匹配成功的分类器组成匹配分类器集合。

步骤 3：匹配的分类器根据自身强度值进行投标，中标的分类器称为激活的分类器。激活的分类器允许将其动作部分作为新消息向外发送，所发送的新消息为外部消息或内部消息。

步骤 4：清空消息列表。如果步骤 3 中产生的是内部消息，则将内部消息放入消息列表中。内部消息需再与分类器规则库中的分类器进行匹配，激活下一个分类器，产生新的消息。由此构成一个内部消息链，直至最后形成外部消息。

步骤 5：运用桶队列算法（bucket brigade algorithm，简称 BB 算法）对激活的分类器进行回报的信用分配。如果激活的分类器产生的是外部消息，则该分类器直接得到环境回报；如果激活的分类器产生的是内部消息，它将在下一个周期中其他分类器匹配该内部消息后才能得到回报。这两种激活的分类器分别用"t 时刻激活的分类器"和"$t-1$ 时刻激活的分类器"加以区分。

步骤 6：当执行子系统和桶队列信用分配子系统运行一定的时间间隔 T_{gen} 后，启动遗传算法的规则发现子系统。对分类器规则库进行遗传操作，选择优良的分类器作为父辈个体，运用交叉和变异操作产生新的分类器子个体，加入分类器规则库中。

步骤 7：回到步骤 1。

（2）基于遗传算法的规则发现机制。在 GALCS 中运用遗传算法实现规则发现机制，主要目的是：①产生比现有分类器更优良的分类器，提高系统整体性能；②在信用分配的基础上，搜索优良的分类器规则，避免陷入局部优化。

GALCS 中遗传算法利用分类器强度作为适应度。交叉算子只在分类器状态部分应用，变异操作时，基因位"1"可以变异为"0"和"#"，其他两个基因位的变异过程同理。

（3）GALCS 算法在系统中的应用。主体决策制定过程要求具有高度的合理性，因此使用自觉学习机制。本系统中的 GALCS 很好地解决了这个问题。下面以银行确定贷款利率的过程来介绍 GALCS 算法的使用，算法流程如图 7-4 所示。

GALCS 算法有四条规则：贷款利率最近是上升了还是下降了；贷款总量是增加了还是减少了；利润最近是上升了还是下降了；贷款利率与市场中平均利率相比是高还是低。共有 $2^4=16$ 种情况。每个银行 Agent 在确定贷款利率时都要判断这四个规则，如果贷款利率最近增加了，则赋值为 1，否则为 0。因此，银行 Agent 在确定贷款利率的每个周期都会进入 16 种状态之一。

银行 Agent 为每种状态的策略集，包括增加利率 0.005、保持不变、减少 0.005 3 种策略，并均匀分布各策略的权值向量，初始权值向量为（100, 100, 100）。GALCS 算法为每个状态都分配了一个概率向量（P^d, P^i, P^c），其含义如下：

P^d：下一次当银行主体进入该状态时，降低利率的概率；

P^i：下一次当银行主体进入该状态时，升高利率的概率；

P^c：下一次当银行主体进入该状态时，保持利率不变的概率。

显然 $P^d+P^i+P^c=1$，这里使用概率生成函数 $P(i, j) = A(i, j) / \sum A(i, k), k \in (1, g)$ 来生成各状态的概率向量，初值均为（0.33, 0.33, 0.33）。

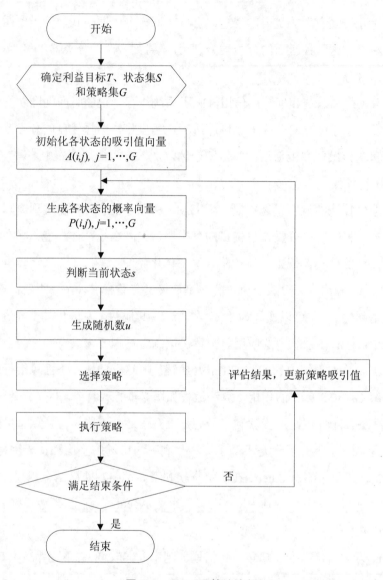

图 7-4　GALCS 算法流程

当银行 Agent 进入某种状态之后，随机数生成器会生成一个随机数，将该随机数与该状态的概率向量相比较，确定应该采取的利率策略。在本周期所有银行贷款相关交易都完成之后，银行主体根据利率策略对利润的影响调整相应状态的概率向量。银行主体根据其趋利特性，不断调整贷款利率的过程就是其学习过程。例如，对应于状态（1, 0, 0, 1），策略权值向量为（10, 30, 60），概率向量（P^d, P^i, P^c）=（0.1, 0.3, 0.6）。假设一个银行 Agent 进入该状态之后生成的随机数为 0.123 456 7，大于 P^d，小于 P^d+P^i，这意味着银行应提高贷款利率。如果银行升高利率之后导致银行利润下降，则该策略权值向量将被调整为（10, 25, 60），概率向量被修改为（0.11, 0.26, 0.63）。因此，银行主体下次进入这个状态时，提高利率的可能性下降了，而保持利率不变和降低利率的概率增加了。这样，模型就可以模拟出银行贷款利率的确定过程。

7.4.2　仿真系统的参数设定和模型验证

本系统主要是对渭河流域进行仿真，因此选取了渭河流域的西安、渭南、咸阳、宝鸡4个主要城市作为仿真对象，前期数据的抽取和后期结果的验证都是对上述4个城市进行的。为了体现渭河流域的地域特点，势必要进行一定的本地化适应。本地化并不涉及系统算法和功能的更改，而主要集中在系统参数的设定。参数主要包括以下两个方面。

（1）创建参数。各个地域都有其经济发展特点，其中最重要的一项便是不同地域的行业发展呈现出不同的格局，即不同地域各行业的规模以及行业中企业的规模都具有不同的特点。在仿真系统中各行业的规模则对应于创建参数，即不同类型Agent（对应不同的行业）的数目（对应不同的规模）。因此，先期收集本系统四大行业（食品生产企业、其他非耐用消费品生产企业、汽车制造企业、房地产企业）的企业数目就可以作为参考，即参考西安市实际的各行业企业数目比例，结合本系统要仿真的企业总体规模（或单个行业规模），就可以得到本地化的创建参数。

如表7-1所示，我们设定总体企业规模为24，按照实际的企业数量比例将这24个企业名额分配给各个行业，就得到了本系统本地化后的创建参数。

表7-1　西安市分行业实际企业数量和本系统设定数量　　　　　单位：家

行业	实际企业数量	设定企业数量
食品	110	10
其他非耐用消费品	33	4
汽车制造	62	6
房地产	35	4

（2）模型参数。本系统目前完成了企业和家庭两大主体模块与消费品市场和劳动力市场两大市场模块。模型参数主要是指对企业和家庭两大主体的参数的设定。即相对于创建参数来讲，从行业细分到个体企业，以及与企业息息相关的家庭。由于目前收集到的统计数据并没有细化到个体，而个体数据需要十分细化（如企业相关的机器数目、可用资金、职工人数、月排污量等），因此调研的执行难度非常大。因此，关于模型参数的本地化，目前的方案是参考各行业统计数据的均值，结合本地各行业分布规律，再经过一定的转换，

生成所需的个体数据。

（3）模型验证。模型验证是本方法应用成功的关键之一，主要包括模型校核和实证分析。实证分析是对仿真结果进行定性分析和定量分析，以验证仿真模型的有效性；定性分析主要使用了数据分布图、样本直方图和样本特征值分析等方法；定量分析使用了置信区间法。我们对失业率进行了实证分析，基本符合实际情况。

7.4.3 环境经济政策仿真情景方案及结果分析

为了评价不同的环境政策对于整体经济和环境的影响，制定了水价政策和排污费政策仿真两个情景方案。因篇幅所限，对第二个情景方案进行阐述。具体的排污费政策仿真情景方案如下：

（1）2009 年西安市在排污收费的基础上，设计此方案模拟西安市渭河流域 2009—2013 年 5 年的环境经济状况。

（2）西安市渭河流域各企业的污水处理，按工艺不同可将其分为不同级别：直排，普通，高级。

（3）随着单位污水处理成本的逐年递增，必须逐年提高排污收费价格。

- ☞ 基准政策：工业氨氮收费为 1.25 元/kg，化学需氧量收费为 1.00 元/kg。
- ☞ 政策 1：在每年各种污水处理级别排污收费中，氨氮逐年提高 0.12 元/kg，化学需氧量逐年提高 0.10 元/kg。
- ☞ 政策 2：在每年各种污水处理级别排污收费中，氨氮逐年提高 0.25 元/kg，化学需氧量逐年提高 0.20 元/kg。

（4）经济分析表明：对排污收费的大幅度提高会导致用户对收费的不合作，对国家和地方的环保政策产生抵触情绪。因此，排污收费的提高应该循序渐进，与用户收入水平和环保意识相适应。

对比不同情景方案的仿真结果，分析不同方案下渭河流域环境经济发展的年度生产总值、排污量、居民消费总额、失业率、商品平均价格等各项指标的变化情况；比较在不同行业及不同工艺水平下企业的成本、产量、销量、价格、利润、污水排放等的变化情况；研究企业自身因追求利润而产生的——提价引发的购买力下降、经济发展缓慢；增产引发的排污量增大、环境指标下降——的制约关系。分析不同行业中企业主体的相关环境经济行为。仿真计算结果（图 7-5）。

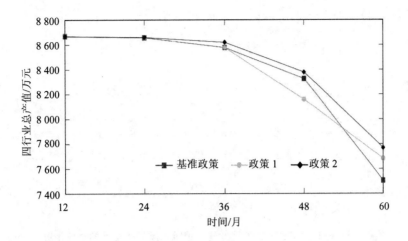

（a）四行业总产值

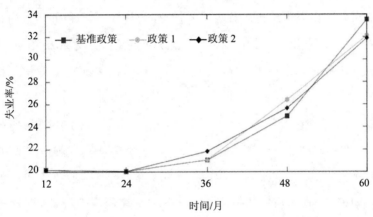

（b）失业率

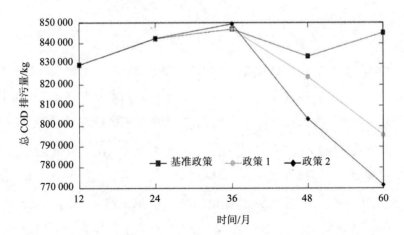

（c）总 COD 排污量

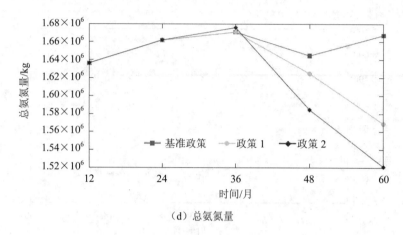

（d）总氨氮量

图 7-5   各政策情景下，四行业总产值等宏观经济指标的对比情况

从图 7-5 中可以得出以下结论：各政策情景中，四行业总产值的增长趋势基本相同，相比于政策 1 和政策 2，基准政策的同期四行业总产值略高。排污量方面，各政策情景中，在总量上没有较大差距，基准政策的排污量较高。相对于基准政策，政策 1 和政策 2 的失业率较高。

从以上结论基本可以看出政策的执行对整体经济产生了一定的影响，排污费用的提高，使企业利润下降。在不能减少单位产污的情况下，为了利润损失，企业选择降低产品产量，使整体 GDP 减少；产品产量的减少，也增加了工人的失业率。由此看出，单纯地增加排污收费，并不能对经济和环境产生正面的影响，有必要考虑按生产工艺对企业收取阶梯式的排污费用，并考虑企业的生产工艺改进行为，才能更好地促进经济发展和环境保护。

7.4.4   总结

基于 Agent 的建模与仿真是研究复杂系统的一个新方法，其基本思路是利用 Agent 的思想对复杂系统中的仿真实体进行建模，通过复杂系统中基本元素及其之间的交互建模与仿真，可以将复杂系统的微观行为和宏观"涌现"现象有机地结合到一起，是一种自下向上、行之有效的仿真建模方式。目前我国尚未建立用来模拟经济环境相互交互及作用的数学模型（或计算模型），因此，将 Agent 建模技术引入环境保护和政策仿真领域具有重要的理论意义和现实意义。基于 Agent 理论的环境模拟系统（agent based environment simulation system，AESS）从微观行为入手，探索环境系统中各种实体之间的相互作用规律，形成宏观的经济-环境动态演化过程，为政策制定提供了一个有效的计算机仿真工具。

"十一五"以来我国主要环境经济政策情况梳理

序号	政策文件	规范重点	作用主体	发布部门	文件号
一、综合性政策					
1	关于加大工作力度确保实现 2013 年节能减排目标任务的通知	综合/其他	—	国家发展和改革委员会	发改环资[2013]1585 号
2	关于加快发展节能环保产业的意见	产业结构调整	生产者/经营者	国务院	国发[2013]30 号
3	关于进一步加强电力节能减排监管做好淘汰落后产能工作的通知	产业结构调整	生产者/经营者	工业和信息化部	电监稽查[2012]41 号
4	国务院办公厅关于转发发展改革委住房城乡建设部绿色建筑行动方案的通知	能源资源节约	—	国务院办公厅	国办发[2013]1 号
5	生产煤矿回采率管理暂行规定	能源资源节约	生产者/经营者	国家发展和改革委员会	2012 年第 17 号令
6	工业和信息化部关于进一步加强工业节能工作的意见	能源资源节约	—	工业和信息化部	工信部节[2012]339 号
7	节能产品惠民工程推广信息监管实施方案	能源资源节约	—	工业和信息化部、财政部、国家发展和改革委员会、商务部	工信部联节[2012]335 号
8	国务院关于印发节能与新能源汽车产业发展规划（2012—2020 年）的通知	能源资源节约	—	国务院	国发[2012]22 号
9	节能产品惠民工程高效节能房间空气调节器推广实施细则	能源资源节约	生产者/经营者	财政部、国家发展和改革委员会、工业和信息化部	财建[2012]260 号
10	节能产品惠民工程高效节能平板电视推广实施细则	能源资源节约	生产者/经营者	财政部、国家发展和改革委员会、工业和信息化部	财建[2012]259 号
11	工业节能"十二五"规划	产业结构调整	—	工业和信息化部	工信部规[2012]3 号
12	国务院关于印发国家环境保护"十二五"规划的通知	污染防治	—	国务院	国发[2011]42 号
13	国务院关于印发"十二五"节能减排综合性工作方案的通知	综合/其他	—	国务院	国发[2011]26 号
14	关于开展煤炭矿业权审批管理改革试点的通知	生态保护与生态建设	生产者/经营者	国土资源部	国土资发[2010]143 号
15	国务院办公厅关于进一步加大节能减排力度加快钢铁工业结构调整的若干意见	产业结构调整	—	国务院办公厅	国办发[2010]34 号
16	国务院批转发展改革委关于 2010 年深化经济体制改革重点工作意见的通知	综合/其他	—	国务院	国发[2010]15 号
17	国务院关于进一步加大工作力度 确保实现"十一五"节能减排目标的通知	综合/其他	—	国务院	国发[2010]12 号

序号	政策文件	规范重点	作用主体	发布部门	文件号
18	国务院关于进一步加强淘汰落后产能工作的通知	产业结构调整	—	国务院	国发[2010]7号
19	关于采取综合措施对耐火黏土萤石的开采和生产进行控制的通知	能源资源节约	生产者/经营者	国务院办公厅	国办发[2010]1号
20	国务院批转发展改革委等部门《关于抑制部分行业产能过剩和重复建设引导产业健康发展若干意见》的通知	产能结构调整	生产者/经营者	国务院	国发[2009]38号
21	国务院办公厅关于印发《2009年节能减排工作安排》的通知	综合/其他	—	国务院办公厅	国办发[2009]48号
22	国务院批转发展改革委关于2009年深化经济体制改革工作意见的通知	综合/其他	—	国务院	国发[2009]26号
23	国务院办公厅转发发展改革委关于2008年深化经济体制改革工作意见的通知	综合/其他	—	国务院办公厅	国办发[2008]103号
24	关于印发《节能减排综合性工作方案》的通知	综合/其他	—	国务院	国发[2007]15号
二、财政政策					
25	关于印发《国家级公益林管理办法》的通知	生态保护与生态建设	生产者/经营者	国家林业局、财政部	林资发[2013]71号
26	关于印发《矿山地质环境恢复治理专项资金管理办法》的通知	生态保护与生态建设	生产者/经营者	财政部、国土资源部	财建[2013]80号
27	关于印发《矿产资源节约与综合利用专项资金管理办法》的通知	综合利用	生产者/经营者	财政部 国土资源部	财建[2013]81号
28	关于印发《中国清洁发展机制基金有偿使用管理办法》的通知	能源资源节约	生产者/经营者	国家发展和改革委员会、财政部	发改气候[2012]3406号
29	财政部国家税务总局关于进一步明确废弃电器电子产品处理基金征收产品范围的通知	污染防治	生产者/经营者	财政部、国家税务总局	财综[2012]80号
30	关于印发《民航节能减排专项资金管理暂行办法》的通知	综合/其他	生产者/经营者	财政部、中国民用航空局	财建[2012]547号
31	关于印发《循环经济发展专项资金管理暂行办法》的通知	综合利用	生产者/经营者	财政部、国家发展和改革委员会	财建[2012]616号
32	关于印发《废弃电器电子产品处理基金征收使用管理办法》的通知	污染防治	生产者/经营者	财政部、环境保护部、国家发展和改革委员会、工业和信息化部、海关总署、国家税务总局	财综[2012]34号
33	关于印发《夏热冬冷地区既有居住建筑节能改造补助资金管理暂行办法》的通知	能源资源节约	生产者/经营者	财政部	财建[2012]148号
34	关于印发《可再生能源电价附加补助资金管理暂行办法》的通知	能源资源节约	生产者/经营者	财政部、国家发展和改革委员会、国家能源局	财建[2012]102号
35	关于印发《可再生能源发展基金征收使用管理暂行办法》的通知	能源资源节约	生产者/经营者 消费者	财政部、国家发展和改革委员会、国家能源局	财综[2011]115号

序号	政策文件	规范重点	作用主体	发布部门	文件号
36	关于组织申报 2011 年节能技术改造财政奖励备选项目的通知	能源资源节约	生产者/经营者	国家发展和改革委员会办公厅、财政部办公厅	发改办环资[2011]1668 号
37	关于做好建立草原生态保护补助奖励机制前期的工作的通知	生态保护与生态建设	生产者/经营者	财政部、农业部	财农[2010]568 号
38	关于财政奖励合同能源管理项目有关事项的补充通知	能源资源节约	生产者/经营者	国家发展和改革委员会、财政部	发改办环资[2010]2528 号
39	关于调整环境标志产品政府采购清单的通知	综合/其他	消费者	财政部、环境保护部	财库[2010]107 号
40	关于加强金太阳示范工程和太阳能光电建筑应用示范工程建设管理的通知	能源资源节约	生产者/经营者	财政部、科技部、住房和城乡建设部、国家能源局	财建[2010]662 号
41	中国清洁发展机制基金管理办法	能源资源节约	生产者/经营者	财政部、国家发展和改革委员会、外交部、科学技术部、环境保护部、农业部、中国气象局	财政部令第 59 号
42	合同能源管理项目财政奖励资金管理暂行办法	能源资源节约	生产者/经营者	财政部、国家发展和改革委员会	财建[2010]249 号
43	关于印发《农村环境综合整治"以奖促治"项目环境成效评估办法（试行）》的通知	生态保护与生态建设	—	环境保护部	环办[2010]136 号
44	关于组织申报 2010 年中央农村环保专项资金的通知	生态保护与生态建设	—	财政部、环境保护部	财建便函[2010]87 号
45	关于支持循环经济发展的投融资政策措施意见的通知	综合利用	投资者	国家发展和改革委员会、中国人民银行、中国银监会、中国证监会	发改环资[2010]801 号
46	关于调整环境标志产品政府采购清单的通知	综合/其他	消费者	财政部、环境保护部	财库[2010]31 号
47	关于印发《森林抚育补贴试点管理办法》和《中幼龄林抚育补贴试点作业设计规定》的通知	生态保护与生态建设	—	国家林业局	林造发[2010]20 号
48	关于进一步做好金融服务支持重点产业调整振兴和抑制部分行业产能过剩的指导意见	产业结构调整	投资者	中国人民银行、中国银监会、中国证监会、中国保监会	银发[2009]386 号
49	关于下达 2009 年中央财政主要污染物减排专项资金项目预算的通知	污染防治	—	环境保护部	环函[2009]317 号
50	关于印发《国家重点生态功能区转移支付（试点）办法》的通知	生态保护与生态建设	—	财政部	财预[2009]433 号
51	工业企业能源管理中心建设示范项目财政补助资金管理暂行办法	能源资源节约	生产者/经营者	财政部、工业和信息化部	财建[2009]647 号
52	关于调整环境标志产品政府采购清单的通知	综合/其他	消费者	财政部、环境保护部	财库[2009]111 号
53	城镇污水处理设施配套管网建设以奖代补专项资金管理办法	污染防治	—	财政部	财建[2009]501 号

序号	政策文件	规范重点	作用主体	发布部门	文件号
54	育林基金征收使用管理办法	生态保护与生态建设	生产者/经营者	财政部、国家林业局	财综[2009]32号
55	关于印发《中央农村环境保护专项资金环境综合整治项目管理暂行办法》的通知	生态保护与生态建设	—	环境保护部、财政部	环发[2009]48号
56	关于《印发中央农村环境保护专项资金管理暂行办法》的通知	生态保护与生态建设	—	财政部、环境保护部	财建[2009]165号
57	国务院办公厅关于进一步加强政府采购管理工作的意见	综合/其他	消费者	国务院	国办发[2009]35号
58	关于中国清洁发展机制基金及清洁发展机制项目实施企业有关企业所得税政策问题的通知	能源资源节约	生产者/经营者	财政部、国家税务总局	财税[2009]30号
59	矿山地质环境保护规定	生态保护与生态建设	生产者/经营者	国土资源部	2009年第44号
60	关于实行"以奖促治"加快解决突出的农村环境问题实施方案的通知	生态保护与生态建设	—	国务院办公厅	国办发[2009]11号
61	关于调整节能产品政府采购清单的通知	能源资源节约	消费者	财政部、国家发展改革委	财库[2009]10号
62	财政部关于下达2008年三江源等生态保护区转移支付资金的通知	生态保护与生态建设	—	财政部	财预[2008]495号
63	关于调整环境标志产品政府采购清单的通知	综合/其他	消费者	财政部、环境保护部	财库[2008]50号
64	关于申报2008年中央财政主要污染物减排专项资金项目有关事项的通知	污染防治	—	环境保护部	环函[2008]122号
65	关于确定首批开展生态环境补偿试点地区的通知	生态保护与生态建设	—	环境保护部	环办函[2008]168号
66	国务院关于促进资源型城市可持续发展的若干意见	生态保护与生态建设	—	国务院	国发[2007]38号
67	三河三湖及松花江流域水污染防治财政专项补助资金管理暂行办法	污染防治	—	财政部	财建[2007]739号
68	财政部关于印发《城镇污水处理设施配套管网以奖代补资金管理暂行办法》的通知	污染防治	生产者/经营者	财政部	财建[2007]730号
69	国家环保总局关于开展生态补偿试点工作的指导意见	生态保护与生态建设	—	国家环保总局	环发[2007]130号
70	国务院关于编制全国主体功能区规划的意见	综合/其他	—	国务院	国发[2007]21号
71	关于印发《中央财政主要污染物减排专项资金项目管理暂行办法》的通知	污染防治	生产者/经营者	国家环保总局、财政部	环发[2007]67号
72	财政部、国家环保总局关于印发《中央财政主要污染物减排专项资金管理暂行办法》的通知	污染防治	生产者/经营者	财政部、国家环保总局	财建[2007]112号
73	关于印发《中央财政森林生态效益补偿基金管理办法》的通知	生态保护与生态建设	—	财政部、国家林业局	正财农[2007]7号
74	关于调整环境标志产品政府采购清单的通知	综合/其他	消费者	财政部、国家环保总局	财库[2007]20号

序号	政策文件	规范重点	作用主体	发布部门	文件号
75	关于环境标志产品政府采购实施的意见	综合/其他	消费者	财政部、国家环保总局	财库〔2006〕90号
76	关于印发政府收支分类改革方案的通知	综合/其他	—	财政部	财预[2006]13号
77	关于逐步建立矿山环境治理和生态恢复责任机制的指导意见	生态保护与生态建设	生产者/经营者	财政部、国土资源部、国家环保总局	财建[2006]215号
环境税费政策					
78	关于光伏发电增值税政策的通知	能源资源节约	生产者/经营者	财政部、国家税务总局	财税[2013]66号
79	关于享受资源综合利用增值税优惠政策的纳税人执行污染物排放标准有关问题的通知	综合利用	生产者/经营者	财政部、国家税务总局	财税[2013]23号
80	粉煤灰综合利用管理办法	综合利用	生产者/经营者	国家发展和改革委员会、科技部、工信部、财政部、国土资源部、环保部、住建部、交通部、国家税务总局、国家质检总局	2013年第19号
81	关于节约能源、使用新能源车车船税政策的通知	能源资源节约	消费者	财政部、国家税务总局、工业和信息化部	财税[2012]19号
82	关于公共基础设施项目和环境保护节能节水项目企业所得税优惠政策问题的通知	能源资源节约	生产者/经营者	财政部、国家税务总局	财税[2012]10号
83	关于调整完善资源综合利用产品及劳务增值税政策的通知	综合利用	生产者/经营者	财政部，国家税务总局	财税[2011]115号
84	关于修改《中华人民共和国资源税暂行条例》的决定	能源资源节约	生产者/经营者	国务院	国务院令第605号
85	关于促进节能服务产业发展增值税、营业税和企业所得税政策问题的通知	能源资源节约	生产者/经营者	财政部、国家税务总局	财税[2010]110号
86	关于1.6升及以下排量乘用车车辆购置税减征政策到期停止执行的通知	污染防治	消费者	财政部、国家税务总局	财税[2010]127号
87	关于对利用废弃的动植物油生产纯生物柴油免征消费税的通知	综合利用	生产者/经营者	财政部、国家税务总局	财税[2010]118号
88	关于以蔗渣为原料生产综合利用产品增值税政策的补充通知	综合利用	生产者/经营者	财政部、国家税务总局	财税[2010]114号
89	关于调整大型环保及资源综合利用设备等重大技术装备进口税收政策的通知	综合利用	生产者/经营者	财政部、工业与信息化部、海关总署、国家税务总局	财关税[2010]50号
90	国家税务总局关于环境保护节能节水安全生产等专用设备投资抵免企业所得税有关问题的通知	能源资源节约	生产者/经营者	国家税务总局	国税函[2010]256号
91	关于环境保护节能节水、安全生产等专用设备投资抵免企业所得税有关问题的通知	能源资源节约	生产者/经营者	国家税务总局	国税函[2010]256号

序号	政策文件	规范重点	作用主体	发布部门	文件号
92	关于印发《新疆原油 天然气资源税改革若干问题的规定》的通知	能源资源节约	生产者/经营者	财政部、国家税务总局	财税[2010]54号
93	关于调整耐火黏土和萤石资源税适用税额标准的通知	能源资源节约	生产者/经营者	财政部、国家税务总局	财税[2010]20号
94	关于进一步做好税收促进节能减排工作的通知	综合/其他	生产者/经营者	国家税务总局	国税函[2010]180号
95	国务院办公厅转发发展改革委等部门关于加快推行合同能源管理促进节能服务产业发展意见的通知	能源资源节约	生产者/经营者	国务院办公厅	国办发[2010]25号
96	关于允许汽车以旧换新补贴与汽车购置税减征政策同时享受的通知	能源资源节约	消费者	财政部、商务部	财税[2010]54号
97	关于公布环境保护节能节水项目所得税优惠目录（试行）的通知	能源资源节约	生产者/经营者	财政部、国家税务总局、国家发展改革委	财税[2009]166号
98	关于资源综合利用及其他产品增值税政策的补充的通知	综合利用	生产者/经营者	财政部、国家税务总局	财税[2008]156号
99	关于以农林剩余物为原料的综合利用产品增值税政策的通知	综合利用	生产者/经营者	财政部、国家税务总局	财税[2009]148号
100	关于再生资源增值税退税政策若干问题的通知	能源资源节约	生产者/经营者	财政部、国家税务总局	财税[2009]119号
101	关于调整新疆维吾尔自治区煤炭资源税额标准的通知	能源资源节约	生产者/经营者	财政部、国家税务总局	财税[2009]26号
102	关于减征1.6升及以下排量乘用车车辆购置税的通知	能源资源节约	消费者	财政部、国家税务总局	财税[2015]104号
103	关于再生资源增值税政策的通知	能源资源节约	生产者/经营者	财政部、国家税务总局	财税[2008]157号
104	关于执行资源综合利用企业所得税优惠目录有关问题的通知	能源资源节约	生产者/经营者	财政部、国家税务总局	财税[2008]47号
105	关于执行环境保护专用设备企业所得税优惠目录、节能节水专用设备企业所得税优惠目录和安全生产专用设备企业所得税优惠目录有关问题的通知	能源资源节约	生产者/经营者	财政部、国家税务总局	财税[2008]48号
106	关于调整硅藻土、珍珠岩、磷矿石和玉石等资源税额标准的通知	能源资源节约	生产者/经营者	财政部、国家税务总局	财税[2008]91号
107	关于公布公共基础设施项目企业所得税优惠目录（2008年版）的通知	综合/其他	生产者/经营者	财政部、国家税务总局、国家发展改革委	财税[2008]116号
108	关于公布节能节水专用设备企业所得税优惠目录（2008年版）和环境保护专用设备企业所得税优惠目录（2008年版）的通知	能源资源节约	生产者/经营者	财政部、国家税务总局、国家发展改革委	财税[2008]115号
109	关于公布资源综合利用企业所得税优惠目录（2008年版）的通知	能源资源节约	生产者/经营者	财政部、国家税务总局、国家发展改革委	财税[2008]117号
110	关于调整部分乘用车进口环节消费税的通知	能源资源节约	消费者	财政部、国家税务总局	财关税[2008]73号

序号	政策文件	规范重点	作用主体	发布部门	文件号
111	关于调整乘用车消费税政策的通知	能源资源节约	消费者	财政部、国家税务总局	财税[2008]105号
112	关于有机肥产品免征增值税的通知	污染防治	生产者/经营者	财政部、国家税务总局	财税[2008]56号
113	中华人民共和国企业所得税法实施条例	综合/其他	生产者/经营者	国务院	国务院令第512号
114	中华人民共和国企业所得税法	综合/其他	生产者/经营者	全国人民代表大会	中华人民共和国主席令2007年第63号
115	关于加快煤层气抽采有关税收政策问题的通知	能源资源节约	生产者/经营者	财政部、国家税务总局	财税 [2007]16号
116	关于印发《国家鼓励的资源综合利用认定管理办法》的通知	综合利用	生产者/经营者	国家发展委、财政部、国家税务总局	发改环资[2006]1864号
117	关于调整和完善消费税政策的通知	综合/其他	消费者	财政部、国家税务总局	财税[2006]33号
排污权交易政策					
118	财政部、环境保护部关于同意重庆市开展主要污染物排污权有偿使用和交易试点的复函	污染防治	生产者/经营者	财政部、环境保护部	财建函[2011]4号
119	财政部和环境保护部批准山西开展二氧化硫排污权的有偿使用和交易试点	污染防治	生产者/经营者	财政部、环境保护部	2010年8月
120	财政部和环境保护部批准湖南省开展排污权有偿使用和交易试点工作	污染防治	生产者/经营者	财政部、环境保护部	2010年6月
121	财政部和环保部批准湖北省开展主要污染物排污权交易试点	污染防治	生产者/经营者	财政部、环境保护部	2009年10月
122	财政部和环保部批准浙江省主要污染物排污权有偿使用和交易试点工作方案	污染防治	生产者/经营者	财政部、环境保护部	2009年4月
123	财政部和环保部批复天津排污权交易所综合试点方案	污染防治	生产者/经营者	财政部、环境保护部	2008年10月14日
124	关于同意天津市开展排污权交易综合试点工作的复函	污染防治	生产者/经营者	财政部、环境保护部	2008年9月25日
125	财政部、国家环保总局批复江苏省在太湖流域开展排污权有偿使用和交易地点	污染防治	生产者/经营者	财政部、国家税务总局	2007年12月13日
126	选择电力行业以及太湖流域开展排污交易试点	污染防治	生产者/经营者	财政部、国家税务总局	2007年7月1日
价格政策					
127	关于调整可再生能源电价附加征收标准的通知	能源资源节约	消费者	财政部	财综[2013]89号
128	关于油品质量升级价格政策有关意见的通知	污染防治	生产者/经营者	国家发展改革委	发改价格[2013]1845号
129	关于调整可再生能源电价附加标准与环保电价有关事项的通知	能源资源节约	消费者	国家发展改革委	发改价格[2013]1651号
130	关于发挥价格杠杆作用促进光伏产业健康发展的通知	能源资源节约	生产者/经营者	国家发展改革委	发改价格[2013]1638号
131	国家发展改革委关于调整天然气价格的通知	能源资源节约	生产者/经营者	国家发展改革委	发改价格[2013]1246号

序号	政策文件	规范重点	作用主体	发布部门	文件号
132	关于完善核电上网电价机制有关问题的通知	能源资源节约	生产者/经营者	国家发展改革委	发改价格[2013]1130号
133	国家发展和改革委员会关于做好2013年电力迎峰度夏工作的意见	能源资源节约	生产者/经营者	国家发展改革委	发改运行[2013]1081号
134	关于调整销售电价分类结构有关问题的通知	能源资源节约	生产者/经营者	国家发展改革委	发改价格[2013]973号
135	关于深化限制生产销售使用塑料购物袋实施工作的通知	污染防治	生产者/经营者 消费者	国家发展改革委、教育部、工信部、环保部等	发改环资[2013]758号
136	关于加快燃煤电厂脱硝设施验收及落实脱硝电价政策有关工作的通知	污染防治	生产者/经营者	环境保护部办公厅、国家发展改革委办公厅	环办[2013]21号
137	关于水资源费征收标准有关问题的通知	能源资源节约	消费者	国家发展改革委、财政部、水利部	发改价格[2013]29号
138	关于扩大脱硝电价政策试点范围有关问题的通知	污染防治	生产者/经营者	国家发展改革委	发改价格[2012]4095号
139	关于印发《可再生能源电价附加有关会计处理规定》的通知	能源资源节约	消费者	财政部	财会[2012]24号
140	关于中小学循环使用教材价格政策问题的通知	综合利用	—	国家发展改革委、新闻出版总署、教育部	发改价格[2012]1658号
141	关于完善垃圾焚烧发电价格政策的通知	综合利用	生产者/经营者	国家发展改革委	发改价格[2012]801号
142	关于加强发电用煤价格调控的通知	能源资源节约	生产者/经营者	国家发展改革委	发改电[2011]299号
143	关于《调整华东电网电价》的通知	能源资源节约	生产者/经营者 消费者	国家发展改革委	发改价格[2011]2622号
144	关于印发《关于居民生活用电试行阶梯电价的指导意见》的通知	能源资源节约	消费者	国家发展改革委	发改价格[2011]2617号
145	关于完善太阳能光伏发电上网电价政策的通知	能源资源节约	生产者/经营者	国家发展改革委	发改价格[2011]2617号
146	关于整顿规范电价秩序的通知	能源资源节约	生产者/经营者 消费者	国家发展改革委	发改价检[2011]1311号
147	关于设立山西省国家资源型经济转型综合配套改革试验区的通知	能源资源节约	生产者/经营者	国家发展改革委	发改经体[2010]2836号
148	关于完善农林生物质发电价格政策的通知	综合利用	生产者/经营者	国家发展改革委	发改价格[2010]1579号
149	关于清理对高耗能企业优惠电价等问题的通知	能源资源节约	生产者/经营者	国家发展改革委、国家电监会、国家能源局	发改价格[2010]978号

序号	政策文件	规范重点	作用主体	发布部门	文件号
150	关于长江河道砂石资源费收费标准及有关问题的通知	能源资源节约	生产者/经营者	国家发展改革委、财政部	发改价格[2009]3085号
151	关于做好城市供水价格管理工作有关问题的通知	能源资源节约	生产者/经营者/消费者	国家发展改革委、住房和城乡建设部	发改价格[2009]1789号
152	商品零售场所塑料购物袋有偿使用管理办法	污染防治	消费者	商务部、国家发展改革委、工商总局	2008年第8号令
153	关于重新核定进口废物环境保护审查登记费标准的通知	污染防治	生产者/经营者	国家发展改革委、财政部	发改价格[2008]702号
154	关于取消电解铝等高耗能行业电价优惠有关问题的通知	能源资源节约	生产者/经营者	国家发展改革委、国家电监会	发改价格[2007]3550号
155	燃煤发电机组脱硫电价及脱硫设施运行管理办法（试行）	污染防治	生产者/经营者	国家发展改革委、国家环保总局	发改价格[2007]1176号
补贴政策					
156	关于继续开展新能源汽车推广应用工作的通知	能源资源节约	消费者	财政部、科技部、工业和信息化部、国家发展改革委	财建[2013]551号
157	关于组织推荐节能产品惠民工程高效电机推广目录的通知	能源资源节约	生产者/经营者	国家发展改革委办公厅、财政部办公厅	发改办环资[2013]2329号
158	关于印发<分布式发电管理暂行办法>的通知	能源资源节约	生产者/经营者	国家发展改革委	发改能源[2013]1381号
159	关于印发再制造产品"以旧换再"试点实施方案的通知	综合利用	生产者/经营者	国家发展改革委、财政部、工业和信息化部、商务部、质检总局	发改环资[2013]1303号
160	中央预算内投资补助和贴息项目管理办法	综合/其他	生产者/经营者	国家发展改革委	2016年第45号令
161	关于简化节能家电、高效电机补贴兑付信息管理及加强高效节能工业产品组织实施等工作的通知	能源资源节约	生产者/经营者	财政部、国家发展改革委、工业和信息化部	财建[2013]8号
162	关于印发《节能产品惠民工程高效节能台式微型计算机推广实施细则》的通知	能源资源节约	生产者/经营者	财政部、国家发展改革委、工业和信息化部	财建[2012]702号
163	2011年老旧汽车报废更新补贴资金发放范围及标准	能源资源节约	消费者	财政部、商务部	2011年第28号公告
164	关于2010年1—9月可再生能源电价补贴和配额交易方案的通知	能源资源节约	生产者/经营者	国家发展改革委、国家电监会	发改价格[2011]122号
165	关于做好节能汽车推广补贴兑付工作的通知	能源资源节约	消费者	财政部、国家发展改革委、工业与信息化部	财办建[2010]75号
166	关于2009年7—12月可再生能源电价补贴和配额交易方案的通知	能源资源节约	生产者/经营者	国家发展改革委	发改价格[2010]1894号
167	关于延长实施汽车以旧换新政策的通知	能源资源节约	消费者	财政部、商务部、环境保护部	财建[2010]304号

序号	政策文件	规范重点	作用主体	发布部门	文件号
168	关于开展私人购买新能源汽车补贴试点的通知	能源资源节约	消费者	工业与信息化部、国家发展改革委、财政部等有关部委	财建[2010]230号
169	关于调整高效节能空调推广财政补贴政策的通知	能源资源节约	消费者	财政部、国家发展改革委	财建[2010]119号
170	家电以旧换新拆解补贴办法	综合利用	生产者/经营者	财政部、环境保护部	财建[2010]53号
171	关于2009年1—6月可再生能源电价补贴和配额交易方案的通知	能源资源节约	生产者/经营者	国家发展改革委、国家电监会	发改价格[2009]3217号
172	关于印发《汽车以旧换新实施办法》的通知	综合利用	消费者	财政部、商务部、中宣部、国家发展改革委等	财建[2009]333号
173	关于印发《家电以旧换新实施办法》的通知	综合利用	消费者	财政部、商务部、国家发展改革委等	2009年6月28日
174	关于2008年7—12月可再生能源电价补贴和配额交易方案的通知	能源资源节约	生产者/经营者	国家发展改革委、国家电监会	发改价格[2009]1581号
175	关于开展"节能产品惠民工程"的通知	能源资源节约	生产者/经营者	财政部、国家发展改革委	财建[2009]231号
176	关于2009年7—12月可再生能源电价补贴和配额交易方案的通知	能源资源节约	生产者/经营者	国家发展改革委、国家电监会	发改价格[2010]1894号
177	关于2007年1月9日可再生能源电价附加补贴和配额交易方案的通知	能源资源节约	生产者/经营者	国家发展改革委、国家电监会	发改价格[2008]640号
178	关于2007年10月至2008年6月可再生能源电价补贴和配额交易方案的通知	能源资源节约	生产者/经营者	国家发展改革委、国家电监会	发改价格[2008]3052号
179	关于2006年度可再生能源电价补贴和配额交易方案的通知	能源资源节约	生产者/经营者	国家发展改革委、国家电监会	发改价格[2007]2446号
绿色金融政策					
180	关于绿色信贷工作的意见	综合/其他	投资者	银监会办公厅	银监办发[2013]40号
181	关于开展环境污染强制责任保险试点工作的指导意见	污染防治	—	环境保护部、保监会	环发[2013]10号
182	绿色信贷指引	综合/其他	投资者	银监会	银监发[2012]4号
183	关于推进再制造产业发展的意见	产业结构调整	生产者/经营者	国家发展改革委、科技部、工业和信息化部、财政部、环境保护部	发改环资[2010]991号
184	关于进一步做好支持节能减排和淘汰落后产能金融服务工作的意见	产业结构调整	投资者	中国人民银行、银监会	银发[2010]170号
185	关于加强上市公司环境保护监督管理工作的指导意见	污染防治	生产者/经营者	国家环保总局	环发[2008]24号
186	关于重污染行业生产经营公司IPO申请申报文件的通知	污染防治	投资者	中国证监会	发行监管函[2008]6号
187	关于环境污染责任保险工作的指导意见	污染防治	—	国家环保总局、中国保监会	环发[2007]189号
188	关于印发《节能减排授信工作指导意见》的通知	综合/其他	投资者	银监会	银监发[2007]83号

序号	政策文件	规范重点	作用主体	发布部门	文件号
189	首次申请上市或再融资的上市公司环境保护核查工作指南	污染防治	生产者/经营者	国家环境保护总局	2007年9月27日
190	关于进一步规范重污染行业生产经营公司申请上市或再融资环境保护核查工作的通》	污染防治	投资者	国家环境保护总局	环办[2007]105号
191	中国银监会办公厅关于防范和控制高耗能高污染行业贷款风险的通知	综合/其他	投资者	银监会	银监办发[2007]161号
192	关于落实环保政策法规防范信贷风险的意见	综合/其他	投资者	国家环保总局、人民银行、银监会	环发[2007]108号
193	中国人民银行关于改进和加强节能环保领域金融服务工作的指导意见	综合/其他	投资者	中国人民银行	银发[2007]215号
194	上市公司信息披露管理办法	综合/其他	生产者/经营者	中国证监会	2007年第40号
195	关于共享企业环保信息有关问题的通知	综合/其他	投资者	中国人民银行、国家环保总局	银发[2006]450号
196	国务院关于保险业改革发展的若干意见	污染防治	—	国务院	国发[2006]23号

绿色贸易政策

序号	政策文件	规范重点	作用主体	发布部门	文件号
197	关于加强出口企业环境监管的通知	污染防治	生产者/经营者	商务部、国家环保总局	商综发[2007]392号

行业环境经济政策

序号	政策文件	规范重点	作用主体	发布部门	文件号
198	银监会办公厅关于转发环境保护部办公厅提供环境经济政策配套综合名录及相关政策建议函的通知	污染防治	生产者/经营者	中国银监会办公厅	银监办发[2010]292号
199	关于印发《矿产资源节约与综合利用鼓励、限制和淘汰技术目录》的通知	综合利用	生产者/经营者	国土资源部	国土资发[2010]146号
200	当前国家鼓励发展的环保产业设备（产品）目录（2010年版）	产业结构调整	生产者/经营者	国家发展改革委、环境保护部	2010年4月16日
201	关于提供环境经济政策配套综合名录（2011年版）及相关政策建议的函	污染防治	生产者/经营者	环境保护部	环办函[2011]1234号
202	对生皮加工贸易政策进行调整	污染防治	生产者/经营者	商务部、环境保护部、海关总署	2009年第8号公告
203	关于提供高污染搞环境风险产品名录及相关政策建议的函	污染防治	生产者/经营者	国家环保总局	2008年2月3日
204	提供部分高污染、高环境风险产品名录及相关政策建议的函	污染防治	生产者/经营者	国家环保总局	2007年6月1日
205	2007年加工贸易禁止类商品目录	污染防治	生产者/经营者	商务部、海关总署、国家环保总局	2007年第17号公告
206	加工贸易禁止类商品目录	污染防治	生产者/经营者	商务部、海关总署、国家环保总局	2015年第59号公告
207	生皮进口商品编码	污染防治	生产者/经营者	商务部、海关总署、国家环保总局	2006年第63号公告
208	限制进口放射性同位素目录	污染防治	生产者/经营者	商务部、海关总署、国家环保总局、国家质量监督检验检疫总局	2006年第2号公告

注：规范重点分类包括：1. 能源资源节约；2. 污染防治；3. 生态保护与生态建设；4. 产业结构调整；5. 综合利用；6. 综合/其他。
作用主体包括：1. 投资者；2. 生产者/经营者；3. 消费者。

我国环境经济总体评价问卷调查分析结果

根据国内外学者大量研究成果以及本项目开展的问卷调查，对我国环境经济政策进行了总体评价，设计了环境经济政策实施现状的调查问卷，并对全国环境保护部门开展了环境经济政策实施现状的调查，调查共收回 25 个省份 80 多个地市环境保护部门的问卷，有效问卷 589 份，调查主要包括了各地对环境经济政策的总体认知情况、总体实施情况、环境经济政策对环境保护和经济发展的贡献、各项环境经济政策执行中存在的问题等，包括排污收费、排污权有偿使用与交易、环境污染责任保险、绿色信贷、绿色证券、绿色贸易、生态补偿、资源定价、环境税收 9 项环境经济政策。经过分析研究，获得以下总体认识。

（1）对环境经济政策的认识不断加深

我们就各地环境保护部门对环境经济政策的总体认识做了调查，结果如附图 1 所示，环境保护部门认为非常了解环境经济政策的占 7.1%，比较了解的占 41.7%，"非常了解"和"比较了解"合计占 48.8%；47.5%的受访者认为对环境经济政策有一些了解，对环境经济政策有所了解的共占96.3%。总体来看，"十二五"期间，国家利用环境经济政策工具调节环境行为的做法日益被人们所接受，环境经济政策在环境管理中的地位正逐步提升。

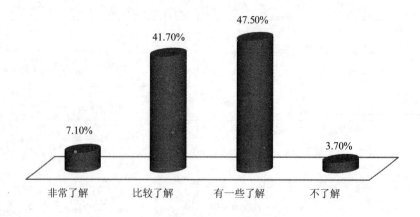

附图 1　对环境经济政策的了解程度

通过调查发现，在 9 项环境经济政策中，"非常了解"比例最高的政策是排污收费，在受访者中占 35.4%。其他 8 项环境经济政策"非常了解"都较低。具体如附图 2 所示。这与排污收费是我国发展时间最长、最为成熟的一项环境经济政策有着很大关系。同时，随着市场经济的不断发展，一些新的环境经济政策手段也逐渐被人们所了解和接受，尤其是随着市场经济的进一步发展，市场机制逐步完善，绿色信贷、排污权有偿使用与交易、生态补偿等环境经济政策的出台，用经济手段刺激环境保护目标的实现，使得人们对市场经济条件下的环境经济政策有了更进一步的了解。

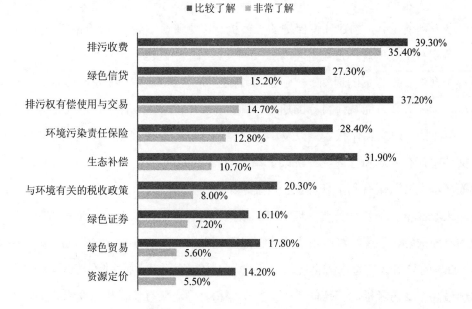

附图2 对我国正在实施（包括试点）的环境经济政策的熟悉程度

（2）我国环境经济政策体系有所突破

课题组对近年来我国环境经济政策手段的改进情况进行了调查，如附图3所示，57.5%的受访者认为近年来我国环境经济政策手段有一定改进；认为改进较大的占29.6%，10.5%的受访者认为改进非常大。

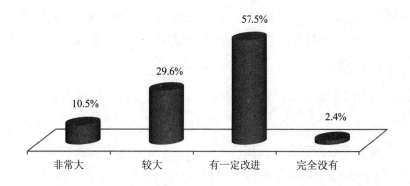

附图3 近年来我国环境经济政策手段有无改进

从总体上看，我国环境经济政策体系建设取得较大突破，一些环境经济政策正在逐步向规范性制度建设发展，如排污权有偿使用与交易、生态补偿政策等。许多环境政策在典型行业和典型地区的试点范围正在扩大，试点探索正在逐步深化，环境经济政策体系框架已初具雏形，涵盖了环境投资、环境税、排污权交易、生态补偿、环境信贷、环境责任险等政策领域。尤其是在"十一五"期间，加强环境经济政策的研究和制定、促进环境保护和社会经济发展的融合，构建环境保护的长效机制，受到党中央、国务院的高度重视。《国务院关于落实科学发展观　加强环境保护的决定》（国发[2005]39 号）、《国务院关于印发节能减排综合性工作方案的通知》（国发[2007]15 号）、《国务院关于进一步加大工作力度确保实现"十一五"节能减排目标的通知》（国发[2010]12 号）、国务院印发的年度工作要点通知，每年的《政府工作报告》以及年度深化经济体制改革重点工作意见的通知等国务院重要文件中都有针对加强环境经济政策建设的要求。

（3）环境经济政策有利于环境保护，促进了经济发展

近年来我国出台了各种类型的环境经济政策，随着人们认识的不断深入和环境经济政策手段的不断成熟，环境经济政策手段在促进环境保护中发挥了较大的作用。由附图 4 可知，有 69.6%的受访者认为排污收费"贡献很大"，该政策在 9 项环境经济政策中"贡献很大"比例最高；受访者也比较认同"生态补偿"和"排污权有偿使用与交易"的"贡献很大"，比例仅次于排污收费。超过 96%的受访者认为排污收费政策在促进环境保护中发挥了很大的作用，超过 70%的受访者认为其他各项环境经济政策的制定与实施促进了环境保护。因而，无论是激励型还是惩罚型的环境经济政策手段，均在我国环境保护中发挥着重要作用。

同时，超过 75%的受访者认为这 9 项政策都能对经济发展起到促进作用，并且排污收费手段被认为对经济发展"促进作用"所占比例最高。这是由于排污收费政策是我国实施最早的一项环境经济政策手段，并且自排污收费制度改革以来，我国排污收费制度无论是从收费标准、罚款额度还是征收对象上，均有很大改进。因而，排污收费政策在我国环境保护中发挥了重大作用。

此外，通过调查数据发现（附图 5），86.2%的受访者认为排污收费制度对我国经济发展起到了促进作用，85.9%的受访者认为排污权有偿使用与交易政策对我国经济发展有促进作用。排污收费、排污权有偿使用与交易、与环境有关的税收政策、绿色信贷政策等各项环境经济手段通过发挥经济杠杆、市场调节的作用，有利于促进经济发展。也就是说，无论是刺激型还是惩罚型的环境经济政策，对经济发展均有一定的刺激作用，这

一定程度上表明，随着市场机制的不断完善，环境经济政策在刺激经济发展中发挥了相应的作用。

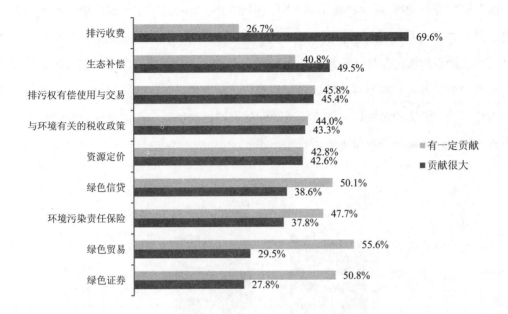

附图4 环境经济政策对环境保护的贡献

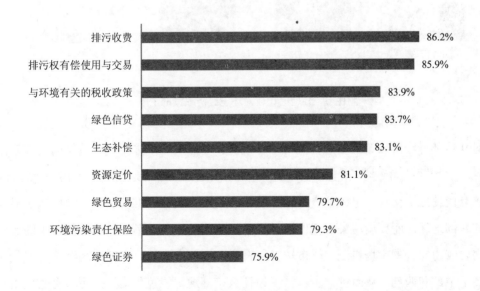

附图5 环境经济政策对经济发展的促进作用

（4）我国环境经济政策实施地区间存在差异

对"十一五"期间我国环境经济政策实施现状分地区进行比较发现（附图6），在"非常了解"中，东部的比例（9.9%）最高，其次是中部（6.9%），西部最低（4.8%），呈"东、中、西"递减分布的格局；"比较了解"中，中部的比例最高；"不了解"中，西部的比例最高，为5.3%；对环境经济政策不了解的比例呈明显的东、西、中递增分布的格局。东部地区对环境经济政策的总体认识程度要明显高于西部和中部地区，这与东部地区市场经济发育程度较为完善有着密不可分的关系。从经济学角度讲，东部地区相对来说有着更为成熟的市场环境，经济相对发达，资源的稀缺性体现得比较明显，人们对环境资源有着更大的需求，因而对环境经济政策更为了解与熟悉。

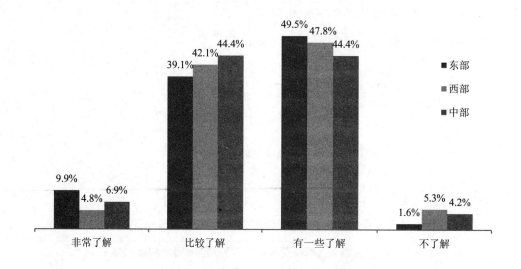

附图6 分地区比较对环境经济政策的了解

对9项环境经济政策的实施情况分别作以分析（附图7），排污收费政策的实施范围最为广泛。比较区域间环境经济政策实施状况的差别发现，东部地区在环境污染责任保险、排污权有偿使用与交易、绿色信贷3项环境经济政策"实施或准备实施"的比例明显高于中部和西部地区。而环境污染责任保险、排污权有偿使用与交易、绿色信贷政策的实施环境均需要较为完善的市场机制。就市场经济发展程度本身来讲，东部地区经济发展程度要明显高于中部和西部，从而进一步解释了为什么东部地区绿色信贷、排污权有偿使用与交易等政策的成熟度要高于中部和西部。

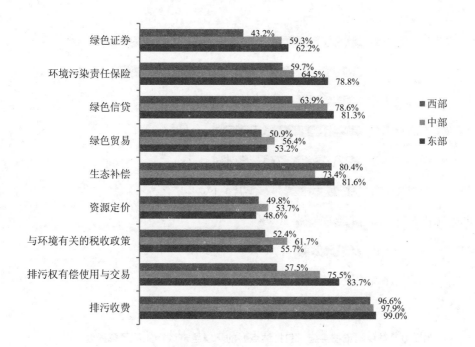

附图7　分地区比较环境经济政策的实施情况（实施+准备实施）

（5）各项环境经济政策发展不平衡

我国传统的环境管理政策以命令控制为主，经济手段只是作为一种辅助工具，其重要性已日益受到关注。其中，基于"庇古理论"的排污收费政策是我国实施时间最长、最为完整的环境经济政策。调查发现，人们对排污收费政策不了解的程度最低，也就是说，排污收费是人们最为熟悉的一项环境经济政策。同时，由于我国市场经济发展还处于不断发展的阶段，我国已经制定、出台和实施了多种环境经济政策，包括生态补偿、排污权有偿使用与交易、绿色信贷、环境污染责任保险等政策手段，这些经济手段与各种法律、法规、行政规章等手段密切配合，已取得了积极进展。

另外，相当部分比例的人群对市场经济条件下出现的一些新兴手段如绿色证券、资源定价、绿色贸易等经济政策并不是很了解。如附图8所示，有38.5%的受调查人群不了解绿色证券政策，36.1%的人群不了解资源定价政策。造成各项环境经济政策发展的不平衡，一方面是由于政策本身出台时间的先后不同，另一方面是由于市场机制的不成熟及相应的配套政策不完善。

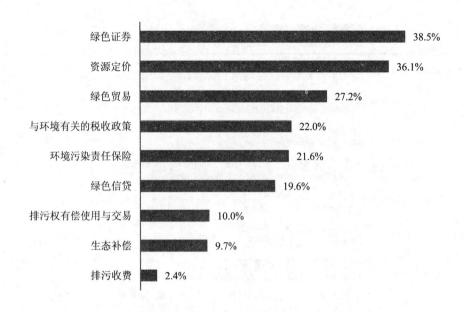

附图 8　对我国正在实施（包括试点）的环境经济政策的不了解程度

（6）我国环境经济政策种类多，但执行效果不够理想

国际上环境经济政策手段分为利用市场和创建市场两个层面。环境经济政策手段也是多种多样，如 OECD 国家的环境税收制度、美国的排污权交易政策、日本的排污收费政策等。与国际相比，我国出台的环境经济政策的种类甚至比国际上还要多，但是各项环境经济政策执行的效果并不理想。①从经济手段看，尽管近年来经济手段日益受到重视，但诸如排污收费、生态补偿等政策仍具有明显的行政命令色彩，资源税、排污权有偿使用和交易、绿色信贷、环境污染责任保险等多项政策还处于理论研究和试点探索阶段，尚没有形成独立、完整的政策体系。经济手段的单一，使我国在实际操作中难以形成环境经济政策的合力。②从社会再生产过程看，环境经济政策主要集中在生产环节，用以调节流通、分配、消费行为的环境经济政策仍很不完善。即使在生产环节，也仍然缺乏直接针对污染排放和生态破坏行为的独立环境税，尚未建立完善的排污权有偿使用和交易政策体系。③从政策制定环节看，大多数环境经济政策的制定往往涉及多个层次、多个部门，不仅有社会整体利益的考虑，同时也难免掺杂着部门利益的要求，使得各自为政、政出多门的现象严重，必然导致现行的环境经济政策缺乏系统性。

（7）我国环境经济政策的法律基础和配套机制不完善

课题组此次对我国现有的包括排污收费、排污权有偿使用与交易、生态补偿等 9 项环境经政策进行了调研,如附图9所示,在这个政策体系中,有一些政策是已经比较成熟的,如排污收费,47.9%的受访者认为排污收费的配套政策和机制已经完善,比例远高于其他环境经济政策。从侧面也说明,除了排污收费政策,其他8项政策还不够成熟,这些不同层次的政策手段,目前还没有完整的法律体系与之配套,其相应的其他方面的配套机制的完善程度也不高。有一些政策手段是作为行业或地区试点的,如排污权交易、绿色信贷、环境保险、绿色证券;有些政策手段是在行业或区域范围内实施的,如生态补偿、环境资源定价;还有些政策手段是在研究准备出台的,如环境税等。这个矛盾就造成了环境经济政策所依据的法律法规不健全,配套机制也不完善。

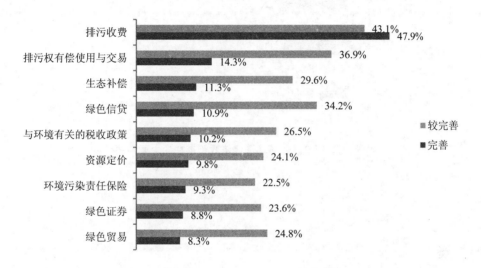

附图9　环境经济政策的配套政策和机制是否完善

(8)我国环境经济政策体系缺乏有效的技术支撑

课题组对包括排污收费、排污权有偿使用与交易、生态补偿等各项环境经政策存在的主要问题进行调查,统计结果表明(附图10),总的来说,认为"配套政策及技术支持不足"是最主要的问题。

环境经济政策目标的实现是以成熟的配套技术为基础的,若缺乏关键技术的支持,政策的大范围推行与政策效果将遭遇瓶颈,难以达到目标水平。例如,目前排污权交易的深入推进还缺少一些关键技术的支持,主要包括排污权指标分配的程序和方法、初始排污权价格形成机制、国家层面的排污权交易平台、不同行业和区域之间的交易比率、点源与非点源交易技术、总量控制、环境影响评价与排污交易的衔接等。此外,环境损害成本的评估和合理负担技术还不成熟。例如,环境资源产品定价机制、收费机制和税收机制尚未有效形成，导致市场主体加大环保投资、防控环境风险的内在动力不足，绿色信贷、环境污染责任保险、绿色证券等环境经济政策有效实施缺乏根本推动力。

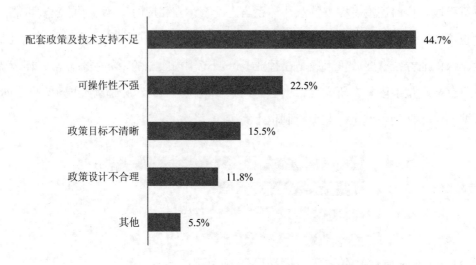

附图 10　现阶段我国环境经济政策存在的主要问题

参考文献

[1] 国民经济和社会发展第十二个五年规划纲要. 2011.

[2] 国家环境保护"十二五"规划. 2011.

[3] "十二五"全国环境保护法规和环境经济政策建设规划. 2011.

[4] 中共中央关于全面深化改革若干重大问题的决定. 十八届三中全会. 2013.

[5] 坚定不移沿着中国特色社会主义道路前进,为全面建成小康社会而奋斗——在中国共产党第十八次全国代表大会上的报告. 2012.

[6] 国务院关于加强环境保护重点工作的意见. 2011.

[7] 国家统计局,环境保护部. 中国环境年鉴 2011. 中国环境年鉴社,2012.

[8] 国家统计局,环境保护部. 中国环境年鉴 2012.. 中国环境年鉴社,2013.

[9] 国家统计局. 中国统计年鉴 2011. 中国统计出版社,2012.

[10] 国家统计局. 中国统计年鉴 2012. 中国统计出版社,2013.

[11] 王金南. 中国环境政策(第一卷). 北京:中国环境科学出版社,2004.

[12] 武亚军,宣晓伟. 环境税经济理论及对中国的应用分析. 北京:经济科学出版社,2002.

[13] 李洪心,付伯颖. 对环境税的一般均衡分析与应用模式探讨. 中国人口·资源与环境,2004,14(3):19-22.

[14] 张友国. 经济发展方式变化对中国碳排放强度的影响. 经济研究,2010(4):120-133.

[15] 李小平,卢现祥. 国际贸易、污染产业转移和中国工业 CO_2 排放. 经济研究,2010(1):15-26.

[16] 徐滇庆. 可计算一般均衡模型(CGE)及其新发展. 现代经济学前沿专题,1993:109.

[17] 周鹏. 征收环境税对中国经济的影响——基于 CGE 模型分析. 浙江:浙江理工大学,2009.

[18] 黄英娜,王学军. 环境 CGE 模型的发展及特征分析. 中国人口·资源环境,2001(12):234-238.

[19] 郑玉歆,樊明泰. 中国 CGE 模型及政策分析. 北京:社会科学文献出版社,1999.

[20] 贺菊煌,沈可挺,徐嵩龄. 碳税与二氧化碳减排的 CGE 模型. 数量经济技术经济研究,2002(10):39-47.

[21] 朱永彬,刘晓,王铮. 碳税政策的减排效果及其对我国经济的影响分析. 中国软科学,2010(4):1-9.

[22] 朱永彬，王铮. 碳关税对我国经济影响评价. 中国软科学，2010（12）：36-49.

[23] 王灿，陈吉宁，邹骥. 基于 CGE 模型的 CO_2 减排对中国经济的影响. 清华大学学报（自然科学版），2005（12）：1621-1624.

[24] 曾光明，郭怀成. 固体废物管理行业的环境投入产出模型及其应用. 中国环境科学，1999，19（3）：253-256.

[25] 顾高翔，王铮，姚梓璇. 基于自主体的经济危机模拟. 复杂系统与复杂性科学，2011，8（4）：27-35

[26] 刘昌新，王宇飞，王海林，等. 挥发性有机物税收政策对我国经济的影响分析. 环境科学，2011，32（12）：3509-3514

[27] 熊鹏，陈伟琪，王萱，等. 福清湾围填海规划方案的费用效益分析. 厦门大学学报，2009，46（1）：214：217

[28] 陈汉文，陈向民. 证券价格的事件性反应、方法、背景和基于中国证券市场的应用. 经济研究，2002：1（4），40-47.

[29] 袁显平，柯大钢，事件研究方法及其在金融经济研究中的应用. 统计研究，2006（10）：23-30.

[30] 赵桂芹. 股票收益波动与 Beta 系数的时变性. 中国管理科学，2003（1）：41-50.

[31] 电力规划设计总院. 火电工程限额设计参考造价指标（2010 年水平）. 北京：中国电力出版社，2011.

[32] 国家统计局农村社会经济调查司. 中国农村统计年鉴（2010）. 北京：中国统计出版社，2011.

[33] 黄文芳. 农业化肥污染的政策成因及对策分析. 生态环境学报，2011（1）：193-198.

[34] 李东坡，武志杰. 化学肥料的土壤生态环境效应. 应用生态学报，2008（5）：1158-1165.

[35] 李军，黄敬峰，程家安. 我国化肥施用量及其可能污染的时空分布特征. 生态环境，2003（2）：145-149.

[36] 彭本荣，洪华生，陈伟琪. 海岸带环境资源价值评估——理论方法与案例研究. 厦门大学学报（自然科学版），2004（S1）：184-189.

[37] 任勇，周国梅，李丽平，等. 环境政策的经济分析：案例研究与方法指南. 北京：中国环境科学出版社，2011.

[38] 钱孝琳，阚海东，宋伟明，等. 大气细颗粒物污染与居民每日死亡关系的 Meta 分析. 环境与健康杂志，2005（4）：246-248.

[39] 王慧文，潘秀丹. 沈阳市大气二氧化硫污染对呼吸系统疾病死亡率的影响. 环境与健康杂志，2007（1）：60-63.

[40] 萧代基，郑慧燕，吴珮瑛，等. 环境保护之成本效益分析：理论、方法与应用. 台北：俊杰书局股份有限公司，2002.

[41] 谢鹏，刘晓云，刘兆荣，等. 我国人群大气颗粒物污染暴露-反应关系的研究. 中国环境科学，2009（10）：1034-1040.

[42] 薛达元. 长白山自然保护区生物多样性非使用价值评估. 中国环境科学，2000（2）：141-145.

[43] 郑伟. 中国化肥施用区域差异及对粮食生产影响的研究. 北京：中国农业大学，2005.

[44] 托马斯·L. 萨迪. 领导者：面临挑战与选择——层次分析法在决策中的应用. 中国经济出版社，1993.

[45] 谢季坚，刘承平. 模糊数学方法及其应用. 武汉：华中科技大学出版社，2005.

[46] 许文. 中国环境税制度设计相关问题分析. 地方财政研究，2010（9）：8-12.

[47] 苏明，许文. 中国环境税改革问题研究. 财政研究，2011（2）：2-12.

[48] 许文. "十二五"期间环境税改革探讨. 环境与可持续发展.，2011（4）：27-29.

[49] 许文. 资源税进一步改革的相关问题探. 地方财政研究，2011（11）：9-13.

[50] 许文. 资源税：须合理，更须全面. 能源评论，2012（2）：32-33.

[51] 许文，苏明. 促进绿色经济发展的流转税改革设想. 环境经济，2012（3）：25 -29.

[52] 许文，苏明. 促进绿色经济发展的企业所得税改革设想. 环境经济，2012（3）：20-24.

[53] 许文. 论开征环境税的三大关系问题. 税务研究，2012（9）：26-31.

[54] 刘社会，罗志华，李国庆. "两型"社会建设中绿色信贷机制研究——基于株洲的实践与思考. 金融经济，2012（2）：40-41.

[55] 刘社会，刘文革. "绿色信贷"给力株洲节能减排. 金融经济，2011（16）：68-69.

[56] 李瑞红. "绿色信贷"风险防范的策略选择. 青海金融，2010（10）：32-34.

[57] 闫冰竹. 积极探索低碳金融模式的创新. 中国金融，2011（2）：18.

[58] 谢华模. 创新窗口指导，促进绿色信贷——丰城市金融支持低碳循环经济的 4+1 模式. 武汉金融，2011（12）：27-28.

[59] 杨明，常坤. 创新国内商业银行绿色信贷评级模型的研究. 华北金融，2011（8）：37-39.

[60] 胡亮亮. 对南京市推行"绿色信贷"若干问题的思考.金融纵横，2010（11）28-31.

[61] 陈二尧，肖俊武，胡海波，等. 发挥绿色信贷功能 助推两型湖南建设. 金融经济，2012（2）：34-35.

[62] 张静，高鑫. 关于加快推进积极绿色信贷制度的思考. 财政金融，2011（14）：77-79.

[63] 魏国雄. 关注环境风险，建设绿色信贷银行. 银行家，2010（4）：27-31.

[64] 崔泷，张阅春. 将绿色信贷机制融入贷款管理流程. 金融电子化，2010（7）：57-58.

[65] 武鹏. 江苏沛县绿色信贷支持新墙材发展. 墙材革新与建筑节能，2011（8）：11.

[66] 银联信. 借鉴国际经验，完善绿色信贷. 金融博览，2010（5）：6-7.

[67] 北京银联信息中心. 中国银行业公司业务创新与营销专题研究报告. 2010（15）：1-163.

[68] 李瑞红. 金融机构推行"绿色信贷"难在何处？. 环境经济，2009（11）：45-47.

[69] 荆海龙. 金融支持青海绿色发展路径选择. 青海金融，2011（8）：41-44.

[70] 杨云东. 开展绿色信贷业务，助推低碳经济发展. 现代金融，2010（12）：38.

[71] 秦亚丽. 绿色信贷的微观操作机制研究. 金融与经济，2011（10）：37-39.

[72] 王铮. 绿色信贷机制与河北省农村经济发展问题研究. 统计与管理，2010（4）：45.

[73] 程俊敏. 绿色信贷银行刍议. 青海金融，2010（2）：23-25.

[74] 段新. 绿色信贷在兴业银行的实践与思考. 西部金融，2009（7）：18-19.

[75] 倪百祥. 绿色信贷支持地方经济发展. 中国金融家，2011（5）：222-223.

[76] 宫海鹏. 农业政策性金融开展绿色信贷助推低碳农业发展研究. 金融论坛，2010（S1）：100-104.

[77] 李艳. 贫困地区发展绿色信贷的思考. 理论与实践，2011（2）：19.

[78] 本刊记者. 浦发银行绿色信贷余额突破 250 亿元. 首席财务官，2011（9）：57.

[79] 张敬梅. 浅谈银行推行绿色信贷的形势与对策. 大庆社会科学，2011（4）：102-105.

[80] 浦发银行上海分行. 浅析商业银行绿色信贷. 公司财务，2013（8）：88-89.

[81] 朱晓琴. 商业银行发展绿色信贷业务的思考. 现代金融，2010（8）：9-10.

[82] 敬君生. 商业银行开展绿色信贷业务的思考. 甘肃金融，2011（3）：43-44.

[83] 孙俊岭，李艳芳. 商业银行实施绿色信贷的策略选择——以河南省银行业为例. 金融理论与实践，2011（5）：64-67.

[84] 崔晓卫，郑雅杰. 商业银行实施绿色信贷的法律思考——以社会责任为视角. 河北金融，2011（7）：66-67.

[85] 尹蒂妮. 商业银行推行"绿色信贷"促进经济可持续发展. 当代经济，2010（18）：42-44.

[86] 王筠权. 四川银行业绿色信贷调研. 西南金融，2010（11）：76-77.

[87] 彭湘杰. 湘潭市推进绿色信贷的实践、问题与建议. 武汉金融，2009（5）：63-64.

[88] 郑华钧. 依据国家绿色信贷政策搞好银行绿色信贷管理. 经济师，2012（2）：203-204.

[89] 吕峰. 银行发展绿色低碳信贷的商机与策略——青岛招商银行案例. 金融发展研究，2011（7）：63-66.

[90] 高建平. 银行业如何实现可持续发展. 中国经济周刊，2009（26）：59.

[91] 高建平. 赤道原则对银行和社会的"双重促进". 中国经济周刊，2009（32）：40-41.

[92] 朱红伟，朱圣训. 浅析美国环境法律与银行信贷活动的环境风险. 环境保护，2003（1）：62-64.

[93] 常杪，杨亮. 日本政策投资银行的最新绿色金融实践——促进环境友好经营融资业务. 环境保护，

2008（10）：67-70.

[94] 陈雁. 商业银行践行社会责任的国际借鉴. 金融管理与研究，2008（5）：53-56.

[95] 陈雁. 对银行业履行企业社会责任的建议. 经营与管理，2009（8）：72-74.

[96] 张民伟. 西安统计年鉴2009. 北京：中国统计出版社，2010.

[97] 廖守亿，戴金海. 基于Agent的建模与仿真模型校核与验证探讨. 2006系统仿真技术及其应用学术交流会，2006：89-92.

[98] 宋承龄. 关于仿真模型验证. 计算机仿真，2000（4）：8-11.

[99] 马坤. 基于Agent的环境经济模型的设计与实现. 西安：西安交通大学，2012.

[100] 张砚劼. 基于Repast Simphony平台的经济仿真探讨. 湘潭：湘潭大学，2009.

[101] 钱海，马建辉，王煦法. 一种新的免疫协同多Agent模型及其仿真分析. 系统仿真学报，2008（13）：3430-3439.

[102] 林健，杨新华. 并行离散事件仿真框架研究. 系统仿真学报，2001（2）：146-149.

[103] 夏薇，姚益平，慕晓冬. 一种支持并行离散事件仿真建模和并行模型检验的建模语言. 国防科技大学学报，2011（6）：66-71.

[104] 刘晓平，张高峰，曹力. 面向场景的人群疏散并行化仿真. 系统仿真学报，2008（18）：4809-4812，

[105] 张江. 基于Agent的计算经济学建模方法及其关键技术研究. 北京：北京交通大学，2006.

[106] 傅星. 基于复杂适应系统理论的经济仿真研究. 北京：首都经济贸易大学，2005.

[107] 余文广，王维平，李群. 并行Agent仿真研究综述. 系统仿真学报，2012（2）：245-251.

[108] 陈悦峰，董原生，邓立群. 基于Agent仿真平台的比较研究. 系统仿真学报，2011，23（1）：110-116.

[109] 鲁建厦，方荣，兰秀菊. 国内仿真技术的研究热点. 系统仿真学报，2004（9）：1910-1913.

[110] 魏星，刘影，刘晓明，等. AnyLogic系统仿真环境. 中国航空学会信号与信息处理专业全国第八届学术会议，2004：175-178.

[111] 周登勇. 一个基于多主体的仿真工具系统——COMPLEXITY. 模式识别与人工智能，2000（3）：241-247.

[112] 周甍. 复杂系统分布仿真平台中Agent建模技术的研究与实现. 长沙：国防科学技术大学，2003.

[113] 廖守亿. 复杂系统基于Agent的建模与仿真方法研究及应用. 长沙：国防科学技术大学，2005.

[114] 廖守亿，陈坚，陆宏伟，等. 基于Agent的建模与仿真概述. 计算机仿真，2008（12）：1-7.

[115] 齐晔，李惠民，徐明. 中国进出口贸易中的隐含碳估算. 中国人口·资源与环境，2008（3）：8-13.

[116] 齐晔，李惠民，徐明. 中国进出口贸易中的隐含能估算. 中国人口·资源与环境，2008（3）：69-75.

[117] 李善同，何建武. 从经济、资源、环境角度评估对外贸易的拉动作用. 发展研究，2009（4）：12-14.

[118] 姚愉芳，齐舒畅，刘琪. 中国进出口贸易与经济、就业、能源关系及对策研究. 数量经济技术经济研究，2008（10）：56-65.

[119] 夏炎，杨翠红，陈锡康. 基于可比价投入产出表分解中国能源强度影响因素. 系统工程理论与实践，2009（10）：21-27.

[120] 张友国. 中国贸易含碳量及其影响——基于（进口）非竞争型投入产出表的分析. 经济学（季刊），2010（4）：103-126.

[121] Amato L H，Amato C H. Environmental policy，rankings and stock values. Business Strategy and the Environment，2012（5）：317-325.

[122] Capelle-Blancard G，Laguna M A. How does the stock market respond to chemical disasters？ Journal of Environmental Economics and Management，2010（2）：192-205.

[123] Dasgupta S，Hong J H，Laplante B，et al. Disclosure of environmental violations and stock market in the Republic of Korea. Ecological Economics，2006（4）：759-777.

[124] Dasgupta S，Laplante B，Mamingi N. Pollution and capital markets in developing countries. Journal of Environmental Economics and Management，2010（3）：310-335.

[125] Diltz J D. US equity markets and environmental policy：the case of electric utility investor behavior during the passage of the clean air act amendments of 1990，Environmental and Resource Economics，2002（23）：379-401.

[126] Gupta S，Goldar B. Do stock markets penalize environmental-unfriendly behavior？ Evidence from India. Ecological Economics，2005（52）：81-95.

[127] Hamilton T. Pollution as news：Media and stock market reaction to the toxics release inventory data. Journal of Environmental Economics and Management，1995（1）：98-113.

[128] Lundgren T，Olsson R. How bad is bad news？ Assessing the effects of environmental incidents on firm value. American Journal of Finance and Accounting，2009（4）：376-392.

[129] Lyon T，Lu Y，Shi X，et al. How Do Investors Respond to Green Company Awards in China？ Ecological Economics，2013（94）：1-8.

[130] Powers N，Blackman A，Lyon T P，et al. Does disclosure reduce pollution？ Evidence from India's green rating project. Environmental and Resource Economics，2011（1）：131-155.

[131] State Environmental Protection Administration.. The third environmental economic policy guide issued and environmental information reporting system to be Built in 2008. 2008，Retrieved from http：//www.mep.gov.cn/gkml/hbb/qt/200910/t20091023_180135.htm.

[132] Takeda F，Tomozawa T. A change in market responses to the environmental management ranking in Japan. Ecological Economics，2008（3）：465-472.

[133] Wang H，Bernell D. Environmental disclosure in China：an examination of the green securities policy. Journal of Environment and Development，2013，22（4）：339-369.

[134] Wang H，Bi J，Wheeler D，et al. Environmental performance rating and disclosure：China's Green Watch program. Journal of Environmental Management，2004（2）：123-133.

[135] World Bank. Greening industry：New roles for communities，markets and governments. Washington DC：World Bank，2000.

[136] Xiao Y. Zijin mining：Pollution draws Beijing's ire. Bloomberg Business week Magazine. 2010-09-22，Retrieved from Bloomberg Business week：http：//www.businessweek.com.

[137] Xu X D，Zeng S X，Tam C M. Stock market's reaction to disclosure of environmental violations：Evidence from China. Journal of business ethics，2012（2）：227-237.

[138] Zeng S，Xu X D，Dong Z Y，et al. Towards corporate environmental information disclosure：An empirical study in China. Journal of Cleaner Production，2010（12）：1142-1148.

[139] Boardman A E，Greenberg D H，Vining A R，et al. Cost-benefit analysis：concepts and practice. Third Edition，Pearson Education，New Jersey，2006.

[140] EPA. Final Rulemaking to Establish Light-Duty Vehicle Greenhouse Gas Emission Standards and Corporate Average Fuel Economy Standards— Regulatory Impact Analysis，Assessment and Standards Division，2010，File No.：EPA-420-R-10-009.

[141] Fare R，Grosskopf S，Noh D W，et al. Characteristics of a polluting technology：theory and practice，Journal of econometrics，2005（126）：469-492

[142] Guo X，Haab T C，Hammitt J K. Contingent Valuation and the Economic Value of Air-Pollution-Related Health Risks in China. Journal of Environmental Economics and Management，2007.

[143] Hammitt J K，Zhou Y.The Economic Value of Air-Pollution-Related Health Risks in China：A Contingent Valuation Study. Environmental and Resource Economics，2006（3）：399-423.

[144] Hoffmann S，Qin P，Krupnick A. The Willingness to Pay for Mortality Risk Reductions in China. The 4th World Congress of Environmental and Resource Economists. Montreal，Canada，2010.

[145] The World Bank. Cost of Pollution in China：Economic Estimates of Physical Damages，2007，Online at：http：//siteresources.worldbank.org/INTEAPREGTOPENVIRONMENT/ Resources/ China_Cost_of_Pollution.pdf.

[146] Wang H，Mullahy J.Willingness to Pay for Reducing Fatal Risk by Improving Air Quality：A Contingent Valuation Study in Chongqing，China. Science of the Total Environment，2006（1）：50-57.

[147] Wang Hua，He Jie，Poder，et al.The Value of the Willingness to Pay for Mortality Risk Reduction in China：A Contingent Valuation Analysis，working paper，2009.

[148] Xie J. Environmental policy analysis：an environmental computable general equilibrium model for China. U.S.：Cornell University，1995.

[149] Nama K，Selin N E，Reilly J M，et al. Measuring welfare loss caused by air pollution in Europe：a CGE analysis. Energy Policy，2010（38）：5059-5071.

[150] Rive N. Climate policy in Western Europe and avoided costs of air pollution control. Economic Modelling，2010（27）：103-115.

[151] Ren S，Yuan Y，Wang H，et al. Research on the Influence of Sulfur Tax on the Industrial Structure of Liaoning Province under CGE Model. Energy Procedia，2011（5）：2405-2409.

[152] Katare S，Venkatasubramanian V. An agent-based learning framework for modeling microbial growth. Engineering Applications of Artificial Intelligence，2001（6）：715-726.

[153] Andrew R，G P Peters，Lennox J. Approximation and Regional Aggregation in Multi-Regional Input-Output Analysis for National Carbon Footprint Accounting. Economic Systems Research，2009（3）：311-335.

[154] IPCC/OECD/IEA. IPCC Guidelines for National Greenhouse Gas Inventories. Paris：Intergovernmental Panel on Climate Change(IPCC)，Organization for Economic Co-operation and Development(OECD)，International Energy Agency（IEA），1997.

[155] Peters G，Hertwich E. CO_2 embodied in international trade with implications for global climate policy. Environmental Science and Technology，2008（42）：1401-1407.

[156] YE Zuoyi，et al. An Empirical Study on Interdependency of Environmental Load and International I-O Structure in the Asia-Pacific Region. Beijing：University of Economics & Business Press，2011.

[157] Wilting H C，Vringer K. Carbon and Land Use Accounting from a Producer's and a Consumer's Perspective - an Empirical Examination Covering the World. Economic Systems Research，2009（3）：291-310.

[158] Chi An. Economic Growth and Regional Disparity in China. Nagoya：Nagoya University，2000

[159] Chi An. Economic Development and Environmental Quality：An Empirical Study in China case. Nagoya：Nagoya University，2010

[160] Robinson S，Subramanian S，Geoghegan J. Modeling air pollution abatement in a market based incentive framework for the Los Angeles Basin//Economic Instruments for Air Pollution Control. Economy and Environment，1994.

[161] Bergman L. General Equilibrium Costs and Benefits of Environmental Policies//Confederation of European Economic Association，1993.

[162] Cruver G，Zeager L. Distributional Implications of Taxing Pollution Emissions. A stylized CGE analysis. Paper presented at the Fifth International CGE Modeling Conference，October 27-29，Ontario：University of Waterloo，1994.

[163] Jorgenson D W，Wilcoxen P J. Intertemporal General Equilibrium Modeling Of U. S. En - Environmental Regulation. Journal of Policy Modeling，1990（12）：715-744.

[164] Robinson S. Pollution，Market Failure，and Optimal Policy In an Economy - wide Framework. Department of Agricultural and Resource Economics. Berkeley：University of California，1990.

[165] Piggott J R. International Linkages and Carbon Reduction Initiatives. In The Greening of World Trade Issues，Edited by K. Anderson and R. Blackhurst. The University of Michigan Press，1992.

[166] Harberger，Arnold C. The Incidence of the Corporation Income Tax.Journal of Political Economy，1962（3）：215-40.

[167] Shoven J B，Whalley J. Applying general equilibrium. Cambridge University Press，1992.

[168] Fullerton D，Metcalfe G E. Environmental Controls，Scarcity Rents，and Pre-Existing Distortions.Journal of Public Economics，2001（80）：249-267.

[169] Jorgenson D W，Wilcoxen P J. Reducing U.S. Carbon Dioxide Emissions：An Econometric General Equilibrium Assessment. Resource and Energy Economics，1993（1）：7-25.

[170] Ballard C L，Fullerton D，Shoven J B，et al. A General Equilibrium Model for Tax Policy Evaluation. Chicago：University of Chicago Press，1985.

[171] Auerbach A J. Corporate Taxation in the United States. Brookings Papers on Economic Activity，1983（2）：451-505.

[172] King M A，Fullerton D. The Taxation of Income from Capital. Chicago：University of Chicago Press，1984.

[173] D'Souza R M，Lysenko M，Rahmani K. Sugarscape on steroids：simulating over a million agents at interactive rates. 2007.

[174] Collier N. Repast：An entensible framework for agent simulation. The University of Chicago's Social

Science Research，2003（36）．

[175] Luke S，Cioffi-Revilla C，Panait L，et al. MASON：A multiagent simulation environment. 2004.

[176] Tissu S. Design and implementation of a multi-agent modeling environment：Citeseer，2004.

[177] Riley P F，Riley G F. Spades-a distributed agent simulation environment with software-in-the-loop execution：IEEE，2003：817-825.

[178] Gasser L，Kakugawa K.MACE3J：Fast flexible distributed simulation of large，large-grain multi-agent systems：ACM，2002：745-752.

[179] Scheutz M，Schermerhorn P，Connaughton R，et al. Swages-an extendable distributed experimentation system for large-scale agent-based alife simulations. Proceedings of Artificial Life X，2006.

[180] Serenko A，Detlor B，Business MGDSo. Agent Toolkits：A general overview of the market and an assessment of instructor satisfaction with utilizing toolkits in the classroom. Michael G. DeGroote School of Business，McMaster University，2002.

[181] Basu N，Pryor R，Quint T.ASPEN：A microsimulation model of the economy.Computational Economics，1998（3）：223-241.

[182] Dessenberg C，Van Der Hoog S，Dawid H. EURACE：A massively parallel agent-based model of the European economy. Applied Mathematics and Computation，2008（20）：541-552.

[183] Richmond P，Coakley S，Romano D. Cellular level agent based modelling on the graphics processing unit：IEEE，2009：43-50.

[184] Richmond P，Walker D，Coakley S，et al. High performance cellular level agent-based simulation with FLAME for the GPU. Briefings in bioinformatics，2010（3）：334.

[185] D'Souza R M，Lysenko M，Marino S，et al. Data-parallel algorithms for agent-based model simulation of tuberculosis on graphics processing units：Society for Computer Simulation International，2009：21.

[186] Macal C M，North M J. Tutorial on agent-based modeling and simulation of Sim，2010（3）：151-162.

[187] Rao A S，Georgeff M P. BDI agents：From theory to parctice：San Francisco，1995：312-319.

[188] Chan W K V，Young-Jun S，Macal C M. A gent-based simulation tutorial-simulation of emergent behavior and differences between agent-based simulation and discrete-event simulation：Proceedings of the 2010 Winter Simulation Conference，2010：135-150.

[189] Unrmacher A M，Tyschler P，Tyschler D. Concepts of object-and agent-oriented simulation. Transactions of the Society for Computer Simulation，1997（2）：59-67.

[190] Allen T T. Introduction to discrete event simulation and agent-based modeling：voting systems，health

care，military，and manufacturing.Springer-Verlag，2011.

[191] Wooldridge M，Jennings N R. Intelligent agents：Theory and practice. Knowledge engineering review，1995（2）：115-152.

[192] Meyers R A，Kokol P. Encylopedia of complexity and systems science：Springer，2009.

[193] Rober G Sargent. Verification and validation and simulation models：Proceedings of the 2010 Winter Simulation Conference，2010：166-183.

[194] Marco A Janssen，linor Ostrom. Empirically based，agent-based models. Ecology and Society，2006（2）：37.[online]URP：http：//www.ecologyandsociety.org/voll1/iss2/art37/.

[195] An Ngo，Linda See，Heppenstall A J，et al. Agent-based models of geographical systems.Vietnam：Hanoi University of Agriculture，2012.

[196] Franziska klugl. A validation methodology for agent-based simulations.SAC，2008：16-20.